应用型高等院校改革创新示范教材

数字图像处理（OpenCV3 实现）

主　编　张广渊

中国水利水电出版社
www.waterpub.com.cn
·北京·

内 容 提 要

本书力图在介绍数字图像处理基本理论的同时，结合具体实际，详细阐述以 Visual Studio 2017+OpenCV3 为主要工具的图像处理软件实践方法，做到理论和实际相结合，使读者不仅能够掌握数字图像处理理论，同时也能够掌握基本的数字图像处理软件开发技术。

本书共分 9 章：引言、OpenCV 的安装及在 Visual Studio 中的配置、数字图像的基本概念、数字图像的几何变换、数字图像清晰化处理、数字图像分割、二值图像处理、彩色图像处理、数字图像压缩。

本书通过浅显易懂的语言介绍常见的数字图像处理方法，并配以代码实现，以便读者能够对数字图像处理快速理解入门和动手编码实现。

本书主要面向数字图像处理的入门人员和具备基本计算机软件编程能力的读者，也可作为高等院校相关专业教材。

图书在版编目（CIP）数据

数字图像处理 : OpenCV3实现 / 张广渊主编. -- 北京 : 中国水利水电出版社, 2019.3
应用型高等院校改革创新示范教材
ISBN 978-7-5170-7456-4

Ⅰ. ①数… Ⅱ. ①张… Ⅲ. ①图象处理软件－程序设计－高等学校－教材 Ⅳ. ①TP391.413

中国版本图书馆CIP数据核字(2019)第031172号

策划编辑：石永峰　　责任编辑：张玉玲　　加工编辑：吕　慧　　封面设计：李　佳

书　　名	应用型高等院校改革创新示范教材 数字图像处理（OpenCV3 实现） SHUZI TUXIANG CHULI（OpenCV3 SHIXIAN）
作　　者	主　编　张广渊
出版发行	中国水利水电出版社 （北京市海淀区玉渊潭南路 1 号 D 座　100038） 网址：www.waterpub.com.cn E-mail：mchannel@263.net（万水） sales@waterpub.com.cn 电话：（010）68367658（营销中心）、82562819（万水）
经　　售	全国各地新华书店和相关出版物销售网点
排　　版	北京万水电子信息有限公司
印　　刷	三河市鑫金马印装有限公司
规　　格	184mm×260mm　16 开本　12.25 印张　296 千字
版　　次	2019 年 3 月第 1 版　2019 年 3 月第 1 次印刷
印　　数	0001—3000 册
定　　价	36.00 元

前　　言

图像是人类获取和交换信息的主要工具，数字图像处理就是利用计算机对图像进行各种处理的技术和方法。20 世纪 20 年代，图像处理首次得到应用，数字图像处理作为一门学科大约形成于 20 世纪 60 年代初期。早期图像处理的目的是改善图像的质量，它以人为对象，以改善人的视觉效果为目的。图像处理中，输入的是质量低的图像，输出的是质量改善后的图像，常用的数字图像处理方法有图像增强、复原、编码、压缩等。数字图像处理的早期应用是对航天探测器发回的图像进行各种处理。到了 20 世纪 70 年代，数字图像处理技术的应用从宇航领域迅速扩展到生物医学工程、工业检测、机器人视觉、公安司法、军事制导、文化艺术等各个领域和行业，成为一门引人注目、前景远大的新型学科，对经济、军事、文化以及人们的日常生活产生了重大影响。

本书通过浅显易懂的语言介绍常见的数字图像处理方法，并配以代码实现，以便读者能够对数字图像处理快速理解入门和动手编码实现。

本书力图在介绍数字图像处理基本理论的同时，结合具体实际，详细阐述以 Visual Studio 2017+OpenCV3 为主要工具的图像处理软件实践方法，做到理论和实际相结合，使读者不仅能够掌握数字图像处理理论，同时也能够掌握基本的数字图像处理软件开发技术，真正做到学以致用。在每章的后半部分都给出了 VC++版的 OpenCV3 代码实现，读者可以参考这些代码实际动手查看各种方法的处理效果，从而激发学习兴趣。

全书共 9 章，第 1 章阐述数字图像处理的相关概念和研究内容，简要介绍了 VC++和 OpenCV 开发工具；第 2 章介绍 VS 2017 的基本知识，以及 OpenCV 的安装与配置；第 3 章介绍数字图像的基本概念，着重阐述图像信号的数字化，以及常见的图像格式和视频格式；第 4 章阐述图像的几何变换和图像的基本运算；第 5 章介绍图像清晰化的处理方法，包括常见的图像增强、图像去噪和图像锐化方法；第 6 章介绍几种常用的图像分割方法；第 7 章介绍二值图像特征分析的基本概念，着重阐述二值图像的形状特征提取与分析问题；第 8 章在介绍色度学和颜色模型的基础上，详细介绍常见的彩色图像处理方法；第 9 章介绍数字图像压缩原理，以及静态和动态图像压缩方法。

本书由张广渊任主编，具体编写分工为：张广渊编写第 1 章至第 3 章，李克峰编写第 4 章和第 5 章，王朋编写第 6 章和第 9 章，倪翠编写第 7 章和第 8 章，赵峰、朱振方、武华、李凤云、倪燃也参加了部分编写校对工作，并调试了各章的程序代码。

由于作者水平有限，书中难免存在疏漏甚至错误之处，恳请读者批评指正。

编　者

2019 年 1 月

前言

目　录

第 1 章　引言

1.1　数字图像处理概述

数字图像处理（Digital Image Processing），是指用计算机或其他数字技术将图像信号转换成数字信号并对其进行处理的过程。

数字图像处理最早出现于 20 世纪 50 年代，当时电子计算机已经发展到一定水平，人们开始利用计算机来处理图形和图像信息。数字图像处理作为一门学科大约形成于 20 世纪 60 年代初期。早期图像处理的目的是改善图像的质量，它以人为对象，以改善人的视觉效果为目的。图像处理中，输入的是质量低的图像，输出的是质量改善后的图像，常用的数字图像处理方法有图像增强、复原、编码、压缩等。数字图像处理的早期应用是对航天探测器发回的图像进行各种处理。到了 20 世纪 70 年代，数字图像处理技术的应用从宇航领域迅速扩展到生物医学工程、工业检测、机器人视觉、公安司法、军事制导、文化艺术等各个领域和行业，成为一门引人注目、前景远大的新型学科，对经济、军事、文化以及人们的日常生活产生了重大影响。

数字图像处理的重要性源于以下两个方面：

（1）可以改善图像信息以便人们对图像进行解释，例如图像增强、图像平滑和去噪、图像锐化等技术。这些技术针对给定的图像，有目的地强调图像的整体或局部特性，将原来不清晰的图像变得清晰或强调某些感兴趣的特征，扩大图像中不同物体特征之间的差别，抑制不感兴趣的特征，改善图像质量，丰富信息量，加强图像判读和识别效果。

（2）为存储、传输和分析而对图像进行处理，例如图像编码、图像分割、目标识别等技术。这些技术要么对图像数据进行压缩，即在保证图像质量的情况下减少数据量，节省图像存储空间和在传输过程中所占用的网络资源；要么将图像分成若干特定的、具有独特性质的区域，并提取出感兴趣的目标，这是由图像处理到图像分析的关键步骤。

数字图像处理技术是伴随着计算机信息功能的日益强大以及人们对高精度图像的需求而产生的，随着社会的发展，尤其是计算机信息技术的进步，数字图像处理技术和其他多门学科相互结合、相互渗透，已经应用于越来越多的领域，其重要性也变得日益突出。

1.1.1　数字图像的概念

一幅图像可以定义为一个二维函数 $f(x, y)$，其中，x 和 y 是空间坐标，f 表示图像在 (x, y) 处的强度值或灰度值。当 x、y 和 $f(x, y)$ 的值都是有限的离散数值时，就称该图像为数字图像。数字图像是由有限数量的元素组成的，每个元素都有一个特定的位置和幅值，我们称这些元素为像素。一幅数字图像就是由一系列的像素点组成的，如图 1-1 所示。

在图 1-1（b）中，每个小方格就代表一个像素，赋予该像素的值就反映了模拟图像上对应位置处的亮度值。

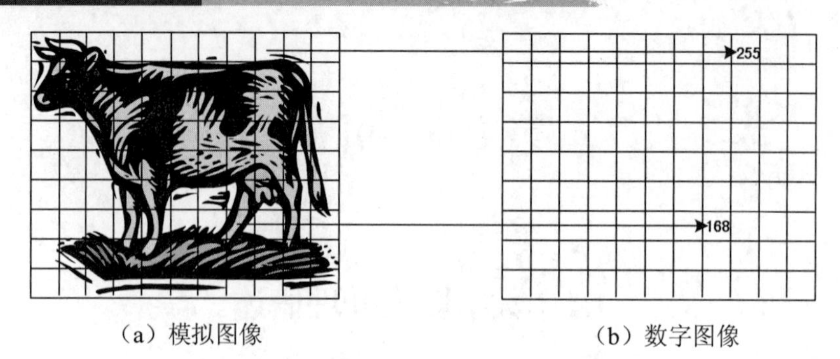

（a）模拟图像　　　　（b）数字图像

图 1-1　模拟图像和对应的数字图像

1.1.2　数字图像处理的研究范畴

数字图像处理的研究范畴主要有以下几个方面：

（1）图像变换。由于图像阵列很大，如果直接在空间域中进行处理，涉及的计算量很大。因此，往往采用各种图像变换的方法，如傅里叶变换、沃尔什变换、离散余弦变换等间接处理技术，将空间域的处理转换为变换域处理，不仅可减少计算量，而且可以获得更为有效的处理（如傅里叶变换可在频域中进行数字滤波处理）。目前新兴研究的小波变换在时域和频域中都具有良好的局部化特性，它在图像处理中也有着广泛而有效的应用。

（2）图像压缩。图像压缩技术可减少描述图像的数据量（即比特数），从而节省图像传输和处理的时间及所占用的存储空间。图像压缩可以在不失真的前提下获得，也可以在允许的失真条件下进行。图像编码是图像压缩技术中最为重要的方法，它在图像处理技术中是发展最早且比较成熟的技术。

（3）图像增强和复原。图像增强和复原的目的是提高图像的质量，如去除噪声、提高图像的清晰度等。图像增强不考虑图像降质的原因，只突出图像中所感兴趣的部分。如强化图像高频分量，可使图像中的物体轮廓清晰、细节明显；而强化低频分量可减少图像中噪声的影响。图像复原要求技术人员对图像降质的原因有一定的了解，一般来说应根据降质过程建立“降质模型”，再采用某种滤波方法恢复或重建原来的图像。

（4）图像分割。图像分割是数字图像处理中的关键技术之一。它是将图像中有意义的特征部分提取出来，这些特征包括图像中的边缘、区域等，这是进一步进行图像识别、分析和理解的基础。虽然目前已研究出不少边缘提取、区域分割的方法，但还没有一种普遍适用于各种图像的有效方法。因此，对图像分割的研究还在不断深入之中，是目前图像处理中的研究热点之一。

（5）图像描述。图像描述是图像识别和理解的必要前提。作为最简单的二值图像可采用几何特性来描述物体的特性，一般图像的描述方法采用二维形状描述，有边界描述和区域描述两类方法。对于特殊的纹理图像可采用二维纹理特征描述。随着图像处理研究的深入发展，已经开始进行三维物体描述的研究，提出了体积描述、表面描述、广义圆柱体描述等方法。

（6）图像识别。图像识别属于模式识别的范畴，主要内容是研究图像经过某些预处理（增强、复原、压缩）后，进行图像分割和特征提取，从而进行判决分类。近年来新发展起来的深度学习技术在图像识别中的应用也越来越广泛。

1.1.3 数字图像处理的特点

数字图像处理是利用计算机的计算功能，实现与光学系统模拟处理相同效果的过程。数字图像处理具有如下特点：

（1）处理精度高，再现性好。利用计算机进行图像处理，其实质是对图像数据进行各种运算。由于计算机技术的飞速发展，计算精度和计算的正确性都毋庸置疑；另外，对同一图像用相同的方法处理多次，也可得到完全相同的效果，具有良好的再现性。

（2）易于控制处理效果。在图像处理程序中，可以任意设定或变动各种参数，能有效控制处理过程，达到预期处理效果。这一特点在改善图像质量的处理中表现更为突出。

（3）处理的多样性。由于图像处理是通过运行程序进行的，因此，设计不同的图像处理程序，可以实现各种不同的处理目的。

（4）图像数据量庞大。图像中包含有丰富的信息，可以通过图像处理技术获取图像中包含的有用的信息。但是，数字图像的数据量巨大，一幅数字图像是由图像矩阵中的像素组成的，通常每个像素用红、绿、蓝三种颜色表示，每种颜色用 8bit 表示灰度级，则一幅 1024×1024 未经压缩的真彩色图像的数据量达 3MB（即 1024×1024×8bit×3=24Mbit）。如此庞大的数据量给存储、传输和处理都带来巨大的困难。如果精度及分辨率再提高，所需处理时间将大幅增加。

（5）处理费时。由于图像数据量大，因此处理比较费时，特别是处理结果与中心像素邻域有关的处理过程花费时间更多。

（6）图像处理技术综合性强。数字图像处理涉及的技术领域相当广泛，如通信技术、计算机技术、电子技术、电视技术等，当然数学、物理学等领域更是数字图像处理的基础。

1.1.4 数字图像处理系统的组成

数字图像处理系统一般由数字化器、存储器、图像处理器和输出设备四部分组成，如图 1-2 所示。

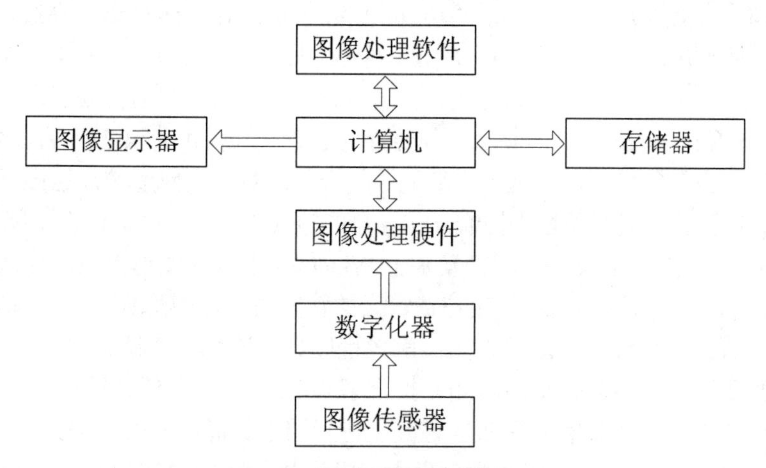

图 1-2 数字图像处理系统组成

数字化器是一种把连续明暗（彩色）图像转变为计算机可以接收的数字图像的设备。最常见的数字化器有数字摄像机、数码相机、扫描仪等。模拟图像经数字化器处理后，转变成一幅数字图像输入计算机，也可以事先经过硬件处理后再输入计算机。计算机根据用户需要，调用不同的图像处理软件，对输入的数字图像进行处理，处理结果存储在存储器中，并可在显示器上显示。

存储器可以存储数字化后的图像，也可以存储经过处理之后的图像。由于图像本身数据量很大，加之需要处理的图像往往又很多（如三维图像、视频等），因此，通常的数字图像处理系统都有一个容量巨大的存储器。

图像处理器包括图像处理软件和图像处理硬件。图像处理软件对于一个数字图像处理系统来说是必不可少的。现有的图像处理软件大多是使用高级语言，如 C++、C#等编写的。对于一些应用较多、计算量较大的程序，可以固化成专用的图像处理硬件，以进一步提高图像处理的速度。

输出设备包括显示器、打印机等。

1.2 VC++概述

Microsoft Visual C++，简称 Visual C++、MSVC、VC++或 VC，是Microsoft 公司开发的基于 C/C++语言的辅助开发工具，集代码编辑、编译、连接、调试等功能于一体，并整合了便利的除错工具，特别是整合了微软视窗程序设计（Windows API）、三维动画（DirectX API）、Microsoft .NET 框架，它不但大大提高了应用程序的开发效率，而且给编程人员提供了一个完整又方便的集成开发环境。VC++的集成开发环境为用户提供了一个快速编程的框架，大大提高了编程的效率。但是，要真正掌握 VC++，还必须对 C/C++语言有深入的了解。

C++语言是在 C 语言的基础上发展来的，对语言本身而言，C 是 C++的子集。C 实现了 C++中过程化控制及其他相关功能，而 C++中的 C，相对于原来的 C 还有所加强，它引入了重载、内联函数、异常处理等技术。C++更是扩展了面向对象设计的内容，如类、继承和派生、虚函数、模板等。

尽管 C++与 C 相比，增加了许多新的功能，但并不是说 C++比 C 语言高级，两者的编程思想并不一样。具体来说，C 语言是面向过程的（procedure-oriented），它的重点在于算法和数据结构，C 程序设计首先要考虑的是如何通过一个过程，对输入进行运算处理，从而得到输出；C++语言是面向对象的（object-oriented），主要特点是类、封装和继承，C++程序设计首先要考虑的是如何构造一个对象模型，让这个模型能够契合与之对应的问题域，这样就可以通过获取对象的状态信息得到输出或实现过程控制。在各自的领域，C 和 C++，谁也不能替代谁。

在 Windows 操作系统出现以后，开发基于 Windows 平台的图形界面程序成为一大难题。用 C 语言虽然也能开发，但是程序员要花费很大的精力去处理图形界面。而 Windows 平台图形界面的程序又有很多相似点，因此，为了解放程序员，让他们把精力主要放在程序功能上，而不是放在图形界面上，微软（Microsoft）推出了 Visual 系列软件开发环境，包括为 C++程序员提供的 VC++，程序员能用 C++语言在其上进行图形界面的开发。与此同时，VC++提供了很多用于显示 Windows 界面的库函数以供程序员调用，可以说 VC++就是 C++加上 Windows 图形界面。

VC++拥有两种编程方式：一种是基于 Windows API 的 C 编程方式，API（Application

Programming Interface，应用程序编程接口）是指一些预先定义的函数，目的是提供应用程序与开发人员基于某软件或硬件以访问一组例程的能力，而又无需访问源码或理解内部工作机制的细节，这种编程方式代码运行效率较高，但开发难度和工作量较大；另一种是基于 MFC 的 C++编程方式，MFC（Microsoft Foundation Classes，微软基础类库）是微软公司提供的一个类库，以 C++类的形式封装了 Windows 的 API，并且包含一个应用程序框架，以减少应用程序开发人员的工作量，这种编程方式代码运行效率相对较低，但开发难度小、开发工作量小、源代码效率高。如今使用 C 编程方式的用户已经很少，C++编程的方式已成为 VC++开发 Windows 应用程序的主流。

Visual Studio 系列是微软公司推出的一套专门用于开发 Windows 程序的开发环境。在这个环境中，程序员可以完成各种 Windows 软件的开发。Visual Studio 2017 是微软于 2017 年 3 月 8 日正式推出的新版本，是迄今为止最具生产力的 Visual Studio 版本。其内建工具整合了 .NET Core、Azure 应用程序、微服务（microservices）、Docker 容器等所有内容，提供了多种强大的工具和服务，帮助用户创造新式应用程序或将现有应用程序转变为新式应用程序，使用户在多种屏幕和设备上享受到最佳体验，同时仍与所需的服务和数据保持联系。

1.3 OpenCV 概述

随着数字图像处理技术和计算机视觉技术的迅速发展及其应用市场规模的不断扩大，迫切需要像计算机图形学的 OpenGL 和 DirectX 那样的标准 API 来为程序员的开发提供支持，加快开发速度。1999 年，Intel 推出了高性能的开源计算机视觉库（Open Source Computer Vision Library，OpenCV），2000 年，OpenCV 的第一个开源版本发布，之后经过不断地完善和发展，现在 OpenCV 已经成为包含 500 多个 C 函数的跨平台的 API。OpenCV 的出现，大大简化了数字图像处理与计算机视觉程序设计工作，提高了软件开发效率。

OpenCV 是一个用于图像处理、分析、机器视觉开发方面的、开源的跨平台计算机视觉库。无论是进行科学研究，还是进行商业应用，OpenCV 都可以作为理想的工具库。它具有以下几个特点：

（1）OpenCV 采用 C/C++语言编写，可以运行在 Linux、Windows、Mac OS 等操作系统之上。

（2）OpenCV 提供了 Python、Ruby、MATLAB 以及其他语言的接口。

（3）采用优化的 C 代码编写，能够充分利用多核处理器的优势。

（4）具有良好的可移植性。

OpenCV 的设计目标是加快程序的执行速度，主要关注于实时应用。OpenCV 采用优化的 C 语言代码编写，能够充分发挥多核处理器的技术优势。如果所用系统已经安装了 Intel 的高性能多媒体函数库 IPP，那么 OpenCV 在运行时会自动使用相应的 IPP 库，从而可以使程序的运算速度进一步加快。

自从 1999 年 1 月发布 OpenCV 的 alpha 版本开始，OpenCV 就被广泛应用于多个领域、产品和研究成果之中，包括人机互动、物体识别、图像分割、人脸识别、动作识别、运动跟踪、机器人、运动分析、机器视觉、结构分析等。尤其是在计算机视觉领域，OpenCV 能够为解决计算机视觉问题提供基本工具，在有些情况下，OpenCV 提供的高层函数可以有效地解决计算机视觉中一些很复杂的问题。当没有合适的高层函数时，OpenCV 提供的基本函数也足以为大多数的计算机视觉问题创建一个完整的解决方案。

C 语言编写加上其开源的特性，使得 OpenCV 不需要添加任何外部支持就可以编译生成可执行程序，非常适合算法的开发和移植。

OpenCV3.4.2 版本已把深度学习 DNN 模块从扩展模块中移到了主模块中，在 OpenCV3.4.2 版本中可以无需编译即可使用，这也体现出 OpenCV 社区对深度学习等新技术的态度与支持；新版本还支持标准 C++11 库，并升级与优化了 IPP 和 SSE 等加速模块与指令，还新增了 716 个 PULL Request，并修改了 500 多个代码缺陷。

本书示例全部基于 Visual Studio 2017+OpenCV3.4.2 开发实现。当您看到本书时，还会有更新的 OpenCV 版本出现，您可以直接安装新版本。按兼容性情况，本书例程应能适用于 OpenCV3 的新版本。

第 2 章　OpenCV 的安装及在 Visual Studio 中的配置

2.1　概述

OpenCV 的全称是 Open Source Computer Vision Library，是一个开源（参见www.opencv.org.cn）的计算机视觉库。它的开放源代码协议允许使用 OpenCV 的代码从事学术研究或者商业开发，而且不必对公众开放自己的源代码或改善后的算法。OpenCV 采用 C/C++语言编写，可以运行在 Linux、Windows、Mac 等操作系统上。OpenCV 还提供了 Python、Ruby、MATLAB 以及其他语言的接口。OpenCV 的设计目标是执行速度尽量快，主要关注实时应用。它采用优化的 C 语言代码编写，能够充分利用多核处理器的优势。OpenCV 的目标是构建一个简单易用的计算机视觉框架，以帮助开发人员更便捷地设计更复杂的计算机视觉相关应用程序。

OpenCV 包含的函数有 500 多个，覆盖了计算机视觉的许多应用领域，如工厂产品检测、医学成像、信息安全、用户界面、摄像机标定、立体视觉和机器人等，是学习计算机视觉和图像处理必须要掌握的软件。不得不说，OpenCV 是一把利器，掌握了它就为你开启了深入学习和了解图像处理的大门，你可以更加得心应手地处理有关图像处理方面的内容。

本章重点讲述如何在 Windows 下安装 OpenCV，并在 Visual Studio（简称 VS）下配置 OpenCV。本书提供了 VS 2017+OpenCV3.4.2 的配置方法，其他类似版本的组合配置可参考相应 OpenCV 版本配置。

2.2　Visual Studio 2017 的安装

VS 2017 简化了安装过程，只需在网上下载大小只有 1MB 的引导程序安装包即可安装，整个安装过程需要联网支持。VS 2017 采用组件化的安装方式，根据组件的分类，用户可以选择安装自己需要的组件，从而避免下载太多的文件和安装用不到的组件。

在下载 VS 2017 安装包后双击运行，显示隐私条款，单击“继续”按钮，如图 2-1 所示。

图 2-1　VS 2017 安装包隐私条款界面

图 2-2 所示是 VS 2017 安装包安装启动界面，启动之后如图 2-3 所示，勾选需要的组件即可进行安装，默认选择“中文（简体）语言包”选项。

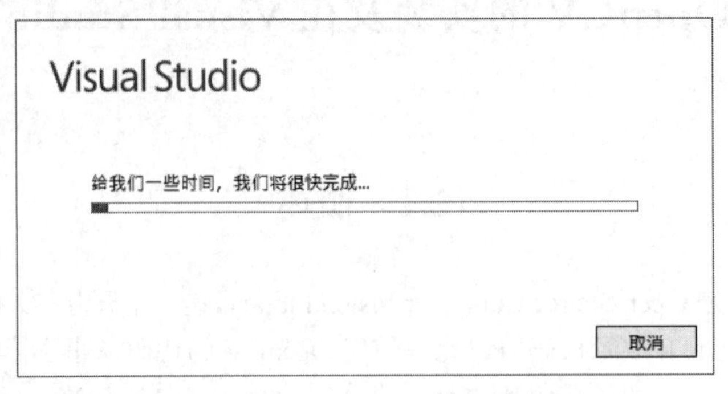

图 2-2　VS 2017 安装包安装启动界面

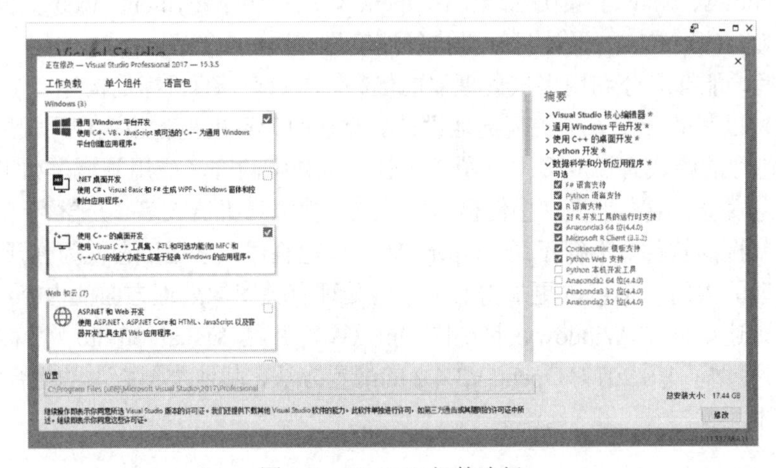

图 2-3　VS 2017 组件选择

图 2-4 所示为具体的安装过程界面，在此界面下我们只需等待即可。图 2-5 所示为安装完成界面。在进入启动界面后，如果是第一次进入，会显示图 2-6 所示的界面，即 VS 2017 颜色主题选择界面，选择后进入图 2-7 所示的 VS 2017 起始页面。

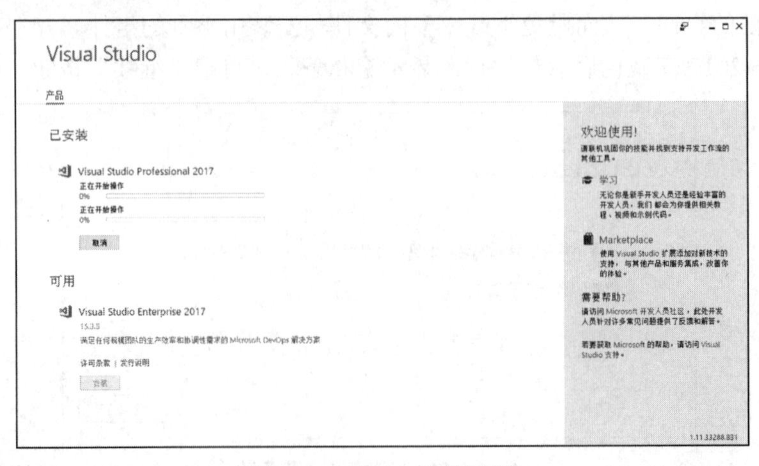

图 2-4　VS 2017 安装过程

图 2-5 VS 2017 运行登录界面

图 2-6 VS 2017 颜色主题选择界面

图 2-7 VS 2017 起始页面

2.3 OpenCV 的安装及配置

这里主要介绍在 Windows 系统下 VC 6.0+OpenCV1.0、VS 2005+OpenCV2.1 和 VS 2017+OpenCV3.4.2 的安装及配置，其他 VS 版本和 OpenCV 版本的安装以及在 Linux 和 Mac OS 系统下的安装细节可以查看 OpenCV 相关文档说明。

2.3.1 VC 6.0+OpenCV1.0

OpenCV1.0 安装包的下载地址为 http://www.opencv.org.cn/download/OpenCV_1.0.exe。

安装 OpenCV1.0，默认安装在 C:\Program Files\OpenCV（用户也可以自己选择），如图 2-8 所示。

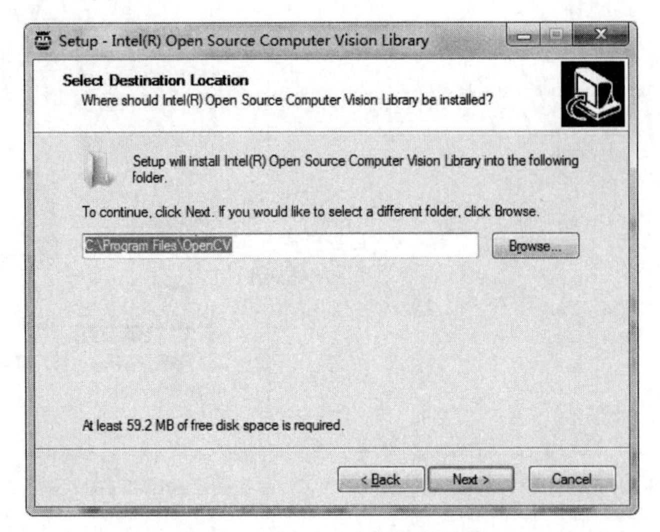

图 2-8　OpenCV 安装路径选择

在安装时勾选 Add<…>\OpenCV\bin to the system PATH （将\OpenCV\bin 加入系统变量）复选项，如图 2-9 所示。

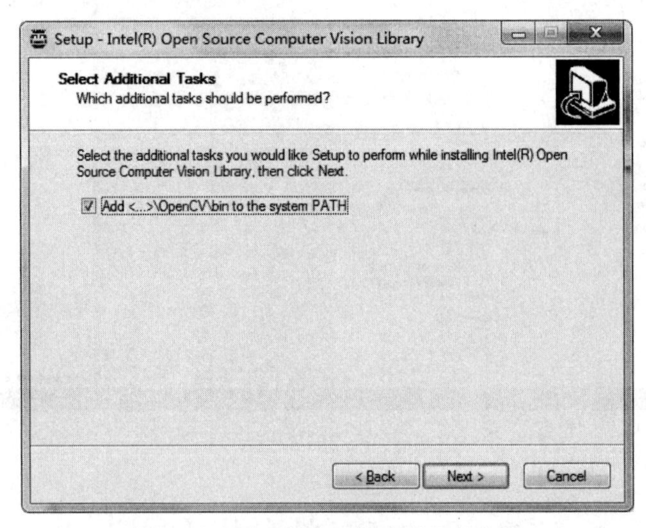

图 2-9　勾选“添加系统变量”复选项

之后单击 Next 按钮，等待安装完成。如果忘记勾选此选项，可以手动添加环境变量：右击“我的电脑”，选择“属性”选项，单击“高级”选项卡，单击“环境变量”按钮，在“用户变量”列表框中找到 path（没有的话新建），单击“编辑”按钮，在“变量值”文本框中添加 C:\Program File\OpenCV\bin（如果有多个路径用“;”隔开），然后单击“确定”按钮，重启计算机，如图 2-10 所示。

然后将安装目录 C:\Program Files\OpenCV\bin 下的 cxcore100.dll、highgui100.dll 和 libguide40.dll 拷贝到 C:\WINDOWS\system32 目录下。

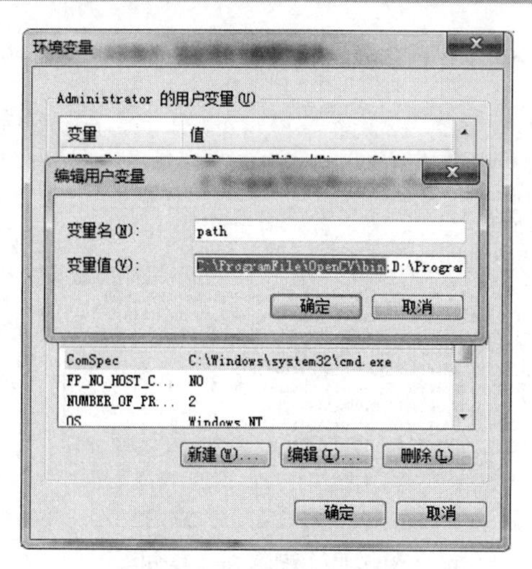

图 2-10　添加系统变量

打开 VC++6.0 进行 OpenCV 配置，选择 Tools→Options→Directories（工具→选项→目录），然后选择 Include files 选项，在下方填入路径（用户选择自己的安装路径），如图 2-11 所示（框选区域）。

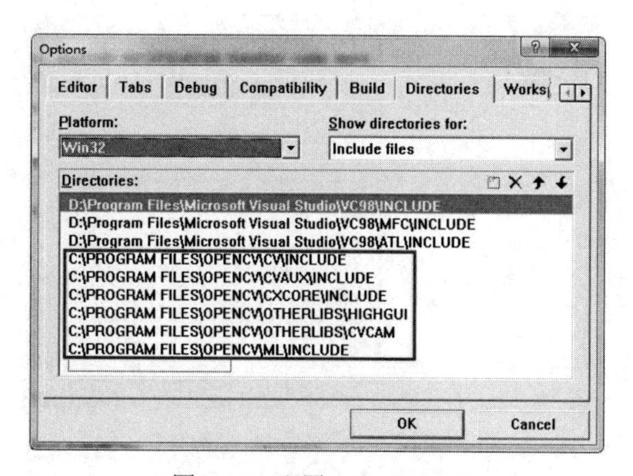

图 2-11　配置 Include files

然后选择 Library files 选项，在下方填入路径，如图 2-12 所示。

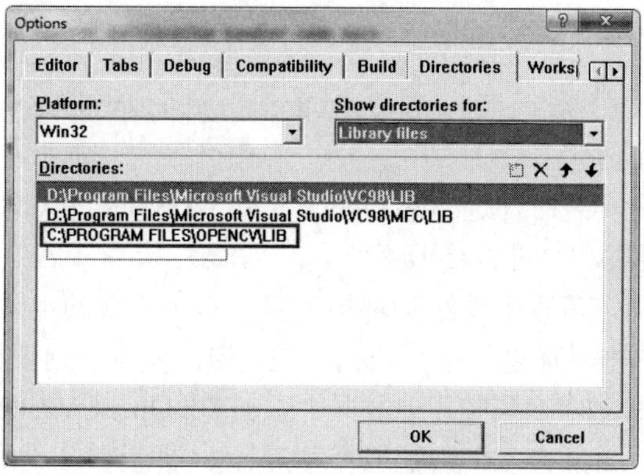

图 2-12　配置 Library files

接着选择 source files 选项，在下方填入路径，如图 2-13 所示，单击“确定”按钮完成配置。

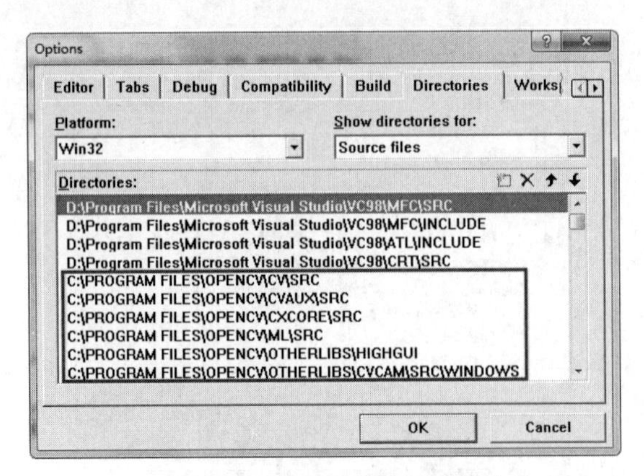

图 2-13　配置 Source files

项目的配置：每一个 OpenCV 文件都需要手动添加 lib 文件，首先建立一个工程，然后选择 Project→Settings→Link（工程→设置→链接），添加 lib 文件“cxcore.lib cv.lib highgui.lib ml.lib”，如图 2-14 所示，单击“确定”按钮后便可以开始编写你的第一个 OpenCV 程序了。

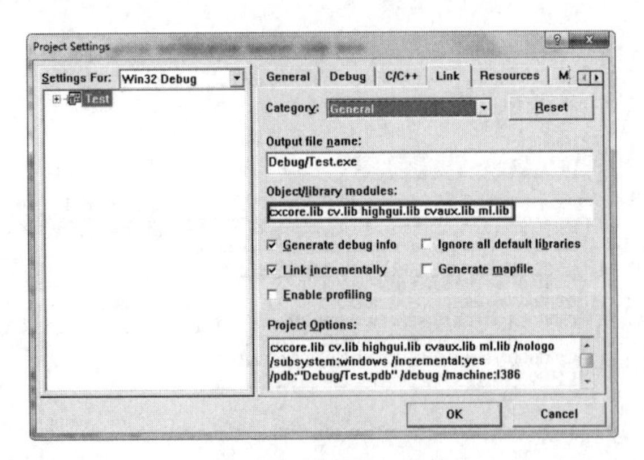

图 2-14　添加.lib 文件

需要注意的是，添加 lib 文件需要分 debug 版和 release 版，在图 2-14 的左上角 Settings For 处设置。

2.3.2　Visual Studio 2005+OpenCV2.1

OpenCV2.1 安装包的下载地址为 http://sourceforge.net/projects/opencvlibrary/files/opencv-win/2.1/OpenCV-2.1.0-win.zip。

安装 OpenCV2.1，在安装时勾选 Add OpenCV to the system PATH for all user（将\OpenCV\bin 加入系统变量）复选项，如图 2-15 所示。

如果忘记勾选此选项，可以手动添加环境变量：右击“我的电脑”，选择“属性”选项，单击“高级”选项卡，单击“环境变量”按钮，在“用户变量”列表框中找到 path（没有的话新建），单击“编辑”按钮，在“变量值”文本框中添加 D:\ OpenCV2.1\bin（根据自己的 OpenCV 安装目录进行相应修改，如果有多个路径用“;”隔开），然后单击“确定”按钮，重启计算机，如图 2-16 所示。

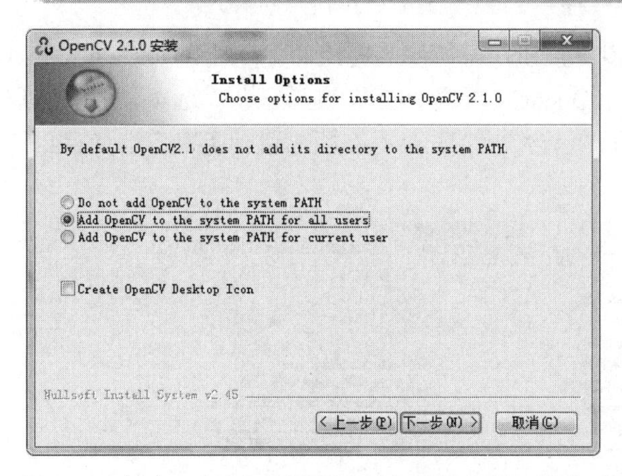

图 2-15　勾选“为本机所有用户添加系统变量”单选项

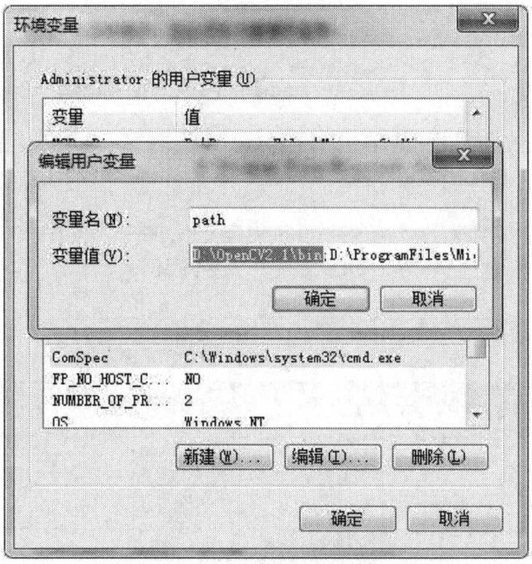

图 2-16　手动添加环境变量

单击“下一步”按钮，默认安装目录为 C:\OpenCV2.1（用户可以自己选择，这里我们将安装目录改为 D:\OpenCV2.1），如图 2-17 所示。

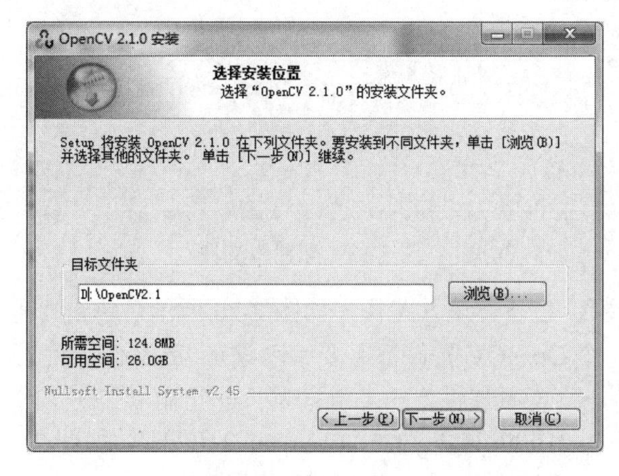

图 2-17　选择安装目录

之后单击“下一步”按钮，等待安装完成。

打开 VS 2005 进行 OpenCV 配置，选择“工具”→“选项”→“项目和解决方案”→“VC++目录”选项，然后选择“包含文件”，在下方填入路径（用户选择自己的安装路径），如图 2-18 所示（框选区域）。

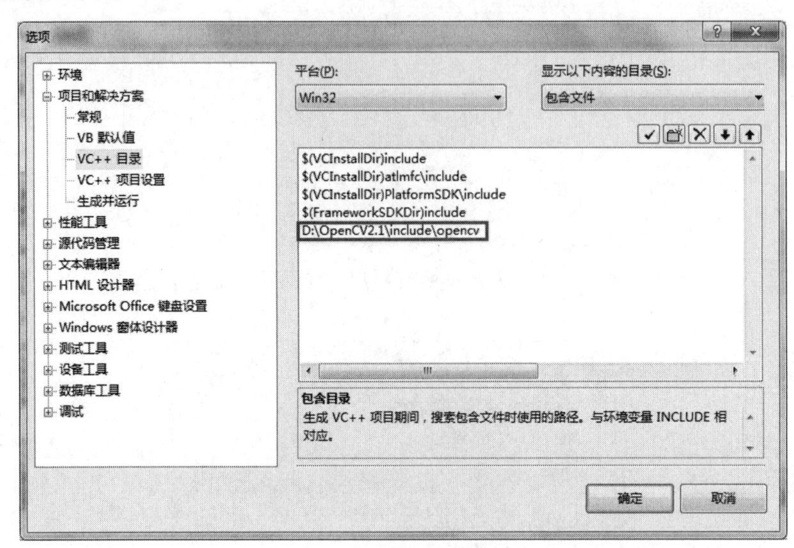

图 2-18　配置“包含文件”

然后选择“库文件”，在下方填入路径，如图 2-19 所示。

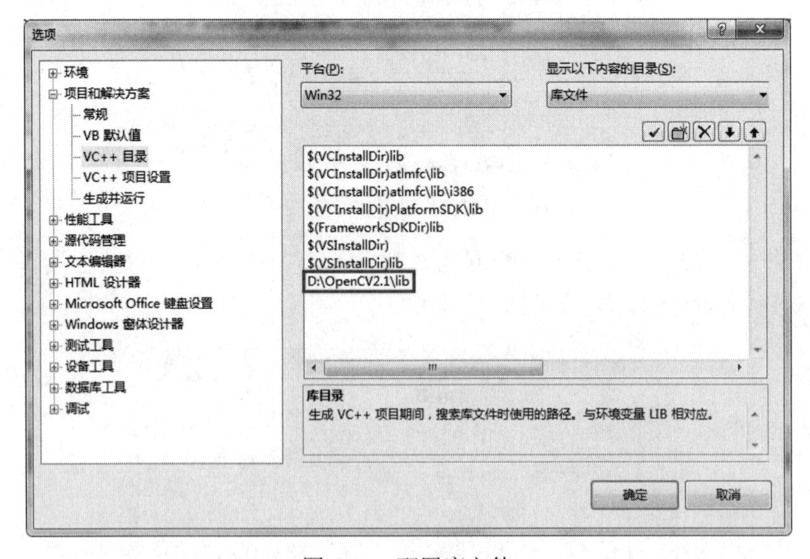

图 2-19　配置库文件

然后选择“源文件”，在下方填入路径，如图 2-20 所示，单击“确定”按钮完成配置。

项目的配置：每一个 OpenCV 文件都需要手动添加 lib 文件，首先建立一个工程，然后选择“工程”→“属性”→“配置属性”→“链接器”→“输入”→“附加依赖项”选项，添加 lib 文件“cxcore210.lib cv210.lib highgui210.lib cvaux210.lib”，如图 2-21 所示，单击“确定”按钮后便可以开始编写你的第一个 OpenCV 程序了。

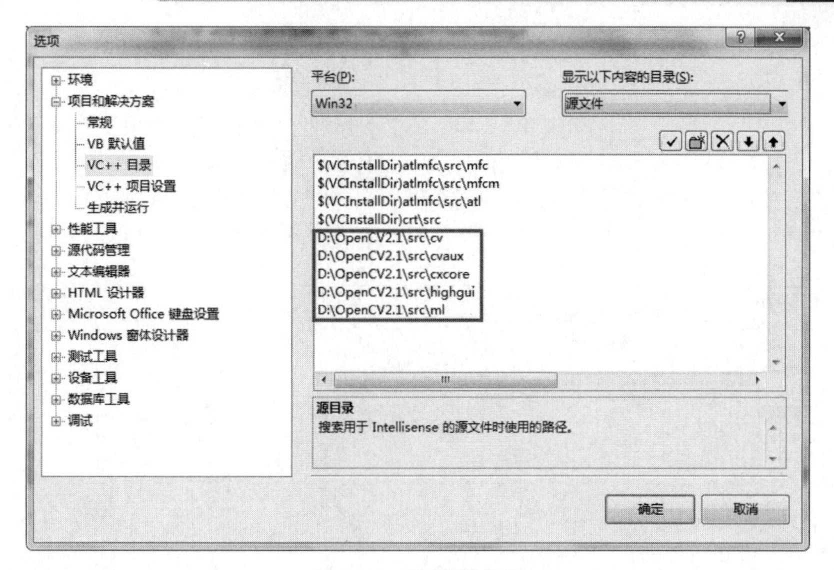

图 2-20　配置源文件

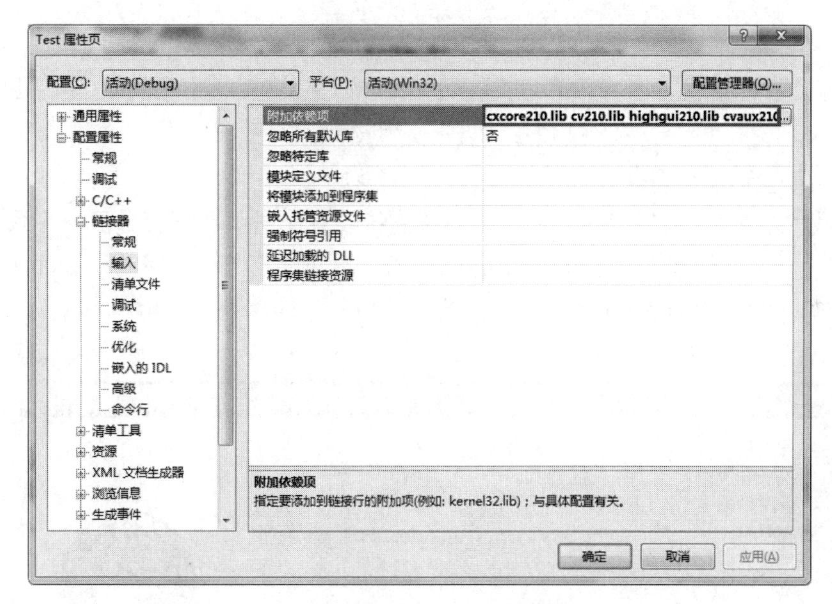

图 2-21　配置附加依赖项

和 OpenCV1.0 一样，添加 lib 文件需要分 debug 版和 release 版，在图 2-21 的左上角“配置”处设置。

2.3.3　Visual Studio 2017+OpenCV3.4.2

OpenCV3.4.2 安装包的下载地址为http://opencv.org/releases.html。

下载完之后获得 opencv-3.4.2-vc14_vc15.exe 文件，双击运行，将其解压到一个文件夹中，例如 C:\opencv3，如图 2-22 和图 2-23 所示。

在安装完成后生成 C:\opencv3 目录，其下有 opencv 目录，包含 build 和 sources 两个文件夹。

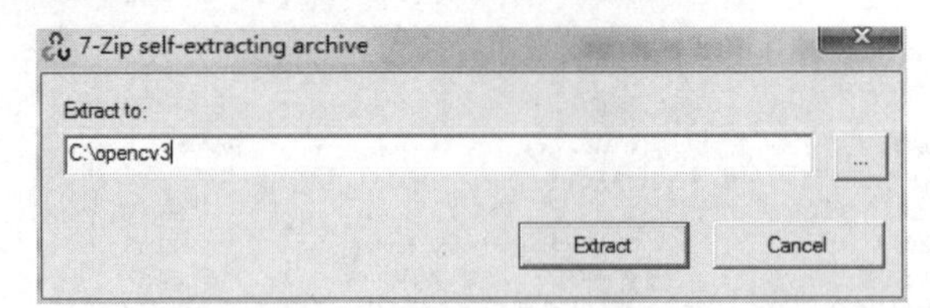

图 2-22　OpenCV 3.4.2 解压目录设置

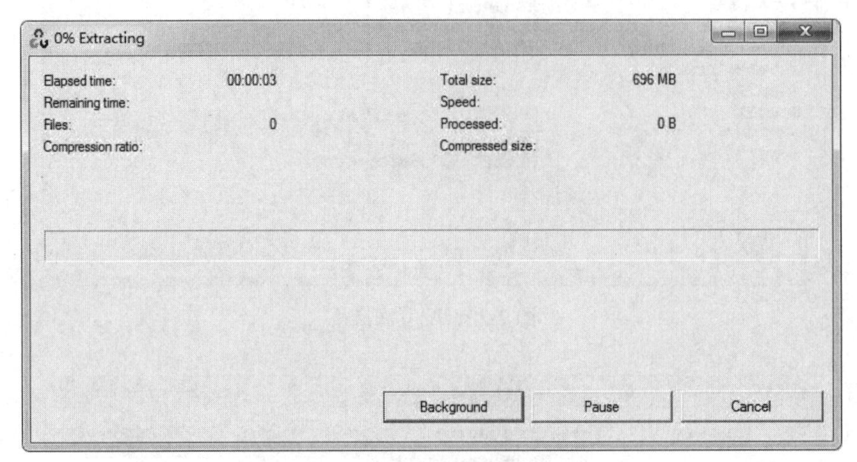

图 2-23　OpenCV 3.4.2 解压过程

下面开始设置环境变量。

右击“我的电脑”，选择“属性”→“高级系统设置”→“环境变量”→“系统变量”→ Path→“编辑”选项，如图 2-24 至图 2-26 所示，在“变量值”中添加路径：C:\opencv3\opencv\build\x64\vc15\bin; C:\opencv3\opencv\build\x86\vc15\bin，如图 2-27 所示。

图 2-24　计算机“属性”窗口

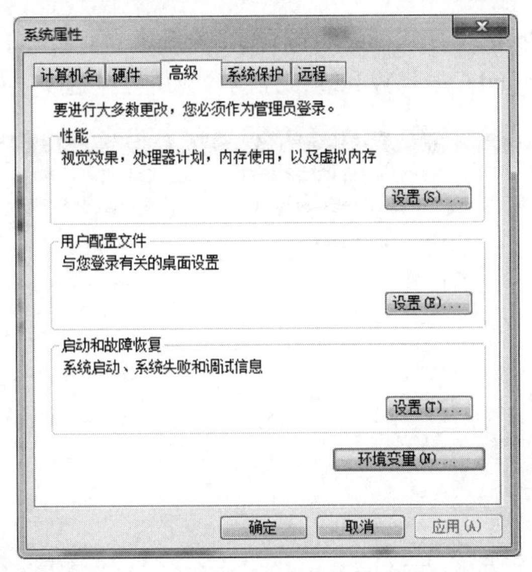

图 2-25 “系统属性”对话框的“高级”选项卡

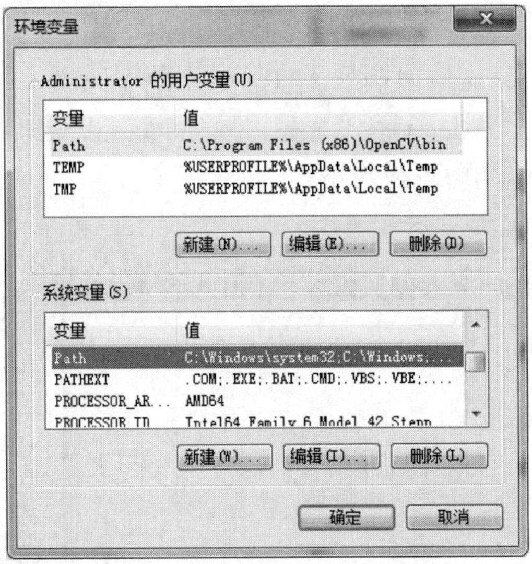

图 2-26 “环境变量”对话框

图 2-27 系统变量 Path（路径）设置对话框

注意如果 Path 变量值中已有内容，则需要在原有值的后面先加英文分号“;”，然后再添加路径。其中 x64 指的是 64 位系统，x86 指的是 32 位系统，vc15 对应 VS 2017。

打开 VS 2017 进行 OpenCV 配置，在配置前需要先新建一个 Visual C++项目。打开 VS 2017，选择“新建项目”→“Visual C++”Windows 控制台应用程序选项，如图 2-28 所示。

图 2-28　Visual C++新建项目

输入项目名称、位置，单击“确定”按钮，按向导提示默认即可建立一个 Win32 控制台应用程序，建好的项目界面如图 2-29 所示。

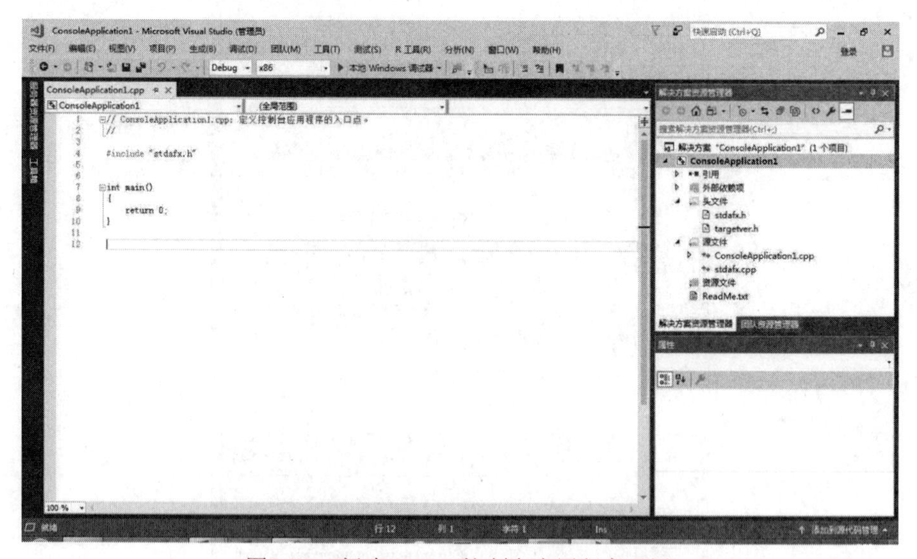

图 2-29　新建 Win32 控制台应用程序示例

单击“视图”→“其他窗口”→“属性管理器”命令（如图 2-30 所示），打开如图 2-31 所示的窗格。

在“属性管理器”项目列表中选择“新建的项目”→Debug|x64→Microsoft.Cpp.x64.user，如图 2-32 所示；右单击并选择“属性”选项，如图 2-33 所示，打开“属性页”窗口，如图 2-34 所示。

图 2-30　选择“属性管理器”命令

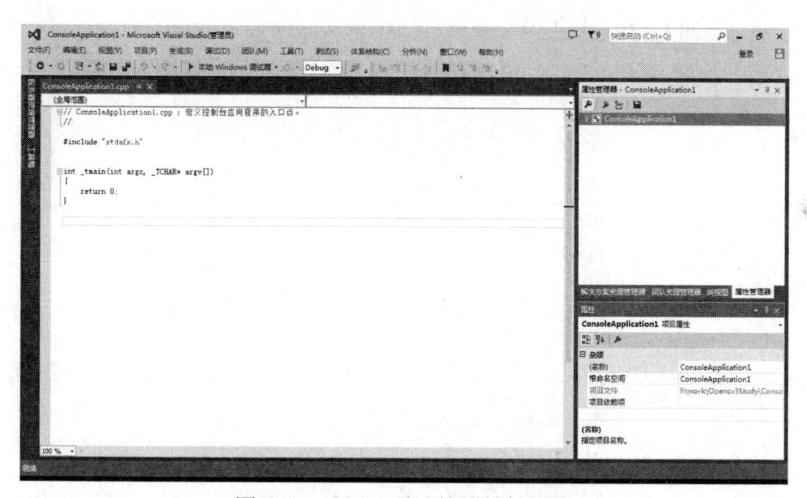

图 2-31　VC++项目的属性管理器

图 2-32　项目属性管理器

图 2-33　VC++项目的“属性”菜单命令

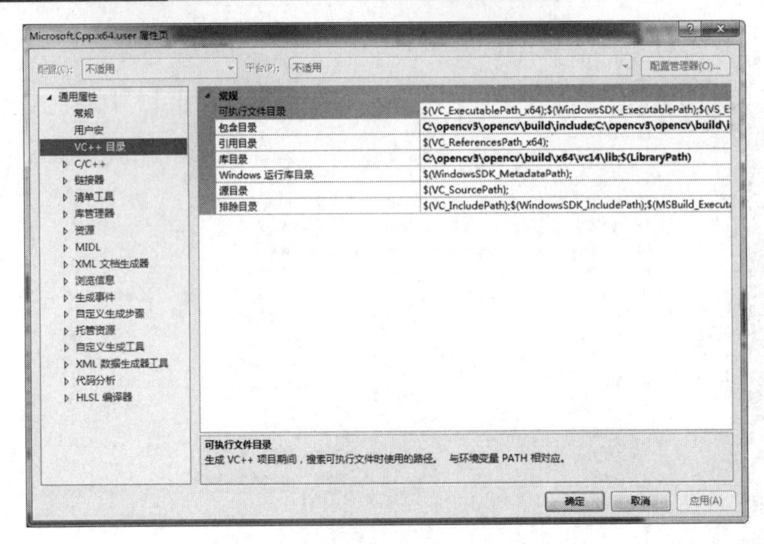

图 2-34　通用属性 VC++目录窗口

然后选择“通用属性”项下的“VC++目录”，如图 2-34 所示，右边会有“包含目录”和“库目录”，单击“包含目录”添加以下三条路径（如图 2-35 所示）：

C:\opencv3\opencv\build\include

C:\opencv3\opencv\build\include\opencv

C:\opencv3\opencv\build\include\opencv2

图 2-35　通用属性 VC++包含目录设置

再单击“库目录”添加下面一条路径（如图 2-36 所示）：

C:\opencv3\opencv\build\x64\vc14\lib

再单击“链接器”→“输入”→“附加依赖项”选项，如图 2-37 所示，在右侧下拉箭头处单击选择并添加依赖库 opencv_world330d.lib，如图 2-38 所示。同时，需注意在图 2-37 的左上角“配置”中设置是用于 Debug 模式还是 Release 模式。

OpenCV3.4.2 默认自带 VC14 和 VC15 x64 版本库文件，如果想要在其他 VS 版本下使用 OpenCV3.4.2，则需要进行相应 VS 版本的 CMake 编译。微软 VS 各版本对应关系如下：vc6-VC 6.0；vc7-VS 2002；vc7.1-VS 2003；vc8-VS 2005；vc9-VS 2008；vc10-VS 2010；vc11-VS 2012；vc12-VS 2013；vc13-VS 2014；vc14-VS 2015；vc15-VS 2017。

图 2-36　VC++通用属性库目录设置

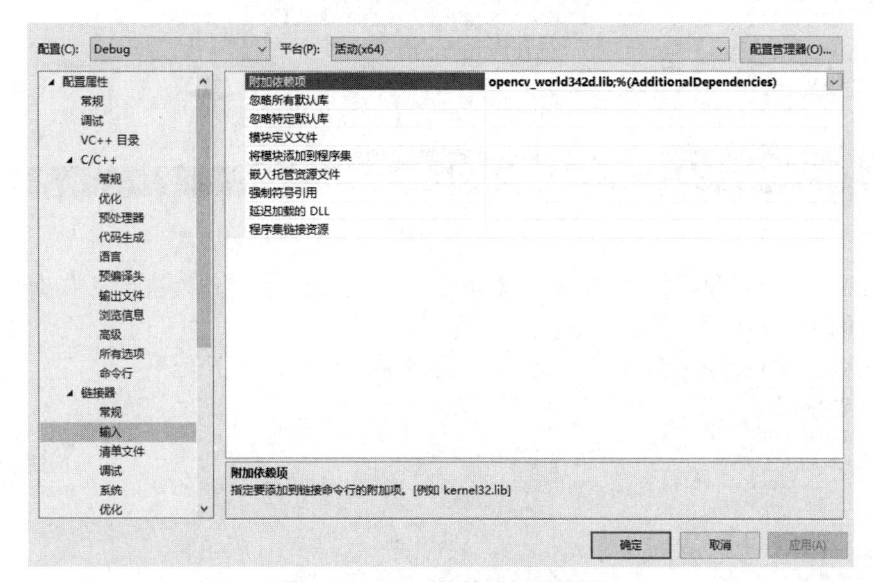

图 2-37　VC++依赖附加项选择

图 2-38　VC++通用属性附加依赖项设置

配置好后返回编辑界面，如图 2-39 所示，我们就可以在 VS 2017 下开始编写第一个 OpenCV 程序了。

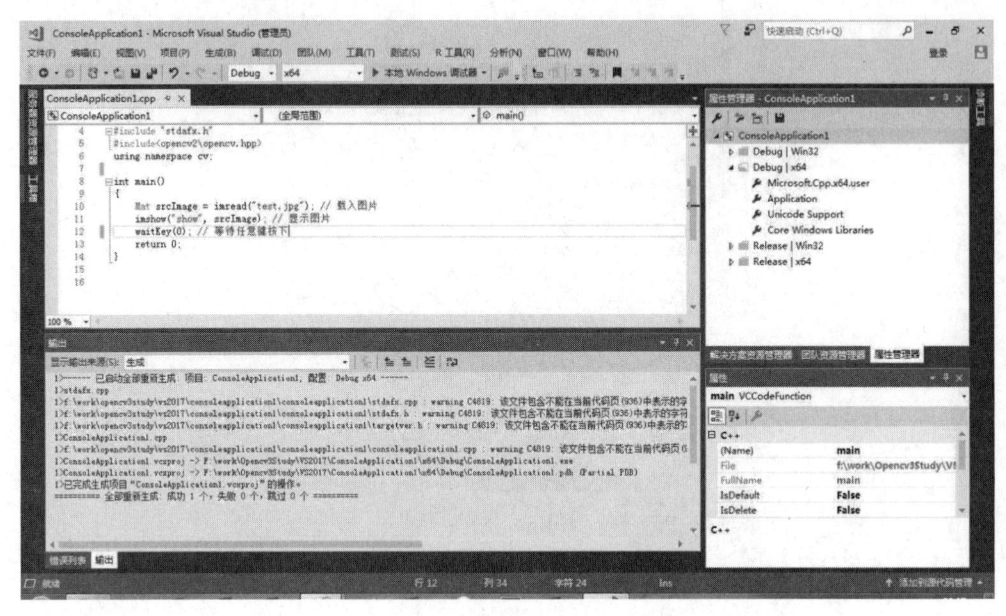

图 2-39　编码界面示例

需要注意，在编码开始之前，在编码窗口的上方应首先设置解决方案平台为 debug-x64（即与前面设置的项目相一致）。

拷贝一张图像 test.bmp 到项目目录下，在编辑窗口中输入以下代码：

```
#include "stdafx.h"
#include<opencv2\opencv.hpp>
using namespace cv;
int main()
{
        Mat srcImage = imread("test.bmp");          // 载入图像
        namedWindow("show");
        imshow("show", srcImage);                   // 显示图像
        waitKey(0);                                 // 等待任意键按下
    return 0;
}
```

单击“菜单生成”→“生成解决方案/重新生成解决方案”选项，然后单击“菜单调试”→“开始调试”选项，编译运行成功，显示 test.jpg 图像，如图 2-40 所示。如果程序能够顺利运行，表示 OpenCV 环境配置设置完成。

下面简单介绍本例源代码语句。

VC++ MFC 实现工程需要在文件第一条语句写：#include "stdafx.h"。其他的头文件应该放在这一行的后面。

stdafx 的英文全称为 Standard Application Framework Extensions（标准应用程序框架的扩展）。stdafx.h 中定义了一些环境参数，使得编译出来的程序能在对应的操作系统环境下运行。所谓头文件预编译，就是把一个工程（Project）中使用的一些 MFC 标准头文件预先编译，以后该工程编译时，不再编译这部分头文件，仅仅使用预编译的结果。这样可以加快编译速度，

节省时间。如果在“项目属性”中关闭“预编译”选项，则此语句可以不需要。

图 2-40　运行效果图

stdafx.h 由工程自动生成，我们可以在解决方案的头文件列表里找到该文件，双击打开后可以查看在本例程中该文件内容如下：

```
#pragma once
#include "targetver.h"
#include <stdio.h>
#include <tchar.h>
```

#pragma once 是一个比较常用的 C/C++宏，该宏能够保证头文件只被编译一次，如果工程项目比较复杂，存在头文件互相包含的情况，则需要添加该语句以保证这个头文件在项目执行时只被编译一次，否则会导致错误产生。

程序在一开始通过#include<opencv2\opencv.hpp>指定包含文件，这样才能在程序里正确调用 OpenCV 的相关函数和结构。需要说明的是，尽管安装的是 OpenCV3，但在程序中的 include 包含文件依然是 OpenCV2 的字样。

“using namespace cv;”语句引入了命名空间 cv，在后面所有的 cv 相关类型就可以不用增加前缀了，例如后面的关键字 Mat，如果没有引入命名空间，则必须写成 cv::Mat，它可以看成是一种简化代码书写的方式，实际上命名空间是 VS.NET 一种代码定义范围的分类。命名空间是用来组织和重用代码的。如同名字大多甚至一样的意思，namespace（命名空间）是用来解决人类可用的单词数太少的问题的，并且不同的人写的程序不可能所有的变量都没有重名现象，对于库来说，这个问题尤其严重，如果两个人写的库文件中出现同名的变量或函数（不可避免），使用起来就有问题了。为了解决这个问题，引入了命名空间这个概念，通过使用 namespace xxx;，你所使用的库函数或变量就是在该命名空间中定义的，这样一来就不会引起冲突了。

“Mat srcImage = imread("test.bmp");”语句的功能是读入一张图像的内容。Mat 是定义一个 Mat 类型的变量，在 OpenCV 里，二维图像可以使用 Mat 定义的变量来表示使用。srcImage 即为变量名，通过后面的等号和 imread 函数来赋值。imread 函数的功能是读入图像，该函数原型如下：

Mat imread(const String& filename, int flags = IMREAD_COLOR);

该函数第 1 个参数 String& filename 是图像的绝对地址。第 2 个参数 flags 表示图像读入的方式（flags 可以缺省，缺省时 flags=1，表示以彩色图像方式读入图像），flags>0 时表示以彩色方式读入图像；flags=0 时表示以灰度图方式读入图像；flags<0 时表示以图像本来的格式读入图像。

图像的绝对地址可以在浏览器中查看，方法为：选中图像，单击鼠标右键并选择“属性”选项，选择“安全”选项卡，对象名称后面的内容即为绝对地址（如图 2-41 所示）。

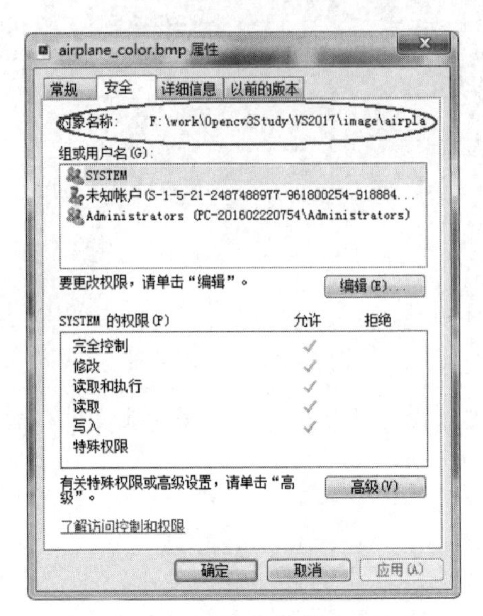

图 2-41　获取图像绝对地址

需要说明的是，在绝对路径中目录分隔符使用的是反斜杠“\”，因为反斜杠“\”在 C/C++/C# 中是转义前导字符，例如“\n”代表换行。因此，我们需要把绝对路径中的“\”换成“\\”才能够被识别。实际上在这里，双反斜杠“\\”、斜杠“/”、双斜杠“//”，甚至它们的混合都可以作为绝对路径中目录的分隔符。例如，在本例中，图像的绝对路径是“F:\work\Opencv3Study\VS2017\image\airplane_color.bmp”。

但是如果使用 imread 调用，则需要改写成：

Mat imread("F:\\work\\Opencv3Study\\VS2017\image\\airplane_color.bmp");

imread 还可以使用相对路径，例如在本例中，直接使用了“imread("test.bmp")，只需事先将 test.bmp 图像文件放在工程文件夹下和.cpp 文件放在一起就可以直接调用了。

imread 的第 2 个参数，int 类型的 flags，为载入标识，它指定一个加载图像的颜色类型。它自带默认值 1，即返回 3 通道彩色图像。该参数根据数值不同有三种不同的含义：flags >0 时返回一个 3 通道的彩色图像；flags=0 时返回灰度图像；flags<0 时返回包含 Alpha 通道的加载的图像。

再回到本节中的源代码，接下来的一条语句是“namedWindow("show");”，其函数原型如下：

void namedWindow(const string& winname,int flags=WINDOW_AUTOSIZE);

该函数有两个参数：第 1 个参数是 const string&型的 winname，即填被用作窗口标识符的窗口名称；第 2 个参数是 int 类型的 flags 窗口的标识，可以填如下值：

- WINDOW_NORMAL：设置了这个值，用户便可以改变窗口的大小（没有限制）。
- WINDOW_AUTOSIZE：如果设置了这个值，窗口大小会自动调整以适应所显示的图像，并且不能手动改变窗口大小。
- WINDOW_OPENGL：如果设置了这个值，窗口创建的时候便会支持 OpenGL。

再接下来一条语句是“imshow("show", srcImage);”，该语句函数原型如下：

void imshow(const string& winname, InputArray mat);

第 1 个参数，const string&类型的 winname，填需要显示的窗口标识名称，即前面 namedWindow 函数定义的窗口，如果指定的窗口不存在，则系统会自动生成一个窗口用来显示图像。

第 2 个参数，InputArray 类型的 mat，填需要显示的图像，在这里 InputArray 可以直接使用 Mat 类型图像。

“waitKey(0);”是暂停语句，括号内的整数表示暂停的毫秒数，例如“waitKey(60);”表示暂停 60ms，然后继续执行下一条语句；如果该数字为 0，则表示暂停程序执行，直到用户按下键盘后再继续向下执行。

最后的“return 0;”语句是主程序的返回语句，返回 0 值表示程序正常结束。

第 3 章　数字图像的基本概念

图像信息是人类认识世界的重要知识来源，国外学者曾做过统计，人类所获得的外界信息有 70%以上是来自眼睛摄取的图像。人眼所感知的图像一般是连续的，其灰度量值和彩色量值都是模拟信号，我们称之为模拟图像。这种连续性包含了两方面的含义，即空间位置延续的连续性，以及每一个位置上光的强度（颜色）变化的连续性。连续模拟函数表示的图像由于模拟信号自身的原因和对模拟信号处理手段的限制，无法用计算机进行处理，也无法在各种数字系统中传输或存储，于是人们把代表图像的连续（模拟）信号转变为离散（数字）信号，产生了数字图像的概念。

3.1　图像信号的数字化

计算机处理的数据和信号都是数字化的。因此，如果想要使用计算机进行数字图像处理，就必须首先实现图像的数字化。将图像的模拟信号转变为数字信号的过程称为图像信号的数字化，又称为采样量化，这个转变过程包括采样、量化和编码。

图像在空间上的离散化过程称为取样或采样。被选取的点称为取样点、抽样点或采样点，这些取样点也称为像素。在取样点上的函数值称为取样值、抽样值或样值。即在空间上用有限的取样点来代替连续无限的坐标值。如果一幅图像样点取得比较多，则增加了用于表示这些样点的信息量；而如果样点取得过少，则有可能会丢失原图像所包含的信息。所以最少的样点数应该满足一定的约束条件：由这些样点，采用某种方法能够完全重建原图像，即二维取样定理。

对每个取样点灰度值的离散化过程称为量化。即用有限个数值来代替连续无限多的连续灰度值。常见的量化可分为两大类：一类是将每个样值独立进行量化的标量量化方法，另一类是将若干样值联合起来作为一个矢量来量化的矢量量化方法。在标量量化中，按照量化等级的划分方法不同又分为两种：一种是将样点灰度值等间隔分档，称为均匀量化；另一种是在不等间隔分档的基础上实现非均匀量化或矢量量化。

3.1.1　采样

所谓采样（sampling）就是采集模拟信号的样本。在信号处理领域，采样是将信号从连续时间域上的模拟信号转换到离散时间域上的离散信号的过程。通过采样得到的信号，是连续信号（例如，现实生活中表示压力或速度的信号）的离散形式。

其中每秒钟的采样样本数叫做采样频率。采样频率越高，数字化后的信号就越接近于原来的波形，即信号的保真度越高，但量化后信号信息量的存储量也越大。

1. 采样过程

一个理论的采样结果，是把连续信号乘上梳状脉冲波形，如式（3-1）所示。

$$\delta_T(t)=\sum_{n=-\infty}^{\infty}\delta(t-nT) \tag{3-1}$$

结果是一个被改变幅度的梳状脉冲波形。离散信号就是一连串这个被改变幅度的波形。

在图像实际采样过程中，采样脉冲不是理想的δ函数，采样点阵列也不是无限的。因此在图像重建时会产生边界误差和模糊现象。

设采样脉冲阵列是由$(2I+1)*(2J+1)$有限个相同脉冲$P(x,y)$组成采样脉冲阵列，即：

$$S(x,y)=\sum_{i=-I}^{I}\sum_{j=-J}^{J}p(x-i\Delta x,y-j\Delta y) \tag{3-2}$$

假设$S(x,y)$是有限δ函数阵列$d(x,y)$通过冲击响应$p(x,y)$的线性滤波器产生的，可以表示为：

$$S(x,y)=d(x,y)*p(x,y)=\sum_{i=-I}^{I}\sum_{j=-J}^{J}p(x-i\Delta x,y-j\Delta y) \tag{3-3}$$

其中$d(x,y)=\sum_{i=-I}^{I}\sum_{j=-J}^{J}\delta(x-i\Delta x,y-j\Delta y)$。

一次已采样的图像$f_p(x,y)$可表示为：

$$\begin{aligned}&f_p(x,y)=f_i(x,y)\\&S(x,y)=\sum_{i=-I}^{I}\sum_{j=-J}^{J}f_i(x,y)p(x-i\Delta x,y-j\Delta y)\end{aligned} \tag{3-4}$$

采样过程如图 3-1 所示。

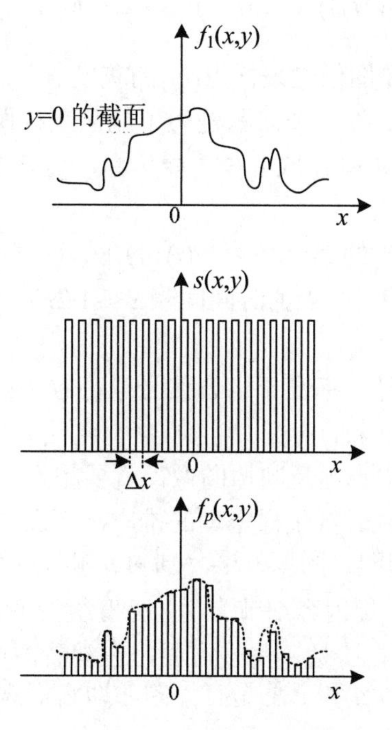

图 3-1　采样过程示例

而一幅连续的图像从空间位置上看，图像的所有像素都在一个平面内，像素在二维方向上分布。从图像原稿某一点位置的亮度来看，其取值也是连续分布的，即像素的亮度是像素位置的函数。因此，图像的数字化包含两方面的内容：空间位置的离散和数字化以及亮度的离散和数字化。

假定一幅连续图像在二维方向上被分成 $M*N$ 个网格，每个网格用一个亮度值（即灰度值）来表示，这个过程被称为图像的采样，如图 3-2 所示。

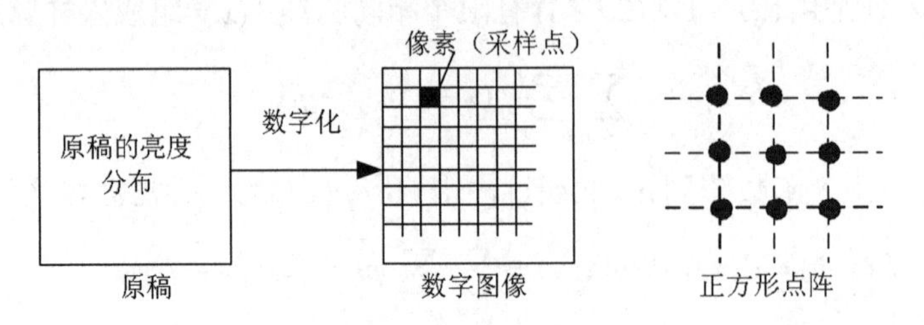

图 3-2　图像的数字化

在二维空间域中对图像进行采样时，一般采用均匀采样方法。在每个采样点位置(i,j)得 $f(x,y)$ 的具体数值 $f(i,j)$，这个值称为图像灰度采样值。所有采样点的全部采样值共同构成一离散函数 g(I,j)，其中，i=1，2，3，…，M；j=1，2，3，…，N，则图像灰度的离散值组成一个 $M*N$ 的数字矩阵：

$$G=\begin{bmatrix} f(1,1) & f(1,2) & \cdots & f(1,N) \\ f(2,1) & f(2,2) & \cdots & f(2,N) \\ \vdots & \vdots & \ddots & f(,) \\ f(M,1) & f(M,2) & \cdots & f(M,N) \end{bmatrix} \tag{3-5}$$

式中每一个矩阵元素 $f(i,j)$是图像在采样点(i,j)的灰度值，i 为行号，j 为列号。

现在图像采样需要关注的另外一个问题是为了能从采样图像精确地恢复原始图像，扫描行（或列）方向上的像素总数 M 和 N 取多少才能达标，这就要用到采样定理的内容。

2. 采样定理

时域采样定理：频带为 F 的连续信号 $f(t)$可用一系列离散的采样值 $f(t_1)$, $f(t_1\pm\Delta t)$, $f(t_1\pm 2\Delta t)$，…来表示，只要这些采样点的时间间隔$\Delta t\leqslant 1/2F$，便可根据各采样值完全恢复原来的信号 $f(t)$。

根据采样定理，只有当采样频率高于声音信号最高频率的两倍时，才能把离散模拟信号表示的声音信号唯一地还原成原来的声音。

而图像的采样为了保证不失真地反映原图像，就要根据二维空间域的采样定理来决定 M 和 N 的值。二维采样定理是一维时域采样定理的推广，下面介绍二维采样定理的内容。

设 $f(x,y)$在 x 方向和 y 方向的空间域频率分别为 μ 和 v。对于绝大多数图像而言，它们都具有一个共同的重要特性：就图像内容细节来说，亮度缓慢变化的区域占绝大多数（如人像的额部），亮度急剧变化的区域只占少数；另一方面，在观看图像的时候，总要受到视觉或观察仪器的限制。因此，中间域频率 μ 和 v 总是有界的，即它们满足：

$$|\mu|\leqslant\mu_0，\ |v|\leqslant v_0 \tag{3-6}$$

式中 μ_0 和 v_0 为常数，分别表示 μ 和 v 的上限。

在二维空间域中对 $f(x,y)$作傅里叶变换，得 $f(x,y)$在频率域中的傅里叶变换复数形式的表达式 $F(u,v)$：

$$F(\mu,v)=\int_{-\infty}^{+\infty}\int_{-\infty}^{+\infty}f(x,y)\mathrm{e}^{-\mathrm{j}2\pi(xu+yv)}\mathrm{d}x\mathrm{d}y \tag{3-7}$$

式中 j 为虚数单位，可以用博里叶逆变换从频率域变回到空间域：

$$f(x,y)=\frac{1}{4\pi^2}\int_{-\infty}^{+\infty}\int_{-\infty}^{+\infty}F(\mu,v)\mathrm{e}^{\mathrm{j}2\pi(xu+yv)}\mathrm{d}u\mathrm{d}v \tag{3-8}$$

考虑到频率是有界的，当满足式（3-6）时 $F(\mu,v)$ 才不为 0，因此式（3-8）中的积分上下限改为：

$$f(x,y)=\frac{1}{4\pi^2}\int_{-v0}^{+v0}\int_{-u0}^{+u0}F(\mu,v)\mathrm{e}^{\mathrm{j}2\pi(xu+yv)}\mathrm{d}u\mathrm{d}v \tag{3-9}$$

对离散灰度函数可进行类似的傅里叶变换，获得 $f(i,j)$的离散傅里叶变换表达式 $Fs(u,v)$，其中的 u 和 v 是离散的空间频率值，同样受式（3-6）的限制。显然，当采样密度满足：

$$\frac{M}{L_x}\geqslant 2u_0,\quad \frac{N}{L_y}\geqslant 2v_0 \tag{3-10}$$

时才不会发生 $f(i,j)$的频率混叠现象。上式就是二维空间域的采样定理，它是一维尼奎斯特采样定理的推广。

频率混叠现象不仅会发生在图像的数字化过程中，也会发生于重新采样过程中。所谓重新采样是指从已有像素中用某种计算方法（例如插值计算）获得更多的像素，这些像素不是由图像数字化设备获得，而是算出来的，往往是实际像素值的近似值。

3.1.2 量化

图像经过采样成为空间上被称为离散样本的阵列，而每个样本灰度值还是一个有无穷多个取值的连续变化的量，必须将其转化为有限个离散值，并赋予不同的数值才能真正成为数字图像，再由计算机或者其他数字设备进行处理，这个过程称为量化。简单地说，所谓量化，就是把经过采样得到的瞬时值的幅度离散，即用一组规定的电平把瞬时采样值用最接近的电平值来表示。

量化有两种方式：一种是将样本连续灰度值等间隔的均匀量化，另一种是不等间隔的非均匀量化。

均匀量化：模拟数字转换输入动态范围被均匀地划分为 2^n 份。

非均匀量化：模拟数字转换输入动态范围的划分不均匀，一般用类似指数的曲线进行量化。

图像数字化的第二步，就是将空间上离散的函数 $f(i,j)$的数值经过“数值量化过程”变为分层（分级）灰度值。这个过程就是图像信号的“量化”。

最常用的数值量化过程是“均匀量化”，也称为“线性量化”，即每个量化区间的大小是相等的。当对 $f(x,y)$作线性量化时，通常把灰度值的范围均匀地划分为 2^n 个区间（n 为 1，2，…正整数）。落在每个灰度区间内的所有灰度值用一个确定的 n 位的二进制数表示。例如，当 n=8 时，在位置(i,j)，$f(i,j)$的值为 18.4，这个值称为离散后的采样值，按照二进制编码被量化为 18。

经线性量化后，可以从空间离散的灰度值 $f(i,j)$获得量化后的灰度值 $g(i,j)$，这些量化后的灰度值 $g(i,j)$也有 $M*N$ 个，组成一个 $M*N$ 的量化图像矩阵：

$$G=\begin{bmatrix} g(1,1) & g(1,2) & \cdots & g(1,N) \\ g(2,1) & g(2,2) & \cdots & g(2,N) \\ \cdots & \cdots & \ddots & g(i,N) \\ g(M,1) & g(M,2) & \cdots & g(M,N) \end{bmatrix} \tag{3-11}$$

一般来说，图像的采样值 $f(i,j)$和量化值 $g(i,j)$不一定相等，所以在量化过程中必然存在量化误差 $\varepsilon(i,j)$：

$$\varepsilon(i,j)=g(i,j)-f(i,j) \tag{3-12}$$

每一点的量化误差构成图像灰度的量化误差矩阵：

$$\varepsilon=\begin{bmatrix} \varepsilon(1,1) & \varepsilon(1,2) & \cdots & \varepsilon(1,N) \\ \varepsilon(2,1) & \varepsilon(2,2) & \cdots & \varepsilon(2,N) \\ \cdots & \cdots & \ddots & \varepsilon(i,N) \\ \varepsilon(M,1) & \varepsilon(M,2) & \cdots & \varepsilon(M,N) \end{bmatrix} \tag{3-13}$$

图像误差值 $\varepsilon(i,j)$ 可能为正，也可能为负，偶尔会为 0。而归一化的量化误差（相对量化误差）满足：

$$|\varepsilon(i,j)|\leqslant\frac{1}{2^{n+1}} \tag{3-14}$$

其中 n=1，2，3，…，取决于量化时灰度分级范围。

如果线性量化的分级比较大，例如取 $n=12$，相应的量化灰度分层总数为 4096，则将该值代入式（3-14）后可看到，由量化过程引起的误差很小。而当 n 值较小时，例如 $n=4$，3，2 时，量化误差会相应地增大，图像失真将越来越明显。

3.2 图像格式

图像格式是计算机存储图像的格式，常见的存储格式有 bmp、jpg、tiff、gif、pcx、tga、exif、fpx、svg、psd、cdr、pcd、dxf、ufo、eps、ai、raw 等，下面对常用图像格式进行简单介绍。

（1）BMP 格式。

BMP（Bitmap，位图文件）是一种与硬件设备无关的图像文件格式，使用非常广泛。它采用位映射存储格式，除了图像深度可选以外，不采用其他任何压缩，因此，BMP 文件所占用的空间很大。BMP 文件的图像深度可选 1bit、4bit、8bit 和 24bit。BMP 文件存储数据时，图像的扫描方式是按从左到右、从下到上的顺序。

（2）JPEG 格式。

JPEG（Joint Photographic Experts Group，联合图像专家小组）也是一种常见的图像格式，由 ISO 和 CCITT 两大标准组织共同推出，定义了摄影图像通用的压缩编码方法。JPEG 文件的扩展名为.jpg 或.jpeg，其压缩技术十分先进，它用有损压缩方式去除冗余的图像和彩色数据，获得极高压缩率的同时，还能展现十分丰富生动的图像，换句话说，就是使用最少的磁盘空间存储较好的图像质量。

（3）TIFF 格式。

TIFF（Tag Image File Format，标签图像文件格式）是Mac中广泛使用的图像格式，由 Aldus

和微软联合开发设计，最初是出于跨平台存储扫描图像的需要而设计的。它最大的特点是图像格式复杂、存储信息多。正因为它存储的图像细微层次的信息非常丰富，图像的质量得以提高，故而非常有利于原稿的复制。

（4）PNG 格式。

流式网络图形格式（Portable Network Graphic Format，PNG）是 20 世纪 90 年代中期开始开发的一种图像文件存储格式，目的是企图替代 GIF 和 TIFF 文件格式，PNG 还增加了一些 GIF 文件格式所不具备的特性。PNG 是一种位图文件存储格式，该格式使用无损压缩来减少图像的大小，同时保留图像中的透明区域，所以文件也略大。

（5）GIF 格式。

GIF（Graphics Interchange Format）GIF 文件的数据，是一种基于LZW 算法的连续色调的无损压缩格式。其压缩率一般在 50%左右，它不属于任何应用程序。几乎所有相关软件都支持它，公共领域有大量的软件在使用 GIF图像文件。

GIF 图像文件的数据是经过压缩的，而且是采用了可变长度等压缩算法。所以 GIF 的图像深度从 lbit 到 8bit，即 GIF 最多支持 256 种色彩的图像。GIF 格式的另一个特点是其在一个 GIF 文件中可以存储多幅彩色图像，如果把存于一个文件中的多幅图像数据逐幅读出并显示到屏幕上，就可构成一种最简单的动画。

（6）PCX 格式。

个人电脑交换（PC Paintbrush Exchange，PCX）是 ZSoft 公司在开发图像处理软件Paintbrush 时开发的一种图像文件格式，这是一种经过压缩的格式，占用磁盘空间较少。

（7）TGA 格式。

已标记的图形格式（Tagged Graphics，TGA）是由美国 Truevision 公司为其显示卡开发的一种图像文件格式，文件扩展名为.tga，已被国际上的图形、图像工业所接受。TGA 的结构比较简单，属于一种图形、图像数据的通用格式，在多媒体领域有很大影响，是计算机生成图像向电视转换的一种首选格式。

TGA图像格式最大的特点是可以做出不规则形状的图形、图像文件，一般图形、图像文件都为四边形，若需要有圆形、菱形，甚至是镂空的图像文件时，TGA 就派上用场了。TGA 格式支持压缩，使用不失真的压缩算法，是一种比较好的图像格式。

（8）EXIF 格式。

可交换的图像文件格式（Exchangeable Image File Format，EXIF）是 1994 年富士公司提倡的数码相机图像文件格式，与 JPEG 格式相同，区别是除保存图像数据外，还能够存储摄影日期，使用光圈、快门、闪光灯数据等曝光资料和附带信息以及小尺寸图像。

（9）FPX 格式。

闪光照片（kodak Flash PiX，FPX），此图像文件格式扩展名为.fpx，是由柯达、微软、HP 及 Live PictureInc 联合研制，并于 1996 年 6 月正式发表，FPX 是一个拥有多重分辨率的影像格式，即影像被储存成一系列高低不同的分辨率，这种格式的好处是当影像被放大时仍可维持影像的质量，另外，当修饰 FPX 影像时，只会处理被修饰的部分，不会把整幅影像一并处理，从而减小处理器及存储器的负担，使影像处理时间减少。其多分辨率的存储方式为很多人所青睐。

（10）SVG 格式。

可缩放矢量图形（Scalable Vector Graphics，SVG）是基于XML（标准通用标记语言的子集），由万维网联盟进行开发的一种开放标准的矢量图形语言。它可任意放大图形显示，边缘异常清晰，文字在 SVG 图像中保留可编辑和可搜寻的状态，没有字体的限制，生成的文件很小，下载很快，十分适合用于设计高分辨率的 Web 图形页面。

（11）PSD 格式。

PhotoShopDocument(PSD)是 Photoshop图像处理软件的专用文件格式,文件扩展名是.psd,可以支持图层、通道、蒙板和不同色彩模式的各种图像特征，是一种非压缩的原始文件保存格式。扫描仪不能直接生成该种格式的文件。PSD 文件有时容量会很大，但由于可以保留所有原始信息，在图像处理中对于尚未制作完成的图像选用 PSD 格式保存是最佳的选择。

（12）CDR 格式。

CDR 格式是著名的绘图软件CorelDRAW 的专用图形文件格式。由于 CorelDRAW 是矢量图形绘制软件，所以 CDR 可以记录文件的属性、位置和分页等。但它在兼容度上比较差，只能在 CorelDRAW 应用程序中使用，而其他的图像编辑软件无法打开此类文件。

（13）PCD 格式。

照片激光唱片（Kodak PhotoCD，PCD），文件扩展名是.pod，是 Kodak 开发的一种 Photo CD文件格式,其他软件系统只能对其进行读取。该格式使用 YCC 色彩模式定义图像中的色彩。YCC 和 CIE 色彩空间包含比显示器和打印设备的 RGB 色和 CMYK 色多得多的色彩。PhotoCD 图像大多具有非常高的质量。

（14）DXF 格式。

图纸交换格式（Drawing Exchange Format，DXF），扩展名是.dxf，是 AutoCAD 中的图形文件格式，它以 ASCII 方式存储图形，在表现图形的大小方面十分精确，可被 CorelDRAW 和 3DS 等直接调用。

3.3 视频格式

步入多媒体时代，计算机已经成为家庭娱乐中不可缺少的元素之一，利用计算机不但可以工作、上网查询资料、了解最新的新闻资讯，我们还能利用它来听听音乐、欣赏影视大片。对于经常利用计算机看影片的影迷来说，应该对诸如 AVI、MPEG、MOV、RM 等常见的视频格式非常熟悉。现如今各种各样的视频格式如雨后春笋般不断地涌出，但是令大家尴尬的是对于每一种视频格式都要求有相应的软件才能播放，例如MOV 格式文件需要用Quick Time播放，而 RM 格式的文件需要 Real Player 来支持。

所谓“知己知彼，方能百战不殆”，熟悉了各种各样的视频格式，才能够为后来的视频图像处理打好基础。下面就详细地给大家介绍一些常见的视频格式。

（1）AVI 格式。

AVI 视频格式（Audio Video Interleaved，音频视频交错格式）于 1992 年被 Microsoft 公司推出，随 Windows 3.1 一起被人们所认识和熟知。所谓“音频视频交错”，就是可以将视频和音频交织在一起进行同步播放。这种视频格式的优点是图像质量好，可以跨多个平台使用，但是其缺点是体积过于庞大，而且压缩标准不统一，因此经常会遇到高版本 Windows媒体播放器播放不了采用早期编码编辑的 AVI 格式视频，而低版本 Windows媒体播放器又播放不了采用最新编码编辑的 AVI 格式视频。

（2）DV-AVI 格式。

DV（Digital Video Format）是由索尼、松下、JVC 等多家厂商联合推出的一种家用数字视频格式。目前非常流行的数码摄像机就是使用这种格式记录视频数据的。它可以通过计算机的 IEEE 1394端口传输视频数据到计算机，也可以将计算机中编辑好的视频数据回录到数码摄像机中。这种视频格式的文件扩展名一般也是.avi，所以我们习惯地叫它为 DV-AVI 格式。

（3）MPEG 格式。

MPEG（Moving Picture Expert Group，运动图像专家组格式），家里常看的 VCD、SVCD、DVD 就是这种格式。MPEG 文件格式是运动图像压缩算法的国际标准，它采用了有损压缩方法，从而减少运动图像中的冗余信息。MPEG 的压缩方法说得更加深入一点就是保留相邻两幅画面中绝大多数相同的部分，而把后续图像中和前面图像有冗余的部分去除，从而达到压缩的目的。目前 MPEG 格式有三个压缩标准，分别是MPEG-1、MPEG-2和MPEG-4，另外，MPEG-7与MPEG-21 仍处在研发阶段。

MPEG-1：制定于 1992 年，它是针对 1.5Mb/s 以下数据传输率的数字存储媒体运动图像及其伴音编码而设计的国际标准，也就是我们通常所见到的 VCD 制作格式。这种视频格式的文件扩展名包括.mpg、.mlv、.mpe、.mpeg 及 VCD 光盘中的.dat 文件等。

MPEG-2：制定于 1994 年，设计目标为高级工业标准的图像质量以及更高的传输率。这种格式主要应用在 DVD/SVCD 的制作（压缩）方面，同时在一些 HDTV（高清晰电视广播）和一些高要求视频编辑、处理上面也有相当的应用。这种视频格式的文件扩展名包括.mpg、.mpe、.mpeg、.m2v 及 DVD 光盘上的.vob 文件等。

MPEG-4：制定于 1998 年，MPEG-4是为了播放流式媒体的高质量视频而专门设计的，它可利用很窄的带度，通过帧重建技术，压缩和传输数据，以求使用最少的数据获得最佳的图像质量。MPEG-4 最有吸引力的地方在于它能够保存接近于 DVD 画质的小体积视频文件。这种视频格式的文件扩展名包括.asf、.mov 和 DivX、AVI 等。

大家对在计算机上看 VCD 都习以为常了吧？但你知道如何将那么多的音频和视频信息压缩到一张 CD 光盘中吗？如果你曾打开过 VCD 光盘的文件，你会发现其中有一个 MPEG 的文件夹。此时聪明的你一定会意识到 VCD 光盘压缩就是采用 MPEG 这种文件格式。MPEG 是 Moving Pictures Experts Group（动态图像专家组）的缩写，由国际标准化组织 ISO（International Standards Organization）与 IEC（International Electronic Committee）于 1988 年联合成立，专门致力于运动图像（MPEG 视频）及其伴音编码（MPEG 音频）标准化工作。MPEG 是运动图像压缩算法的国际标准，现已几乎被所有的计算机平台共同支持。

和前面某些视频格式不同的是，MPEG 是通过采用有损压缩方法来减少运动图像中的冗余信息从而达到高压缩比的目的，当然这些是在保证影像质量的基础上进行的。MPEG 压缩标准是针对运动图像而设计的，其基本方法是：在单位时间内采集并保存第一帧信息，然后只存储其余帧相对第一帧发生变化的部分，从而达到压缩的目的。MPEG 的平均压缩比为 50:1，最高可达 200:1，压缩效率之高由此可见一斑。同时图像和音响的质量也非常好，并且在计算机上有统一的标准格式，兼容性相当好。

MPEG 标准包括 MPEG 视频、MPEG 音频和 MPEG 系统（视频、音频同步）三个部分，MP3 音频文件就是 MPEG 音频的一个典型应用，而 Video CD（VCD）、Super VCD（SVCD）、DVD（Digital Versatile Disk）则是全面采用 MPEG 技术所产生出来的新型消费类电子产品。

（4）DivX 格式。

DivX 是由 MPEG-4 衍生出的另一种视频编码（压缩）标准，亦即我们通常所说的 DVDrip 格式，它采用 MPEG-4 压缩算法的同时又综合了 MPEG-4 与 MP3 各方面的技术，说白了就是使用 DivX压缩技术对 DVD 盘片的视频图像进行高质量压缩，同时又用 MP3 或 AC3 对音频进行压缩，然后再将视频与音频合成并加上相应的外挂字幕文件而形成的视频格式。其画质基本保持与 DVD 一致并且体积只有 DVD 的数分之一。

（5）MOV 格式。

MOV 格式是由美国 Apple 公司开发的一种视频格式，默认的播放器是苹果的 QuickTimePlayer。具有较高的压缩比率和较完美的视频清晰度等特点，但是其最大的特点还是跨平台性，即不仅能支持 MacOS，同样也能支持 Windows 系列。

QuickTime 格式大家可能不怎么熟悉，因为它是 Apple 公司开发的一种音频、视频文件格式。QuickTime 用于保存音频和视频信息，现在它被包括 Apple Mac OS、Microsoft Windows 95/98/NT 在内的所有主流计算机平台支持。QuickTime 文件格式支持 25 位彩色，支持领先的集成压缩技术，提供 150 多种视频效果，并配有提供了 200 多种 MIDI 兼容音响和设备的声音装置。新版的 QuickTime 进一步扩展了原有功能，包含了基于 Internet 应用的关键特性。综上，QuickTime 因具有跨平台、存储空间要求小等技术特点，得到业界的广泛认可，目前已成为数字媒体软件技术领域的事实上的工业标准。

（6）ASF 格式。

Microsoft 公司推出的 Advanced Streaming Format（ASF，高级流格式），也是一个在 Internet 上实时传播多媒体的技术标准，它是微软为了和现在的 Real Player 竞争而推出的一种视频格式，用户可以直接使用 Windows 自带的Windows Media Player对其进行播放。由于它使用了 MPEG-4 的压缩算法，所以压缩率和图像的质量都很不错。

ASF 的主要优点包括本地或网络回放、可扩充的媒体类型、部件下载、扩展性等。ASF 应用的主要部件是NetShow服务器和NetShow播放器。有独立的编码器将媒体信息编译成ASF 流，然后发送到NetShow 服务器，再由 NetShow 服务器将 ASF 流发送给网络上的所有 NetShow 播放器，从而实现单路广播或多路广播。这和 Real 系统的实时转播则是大同小异。

（7）WMF 格式。

WMF（Windows Media Video）也是微软推出的一种采用独立编码方式，并且可以直接在网上实时观看视频节目的文件压缩格式。WMV 格式的主要优点包括本地或网络回放、可扩充的媒体类型、可伸缩的媒体类型、多语言支持、环境独立性、丰富的流间关系以及扩展性等。

（8）RM 格式。

Networks 公司所制定的音频视频压缩规范称之为Real Media，用户可以使用 RealPlayer 或 RealOne Player 对符合 RealMedia技术规范的网络音频/视频资源进行实况转播，并且 RealMedia 还可以根据不同的网络传输速率制定出不同的压缩比率，从而实现在低速率的网络上进行影像数据实时传送和播放。这种格式的另一个特点是用户使用 RealPlayer 或 RealOne Player 播放器可以在不下载音频/视频内容的条件下实现在线播放。

RM格式是RealNetworks公司开发的一种新型流式视频文件格式，它麾下共有三员大将：RealAudio、RealVideo和RealFlash。RealAudio用来传输接近CD音质的音频数据，RealVideo用来传输连续视频数据，而RealFlash则是RealNetworks公司与Macromedia公司新近合作推出的一种高压缩比的动画格式。RealMedia可以根据网络数据传输速率的不同制定不同的压缩比率，从而实现在低速率的广域网上进行影像数据的实时传送和实时播放。这里我们主要介绍RealVideo，它除了可以以普通的视频文件形式播放之外，还可以与RealServer服务器相配合，首先由RealEncoder负责将已有的视频文件实时转换成RealMedia格式，RealServer则负责广播RealMedia视频文件。在数据传输过程中可以边下载边由RealPlayer播放视频影像，而不必像大多数视频文件那样，必须先下载然后才能播放。目前，Internet上已有不少网站利用RealVideo技术进行重大事件的实况转播。

（9）RMVB格式。

RMVB是一种由RM视频格式升级延伸出的新视频格式，其先进之处在于RMVB视频格式打破了原先RM格式那种平均压缩采样的方式，在保证平均压缩比的基础上合理利用比特率资源，就是说静止和动作场面少的画面场景采用较低的编码速率，这样可以留出更多的带宽空间，而这些带宽会在出现快速运动的画面场景时被利用。这样在保证静止画面质量的前提下，大幅度提高了运动图像的画面质量。

综合以上分析，视频文件可以分成两大类。其一是影像文件，例如常见的VCD。其中日常生活中接触较多的VCD、多媒体CD光盘中的动画……这些都是影像文件。影像文件不仅包含了大量图像信息，同时还容纳大量音频信息。所以，影像文件的“身材”往往不可小觑，动辄就是几MB甚至几十MB。其中AVI格式、MOV格式（QuickTime）、MPEG/MPG/DAT格式都属于影像文件。其二是流式视频文件，这是随着国际互联网的发展而诞生的后起视频之秀，例如在线实况转播，就是构架在流式视频技术之上的。流式视频采用一种“边传边播”的方法，即先从服务器上下载一部分视频文件，形成视频流缓冲区后实时播放，同时继续下载，为接下来的播放做好准备。到目前为止，Internet上使用较多的流式视频格式主要是以下三种：RM（Real Media）格式、ASF（Advanced Streaming Format）格式、MOV格式。

需要说明的是，视频文件（.mpeg、.mp4、.rmvb、.avi等格式）的读写需要专门的视频编解码器。很显然，不同格式的视频文件采用的视频编码技术是不相同的（值得提醒的是，.avi格式的视频文件，尽管后缀是相同的，但内部采用的视频编码算法仍可能不相同），所以，进行视频文件读写之前，你需要安装相应的视频编解码器。而暴风影音、kmplayer之类的视频播放器，其内部就已经集成了常用的视频编解码器。所以，在使用这些视频播放器时，不需要人为安装视频编解码器就可以直接进行视频文件的播放。因此，在使用OpenCV进行视频文件写入之前，必须要下载相应的视频编解码器，常用的有divx、xvid、ffmpeg等。

3.4 OpenCV实现

3.4.1 图像显示

在第2章的最后我们给出了一个读取显示图像的示例，在此处对其扩充讲解。

打开 VS 2017，选择“文件”→“打开”→“项目/解决方案”选项（如图 3-3 所示），打开在第 2 章最后建立的解决方案文件 ConsoleApplication1.sln。

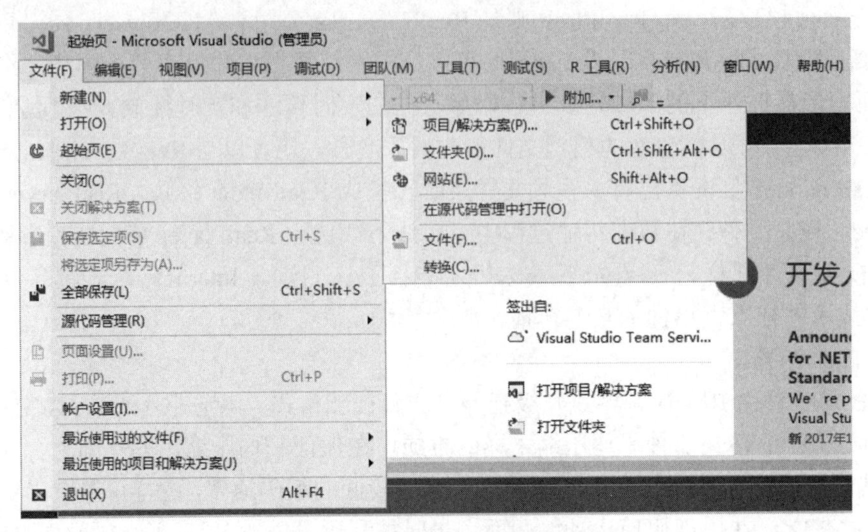

图 3-3　VS 2017 打开解决方案

在窗口右边的“解决方案资源管理器”窗格中，选择“源文件”，双击打开 ConsoleApplication1.cpp，如图 3-4 所示。

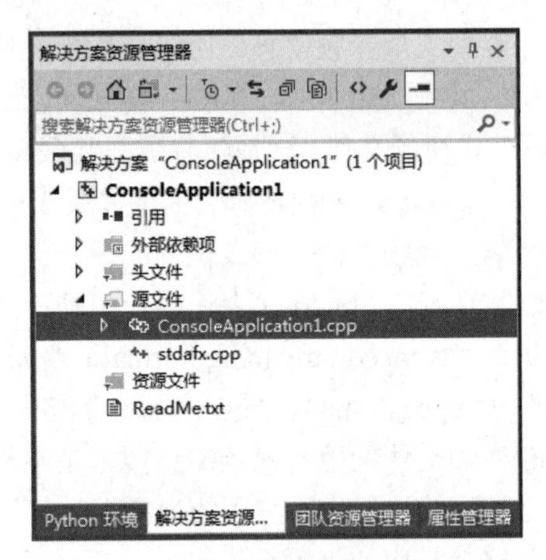

图 3-4　选择源文件

在 VC++中，当我们建立一个工程后，Visual Studio 会自动生成相关的源文件，例如打开 ConsoleApplication1 工程所在的目录，我们会看到以下目录和文件：

- 文件 ConsoleApplication1.sln：项目解决方案文件，我们也可以通过双击该文件打开此项目解决方案。
- 目录 ConsoleApplication1：存放项目源文件。
- 目录 Debug：程序调试目录。
- 目录 x64：程序 x64 编译调试目录，存放生成的调试文件和执行文件。

在目录 ConsoleApplication1 中，我们可以看到项目自动生成了以下文件：

- ConsoleApplication1.cpp：程序源代码文件。
- ConsoleApplication1.vcxproj：VC++项目文件。
- ConsoleApplication1.vcxproj.filters：VC++项目过滤器文件。
- ReadMe.txt：项目解释文件。
- stdafx.cpp：项目预编译信息源文件。
- stdafx.h：项目预编译头文件。
- targetver.h：用于包含定义可用的最高版本的 Windows 平台的版本信息文件。
- test.bmp：拷贝的用于测试的图像文件。

在这些目录和文件中，最需要关注的是源代码文件 ConsoleApplication1.cpp，本书很多实例都是直接修改该文件的内容。

下面接着操作，拷贝两幅图像 airplane_color.bmp 和 baboon_color_small.bmp 到 ConsoleApplication1 目录下。

现在回到解决方案资源管理器，双击 ConsoleApplication1.cpp，即进入该文件的编辑界面，清空该文件内容，键入以下内容：

```
#include "stdafx.h"
#include<opencv2\opencv.hpp>
using namespace cv;

int main()
{
    Mat srcImage0 = imread("airplane_color.bmp");                //载入图像
    namedWindow("show0");                                        //创建名字为 show0 的窗口
    imshow("show0", srcImage0);                                  //显示图像 airplane_color.bmp 在 show0 窗口

    Mat srcImage1 = imread("baboon_color_small.bmp");            //载入另一幅图像
    namedWindow("show1");                                        //创建名字为 show1 的窗口
    imshow("show1", srcImage1);                                  //显示图像 baboon_color.bmp 在 show1 窗口

    Mat imageROI = srcImage0(Rect(50, 145, srcImage1.cols,srcImage1.rows));   //在 srcImage0 指定位置定义一个感
                                                                              //兴趣区域 ROI
    addWeighted(imageROI, 0.2, srcImage1, 0.8, 0, imageROI, -1); //叠加 srcImage1 到 srcImage0 的感兴趣区域

    namedWindow("show2");                                        //创建名字为 show2 的窗口
    imshow("show2", srcImage0);                                  //显示叠加后的图像在 show1 窗口

    waitKey(0);                                                  //等待任意键按下

    imwrite("test_add.bmp",srcImage0);                           //输出结果图像
  return 0;
}
```

程序中使用了两个图像 airplane_color.bmp 和 baboon_color_small.bmp，这两个图像均提前拷贝在 ConsoleApplication1 目录下。

编译运行程序后会弹出 3 个程序创建的窗口。

第一个窗口名称是 show0，用来显示图像 airplane_color.bmp，第二个窗口是 show1，用来显示图像 baboon_color_small.bmp，第三个窗口名称是 show2，用来显示叠加后的图像，效果是把小狒狒的图像融合贴图在飞机的尾翼上，具体截图如图 3-5 至图 3-7 所示。

图 3-5　show0 窗口

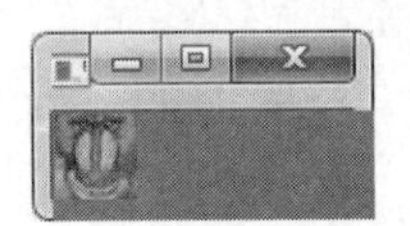

图 3-6　show1 窗口

图 3-7　show2 窗口

在本程序中，我们接触到一个基础图像容器 Mat 结构和三个新的函数，下面分别讲述。

（1）Mat 结构。

我们已经知道，数字图像存储的是一个二维点阵里每个点的数值，即像素值，我们可以把一幅图像作为一个二维矩阵来处理。OpenCV 中的 Mat 结构可以很方便地进行矩阵的处理运算。

Mat 结构不需要手动分配其大小，并且当使用结束后也不需要手动释放它。

Mat 是一个一般矩阵类，可以方便地处理二维图像，也可以利用 Mat 创建和操作多维矩阵。

在本例程中，语句“Mat srcImage0 = imread("airplane_color.bmp");”的作用是定义一个 Mat 类型的对象 srcImage0，该对象通过函数 imread()读取指定文件名的一张图像，并将图像内的像素信息存储到 Mat 对象 srcImage0 中，在创建的过程中，Mat 根据图像的实际尺寸向操作系统动态申请所需要的存储空间。

也可以使用 Mat 构造函数来定义一个 Mat 对象 M：

```
Mat M(2,2, CV_8UC3, Scalar(0,0,255));
```

其函数原型是 Mat(nrow,ncols,type[,fillValue])，第 1 个参数是矩阵的行数，第 2 个参数是矩阵的列数，第 3 个参数是数据类型，CV_8UC3 表示创建 8 位 3 通道的数组，第 4 个参数是矩阵填充的数值，这里使用 Scalar 来定义填充值，Scalar(0,0,255)表示对矩阵里的每个元素赋值(0,0,255)。Scalar 类型是 OpenCV 中最常用的结构之一，它是一个由长度为 4 的数组作为元素构成的结构体，Scalar 最多可以存储 4 个值，没有提供的值默认是 0。

（2）Rect 函数。

在例句“Mat imageROI = srcImage0(Rect(50, 145, srcImage1.cols,srcImage1.rows));”中，涉及一个 Rect 函数。Rect 是英文单词 rectangle 的缩写，功能是在 srcImage0 指定位置定义一个感兴趣区域 ROI，ROI 是英文 region of interest 的缩写，在图像处理领域，感兴趣区域（ROI）是从图像中选择的一个图像区域，这个区域是你的图像分析所关注的重点。圈定该区域以便进行进一步处理。使用 ROI 圈定你想读的目标，可以减少处理时间，增加精度。在本语句中，ROI 是通过 Rect 函数定义的，Rect 函数声明如下：

```
Rect Rect(int x,int y,int width,int height);
```

这里有两个 Rect，第一个 Rect 是类型，第二个 Rect 是函数。Rect 函数定义了这么一个矩形区域，其左上角坐标为(x,y)，宽度和高度分别为 width 和 height，其返回值为 Rect 类型。

“Mat imageROI = srcImage(CV::Rect & ROI);”是对已定义的 Mat 类型的图像的一种操作，该操作返回 srcImage 的 ROI 给 imageROI，ROI 区域由 Rect 定义。

（3）addWeighted 函数。

OpenCV 通过 addWeighted 函数可以实现将两张原始图像线性融合到目标图像，即：

$$g(x) = (1-\alpha) f_0(x) + \alpha f_1(x)$$

其中α是融合系数，该系数取值范围为[0,1]之间，$f_0(x)$表示第一幅图像，$f_1(x)$表示第二幅图像。addWeighted 函数声明如下：

```
void addWeighted(InputArray src1, double alpha, InputArray src2, double beta, double gamma, OutputArray dst, int
dtype=-1)
```

第 1 个参数，InputArray 类型的 src1，表示需要加权的第一个数组，这里直接使用 Mat 类型图像即可。

第 2 个参数，alpha，表示第一个数组的权重，它是一个 double 双精度浮点类型数。

第 3 个参数，src2，表示第二个数组，它需要和第一个数组拥有相同的尺寸和通道数，在这里亦可直接使用 Mat 类型图像。

第 4 个参数，beta，表示第二个数组的权重值，是 double 双精度浮点类型数。

第 5 个参数，gamma，一个加到权重总和上的标量值。

第 6 个参数，dst，输出的数组，它和输入的两个数组拥有相同的尺寸和通道数。

第 7 个参数，dtype，输出阵列的可选深度，有默认值-1。当两个输入数组具有相同的深度值时，这个参数设置为-1（默认值），即等同于 src1.depth()。

（4）imwrite 函数。

imwrite 函数声明如下：

```
bool imwrite( const String& filename, InputArray img,const vector& params);
```

第 1 个参数，String& filename 表示需要写入的文件名，必须要加上后缀，例如 123.png，OpenCV3 使用文件扩展名来判断要写入的文件类型，并按此类型保存图像。

第 2 个参数，img 表示 Mat 类型的图像数据。

第 3 个参数，vector& params 表示为特定格式保存的参数编码，一般情况下使用默认值，不用填写。

具体使用例句如下：

```
imwrite("test_add.bmp",srcImage0);                    //输出结果图像
```

3.4.2 视频文件处理

再建立一个新的工程项目，具体工程项目的新建如前所述，以下例程将不再复述，直接介绍解读主程序源代码。

在前面的例程中我们已经实现了对现有图像文件的读入和处理，视频处理可以看作是单一图像处理的扩展，视频我们可以把它看作是一个图像序列，它可以分解成在时间序列上的多张图像，对这个图像序列中的图像进行处理，并在时间轴上连续起来，就实现了对视频的处理。

在 OpenCV 中，视频来源有两种，一种是视频文件，一种是来自摄像头等设备的视频流。我们可以使用 VideoCapture 类来对视频文件进行操作，或者调用摄像头捕获视频流进行操作。这一节我们先介绍对视频文件的操作，例程如下：

```
#include "stdafx.h"
#include<opencv2\opencv.hpp>
using namespace cv;

int main()
{
    VideoCapture myCapture("test.avi");             //视频图像的实例化和初始化
    namedWindow("show", WINDOW_NORMAL);             //创建名字为 show0 的窗口

    while (1)                                       //创建循环体，每次循环读取 1 帧
    {
        Mat myFrame;                                //定义一个变量，用来存储一帧的图像
        myCapture >> myFrame;                       //从视频序列中取出一张图像数据，存储到 myFrame

        if (myFrame.empty())                        //如果存储图像的帧为空，则表示该视频结束，即视频播放完成
        {
            break;                                  //跳出循环
        }
        imshow("show", myFrame);                    //显示当前帧
        waitKey(30);                                //延时 30 毫秒，继续下一个循环
    }

    return 0;
}
```

在这个例程里，我们引入了 VideoCapture 类，该类可以直接对视频进行读取和显示，并可以调用摄像头。

VideoCapture 类需要先进行实例化，然后通过初始化打开视频文件或者是摄像头。在本实例中，我们使用下列语句直接实现 VideoCapture 类的实例化和初始化，test.avi 是提前拷贝到工程目录下的视频文件。

```
VideoCapture myCapture ("test.avi");  //视频图像的实例化和初始化
```

也可以把它分成两条语句书写，使用 myCapture 的 open()成员函数来实现初始化，如下：

```
VideoCapture myCapture;          //实例化
myCapture.open("test.avi");      //初始化
```

在例程里，我们创建了一个循环，通过该循环我们可以每次读取一个帧的图像，并且把它显示出来。跳出循环的条件通过 myFrame 的成员函数 empty()来实现。

在创建窗口时，我们使用的和上一个例程相同的函数 namedWindow()，但仔细观察，这一次的函数多了一个参数，该函数的具体使用如下：

```
void namedWindow(const string& winname,int flags=WINDOW_AUTOSIZE );
```

第 1 个参数，const string&型的 name，即填被用作窗口的标识符的窗口名称。

第 2 个参数，int 类型的 flags，窗口的标识，可以填如下值：

- WINDOW_NORMAL：设置了这个值，用户便可以改变窗口的大小。
- WINDOW_AUTOSIZE：如果设置了这个值，窗口大小会自动调整以适应所显示的图像，并且不能手动改变窗口大小。

我们可以调用 destroyWindow()或者 destroyAllWindows()函数来关闭窗口，并取消之前分配的与窗口相关的所有内存空间。其实对于代码量不大的简单小程序来说，可以忽略调用上述的 destroyWindow()或者 destroyAllWindows()函数，因为在退出时所有的资源和应用程序的窗口会被操作系统自动关闭。

namedWindow 函数的第 2 个参数有默认值 WINDOW_AUTOSIZE，所以在上一个例程中，该参数可以被忽略。

需要说明的是，语句 namedWindow("show", WINDOW_NORMAL)等价于 namedWindow("show", 0)，同样，语句 namedWindow("show", WINDOW_AUTOSIZE)等价于 namedWindow("show", 1)。

我们再看循环体里的最后一条语句：waitKey(30);，函数里面的参数变成了 30，waitKey 函数里的数值表示要在这里暂停多少毫秒，例如在这个例子中就是每一帧暂停 30 毫秒，也就是一秒钟大概能播放 33 帧的图像，基本符合我们实际视频采集的帧率。帧率是指视频每秒钟播放多少张图像，我们普通的电视电影视频根据标准不同，帧率一般是 25 帧/秒或者 30 帧/秒，流畅的游戏视频画面可以达到 60 帧/秒甚至更高。如果我们要暂停一秒钟（1000 毫秒），那么该语句就写成 waitKey(1000)。waitKey(0)则表示暂停执行并等待按下任意键才继续。在调试程序的时候，我们可以使用 waitKey(0)来仔细观察每一帧的数据处理变化，

3.4.3 调用摄像头

上一个例程实现了对视频文件的调用和处理，下面再介绍一下调用摄像头并获取摄像头里的图像。调用摄像头在 OpenCV 里的实现非常简单，我们只需把上一个例程中的 VideoCapture myCapture("test.avi");在初始化时用参数 0 表示，即 VideoCapture myCapture(0);，具体代码如下：

```
#include "stdafx.h"
#include<opencv2\opencv.hpp>
using namespace cv;

int main()
{
    VideoCapture myCapture(0);                      //初始化为调用摄像头
    namedWindow("show",WINDOW_NORMAL);              //创建名字为 show0 的窗口
    while (1)                                       //创建循环体，每次循环读取 1 帧
    {
        Mat myFrame;                                //定义一个变量，用来存储一帧的图像
        myCapture >> myFrame;                       //从视频序列中取出一张图像数据，存储到 myFrame

        if (myFrame.empty())                        //如果存储图像的帧为空，则表示该视频结束，即视频播放完成
        {
            break;                                  //跳出循环
        }
        imshow("show", myFrame);                    //显示当前帧
        waitKey(30);                                //延时 30 毫秒，继续下一个循环
    }

    return 0;
}
```

如果只有一个摄像机，那么 myCapture 的参数就是 0，如果系统中有多个摄像机，那么只要将其向上增加即可。例如有两个摄像头，则 myCapture 的参数可分别用 0、1 来表示，摄像头的排序是由系统实现的，可以事先通过实验确定参数对应的到底是哪个摄像头。如果摄像头没有被成功调用，请检查摄像头的驱动程序、设备状态以及是否被其他程序占用。

3.4.4 写入视频文件

我们在前面已经给大家介绍了视频文件的读取和摄像头的调用。在很多涉及视频的操作中，我们还需要把捕获到的视频或者是处理图像的中间结果保存成视频文件，那么视频的写入又怎么来实现呢？OpenCV 提供了 VideoWriter 类来实现对视频的写入，通过使用 VideoWriter 类，在调用摄像头例程的基础上增加几条语句，我们就可以很容易实现这个功能，具体代码实现如下：

```
#include "stdafx.h"
#include<opencv2\opencv.hpp>
using namespace cv;

int main()
{
    VideoCapture myCapture(0);              //视频图像初始化为调用摄像头
    VideoWriter myVideoWriter;              //生成视频图像文件写入实例
    myVideoWriter.open(
        "E:\\myVideo.avi",                  //输出文件名
        CV_FOURCC('D', 'I', 'V', 'X'),      //视屏编码类型，手动选择视频编码类型，如果是-1
                                            //表示跳出选择窗口进行选择
        30.0,                               //帧率（FPS）
        cv::Size(640, 480),                 //单帧图像分辨率为 640×480
        true                                //只输入彩色图
    );                                      //写入实例参数的初始化
```

```
        namedWindow("show",WINDOW_NORMAL);      //创建名字为 show0 的窗口
        int i = 0;
        while (i<100)                           //创建循环体，每次循环读写 1 帧
        {
                i++;
                Mat myFrame;//
                myCapture >> myFrame;           //定义一个变量，用来存储一帧的图像

                if (myFrame.empty())            //如果存储图像的帧为空，则表示该视频结束，即视频播放完成
                {
                        break;                  //跳出循环
                }
                imshow("show", myFrame);        //显示当前帧
                //myVideoWriter << myFrame;     //将当前帧写入图像文件
                myVideoWriter.write(myFrame);   //将当前帧写入图像文件
                waitKey(30);                    //延时 30 毫秒，继续下一个循环
        }
        myCapture.release();
        myVideoWriter.release();
        return 0;
}
```

在程序一开始，语句“VideoWriter myVideoWriter”是使用 OpenCV 提供的 VideoWriter 类生成一个视频图像文件输出实例 myVideoWriter，然后通过该实例的 open 方法定义输出文件及参数。具体语句如下：

```
myVideoWriter.open(
        "E:\\myVideo.avi",              //输出文件名
        CV_FOURCC('D', 'I', 'V', 'X'),  //写入视频编码类型，手动选择视频编码类型，如果是-1 表示跳出选择窗口进行
                                        //选择
        30.0,                           //写入视频帧率（FPS）
        cv::Size(640, 480),             //写入视频的单帧图片分辨率为 640×480
        true                            //只输入彩色图
);                                      //写入实例参数的初始化
```

其参数列表中第 1 个参数是指定文件名，第 2 个参数是编码格式，OpenCV 里提供了很多种的编码格式，第 3 个参数为帧率，第 4 个参数为视频的尺寸大小，第 5 个参数是是否输出彩色图。

第 2 个参数 CV_FOURCC 代表了所使用的编码方式，如果该参数为-1，则会在程序运行时弹出选择对话框，如图 3-8 所示，用户可以通过弹出对话框选择编码器，设置压缩编码和设置压缩质量。

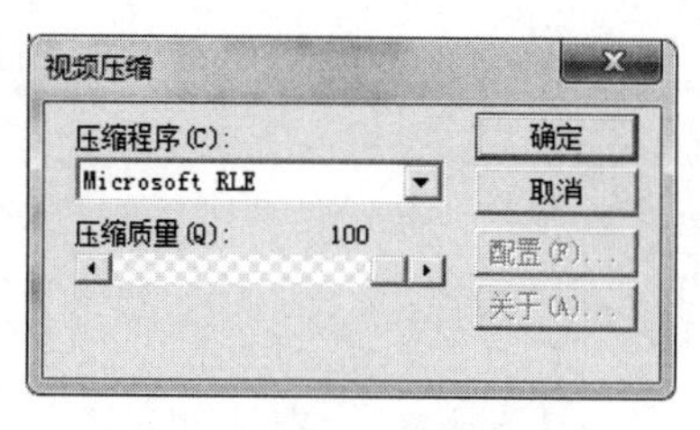

图 3-8 选择编码器对话框

CV_FOURCC()常用的编码器如下：

```
CV_FOURCC('P','I','M','1') = MPEG-1 编码
CV_FOURCC('M','J','P','G') = motion-jpeg 编码
```

```
CV_FOURCC('M', 'P', '4', '2') = MPEG-4.2 编码
CV_FOURCC('D', 'I', 'V', '3') = MPEG-4.3 编码
CV_FOURCC('D', 'I', 'V', 'X') = MPEG-4 编码
CV_FOURCC('U', '2', '6', '3') = H263 编码
CV_FOURCC('I', '2', '6', '3') = H263I 编码
CV_FOURCC('F', 'L', 'V', '1') = FLV1 编码
```

在例程中，在设置好编码格式后，接下来通过 while 循环体定义了 100 次循环，在循环体内，每次通过调用摄像头生成图像帧，然后把该帧写入到输出视频文件中，语句如下：

```
myVideoWriter.write(myFrame);
```

也可以使用下列语句实现将当前帧写入图像文件：

```
myVideoWriter << myFrame;
```

在程序的最后我们增加了两条语句，用于释放视频读写实例。

```
myCapture.release();
myVideoWriter.release();
```

在实际代码编写过程中，注意一定要及时释放内存占用的资源，尤其是在视频处理中，如果占用内存未及时释放，程序编译虽然成功了，但是在运行时出现内存单元分配错误或内存溢出错误。

第 4 章　数字图像的几何变换

图像的几何变换可以看成是图像中物体（或像素）空间位置的改变，或者说是像素的移动。在实际场景拍摄到一幅图像后，如果图像画面过大或过小，就需要对其进行缩小或放大；如果拍摄时景物与摄像头不成相互平行关系，拍摄出的图像就会产生畸变，例如会把一个正方形拍摄成一个梯形等，这就需要对图像进行畸变校正；在进行目标匹配时，也需要对图像进行旋转、平移等处理。这些都属于图像几何变换的范畴。本章将对图像的形状变换、位置变换、仿射变换以及图像的基本运算进行阐述。

4.1　形状变换

图像的形状变换是指用数学建模的方法对图像形状发生的变化进行描述。最基本的形状变换包括图像的缩放及错切等变换。本节将就图像的缩放和错切变换进行介绍。

4.1.1　图像缩放

图像缩放是指将给定的图像在 x 轴方向缩放 f_x 倍，在 y 轴方向缩放 f_y 倍，从而获得一幅新的图像。如果 $f_x = f_y$，即图像在 x 轴方向和 y 轴方向缩放的比例相同，那么这样的缩放就称为图像的全比例缩放。如果 $f_x \neq f_y$，图像的缩放就会改变原图像像素间的相对位置，产生几何畸变。

设原图像中的像素点 $p_0(x_0, y_0)$，经过缩放后，在新图像中的对应点为 $p(x, y)$，则 $p_0(x_0, y_0)$ 和 $p(x, y)$ 之间的对应关系为：

$$\begin{bmatrix} x \\ y \\ 1 \end{bmatrix} = \begin{bmatrix} f_x & 0 & 0 \\ 0 & f_y & 0 \\ 0 & 0 & 1 \end{bmatrix} \begin{bmatrix} x_0 \\ y_0 \\ 1 \end{bmatrix}$$

即：

$$\begin{bmatrix} x_0 \\ y_0 \\ 1 \end{bmatrix} = \begin{bmatrix} \frac{1}{f_x} & 0 & 0 \\ 0 & \frac{1}{f_y} & 0 \\ 0 & 0 & 1 \end{bmatrix} \begin{bmatrix} x \\ y \\ 1 \end{bmatrix} \rightarrow \begin{cases} x_0 = \dfrac{x}{f_x} \\ y_0 = \dfrac{y}{f_y} \end{cases}$$

一般来说，图像缩放分为图像缩小和图像放大两类。最为简单的图像缩小是 $f_x = f_y = \frac{1}{2}$，即图像被缩小到原图像的一半大小。此时，缩小后图像中的(0, 0)像素对应于原图像中的(0, 0)像素，(0, 1)像素对应与原图像中的(0, 2)像素，(1, 0)像素对应于原图像中的(2, 0)像素，依此类推。这是由于图像缩小之后，图像包含的信息量减小，因此只需要在原图像上，每行隔一个像素取一个点，每列隔一个像素取一个点，即取原图像的偶（奇）数行和偶（奇）数列构成缩放后的图像，如图 4-1 所示。这种图像缩放方式在实际程序中经常用到，因为实现它的速度最快，但是其局限性也很明显，只能按照整数级比例进行缩放。

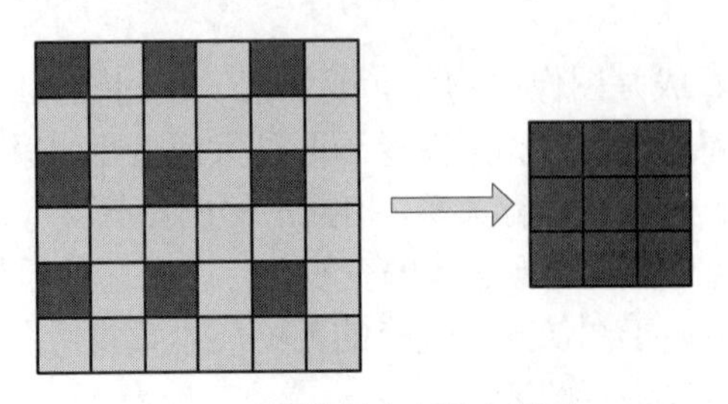

图 4-1　图像按相同比例缩小

此时，$f_x = f_y = \dfrac{1}{2}$。图 4-2 即是一幅图像按横纵轴分别缩小一半后的效果。在 x 轴方向和 y 轴方向的缩放比例相同的图像缩放被称为图像的等比例缩放。

（a）原图像

（b）缩小后的图像

图 4-2　图像按横纵轴 1/2 比例缩放后的效果

当 $f_x \neq f_y$ 时，图像不按比例缩小，由于在 x 轴方向和 y 轴方向的缩小比例不同，一定会带来图像的几何畸变，如图 4-3 所示。

图像的放大和图像的缩小相反，需要对尺寸放大后所多出来的空格填入适当的像素，相比于图像缩小，要更加困难一些。例如，将原始图像放大 4 倍，即 $f_x = f_y = 2$。在放大后的图像中，(0, 0)像素对应于原图像的(0, 0)像素，而(0, 1)像素对应于原图像中的(0, 0.5)像素，该像素在原图像中并不存在，此时就需要对原图像进行插值处理。最为简单的插值方式就是将原图像中每行像素重复取值一遍，每列像素重复取值一遍，这种插值方式称为最近邻插值，如图 4-4 所示。

最近邻插值方法较为简单，但在图像放大倍数太大时，容易出现马赛克效应。还有一种更为有效的插值方法为线性插值法，即求出分数像素地址与周围四个像素点的距离比，根据该比值，由四个（或者更多）邻近的像素灰度值插值出分数像素值。图 4-5 即为四近邻插值法的实现示意图。

（a）原图像

（b）垂直缩放大于水平缩放

（c）水平缩放大于垂直缩放

图 4-3　图像缩放

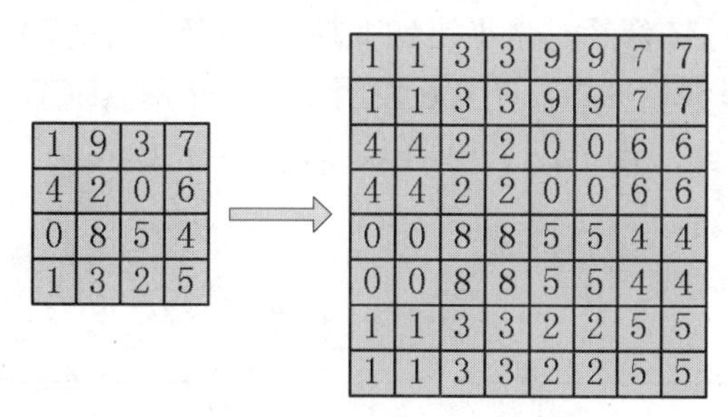

图 4-4　图像放大 4 倍（最近邻插值）

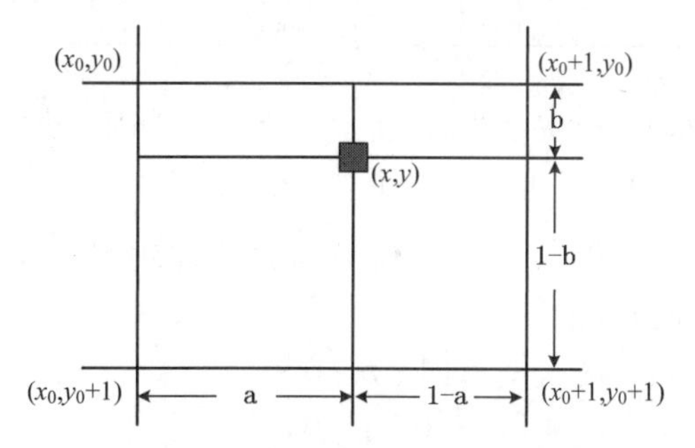

图 4-5　四近邻插值法的实现示意图

设待插值像素点为(x,y)，四个邻近像素点分别为(x_0, y_0)、(x_0+1, y_0)、(x_0, y_0+1)和(x_0+1, y_0+1)，则(x,y)点的值可按式（4-1）计算得到：

$$g(x,y) = (1-b)\cdot\{(1-a)\cdot g(x_0,y_0) + a\cdot g(x_0+1,y)\} \\ +b\cdot\{(1-a)\cdot g(x_0,y_0+1) + a\cdot g(x_0+1,y_0+1)\} \tag{4-1}$$

与图像缩小类似，当$f_x \neq f_y$时，由于在 x 轴方向和 y 轴方向的放大比例不同，图像放大也会带来图像的几何畸变。

4.1.2 图像错切

图像的错切变换实际上是平面景物在投影平面上的非垂直投影效果。图像错切变换也称为图像剪切、错位或错移变换。图像错切的原理就是保持图像上各点的某一坐标不变，将另一坐标进行线性变换，坐标不变的轴称为依赖轴，坐标变换的轴称为方向轴。图像错切一般分为两种情况：水平方向错切和垂直方向错切。

先来看一下水平方向错切，即沿 x 轴方向关于 y 的错切。水平错切变换矩阵如式（4-2）所示：

$$T = \begin{bmatrix} 1 & 0 & 0 \\ c & 1 & 0 \\ 0 & 0 & 1 \end{bmatrix} \tag{4-2}$$

原图像中的一个像素点$p_0(x_0, y_0)$，经过水平错切变换后，得到$p(x,y)$：

$$p(x,y) = p_0(x_0,y_0)\cdot T = (x_0,y_0,1)\cdot\begin{bmatrix} 1 & 0 & 0 \\ c & 1 & 0 \\ 0 & 0 & 1 \end{bmatrix} = (x_0+cy_0, y_0, 1) \tag{4-3}$$

即$x = x_0 + cy_0$，$y = y_0$。原图像经过水平错切变换后，y 坐标保持不变，x 坐标依赖于初始坐标(x_0, y_0)和参数 c 的值呈线性变换。图 4-6 表明了一个矩形 ABCD 经过水平错切变换后，成为一个平行四边形。在这里，式（4-3）中的$c = \tan\alpha$。如果 $c<0$，则沿$+x$ 方向错切，反之，如果 $c<0$，则沿$-x$ 方向错切。

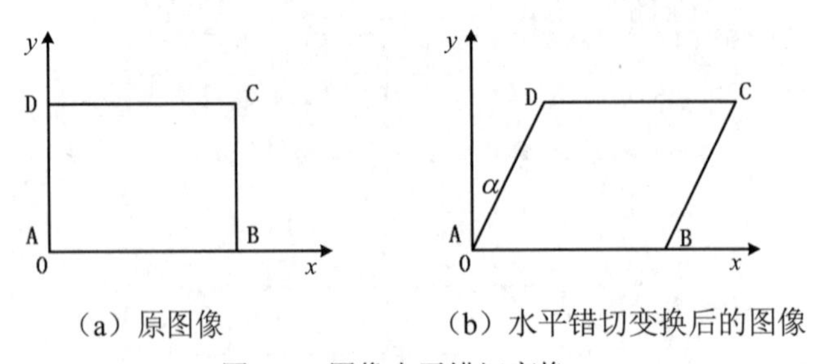

（a）原图像　　（b）水平错切变换后的图像

图 4-6　图像水平错切变换

下面再来看一下垂直方向错切，即沿 y 轴方向关于 x 的错切。与水平错切变换类似，垂直错切变换矩阵如式（4-4）所示：

$$T = \begin{bmatrix} 1 & b & 0 \\ 0 & 1 & 0 \\ 0 & 0 & 1 \end{bmatrix} \tag{4-4}$$

原图像中的一个像素点 $p_0(x_0, y_0)$，经过垂直错切变换后，得到 $p(x, y)$：

$$p(x,y) = p_0(x_0,y_0) \cdot T = (x_0,y_0,1) \cdot \begin{bmatrix} 1 & b & 0 \\ 0 & 1 & 0 \\ 0 & 0 & 1 \end{bmatrix} = (x_0, y_0 + bx_0, 1) \tag{4-5}$$

即 $x = x_0$， $y = y_0 + bx_0$。原图像经过垂直错切变换后，x 坐标保持不变，y 坐标依赖于初始坐标 (x_0, y_0) 和参数 c 的值呈线性变换。图 4-7 表明了一个矩形 ABCD 经过垂直错切变换后，成为一个平行四边形。在这里，式（4-5）中的 $b = \tan\beta$。如果 $b > 0$，则沿+y 方向错切，反之，如果 $b < 0$，则沿-y 方向错切。

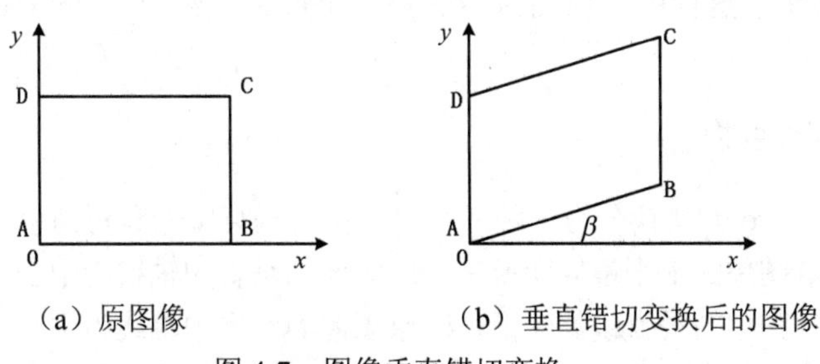

（a）原图像　　（b）垂直错切变换后的图像

图 4-7　图像垂直错切变换

4.2　位置变换

图像的位置变换是指不改变图像的大小和形状，只是将图像进行旋转和平移。一般来说，图像的位置变换主要包括图像平移变换、图像镜像变换和图像旋转变换等。

4.2.1　图像平移变换

图像平移（Translation）变换是图像几何变换中最为简单的一种变换，是将一幅图像中的所有像素点按照给定的偏移量在水平方向（沿 x 轴方向）或垂直方向（沿 y 轴方向）移动。

如图 4-8 所示，将原图像中的像素点 $p_0(x_0, y_0)$ 平移到新的点 $p(x, y)$，其中，x 方向的平移量为 Δx，y 方向的平移量为 Δy。那么，$p(x, y)$ 的坐标就可以根据 $p_0(x_0, y_0)$ 计算得到：

$$\begin{cases} x = x_0 + \Delta x \\ y = y_0 + \Delta y \end{cases} \tag{4-6}$$

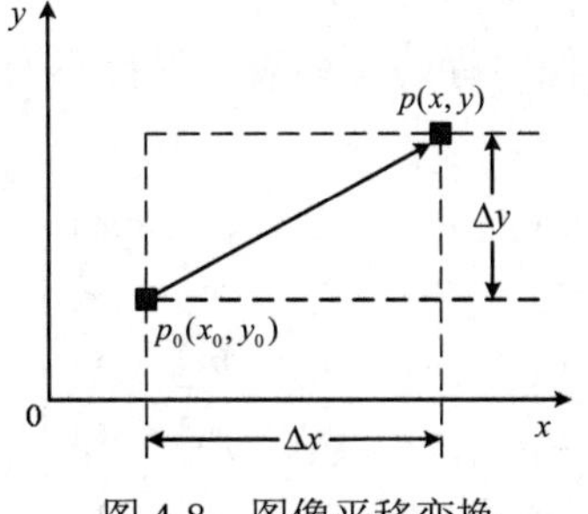

图 4-8　图像平移变换

利用齐次坐标，平移变换前后图像中的像素点 $p_0(x_0, y_0)$ 和 $p(x, y)$ 之间的关系可以用如下矩阵表示：

$$\begin{bmatrix} x \\ y \\ 1 \end{bmatrix} = \begin{bmatrix} 1 & 0 & \Delta x \\ 0 & 1 & \Delta y \\ 0 & 0 & 1 \end{bmatrix} \begin{bmatrix} x_0 \\ y_0 \\ 1 \end{bmatrix} \tag{4-7}$$

所谓齐次坐标就是将一个原本是 n 维的向量用一个 n+1 维向量来表示。例如，二维点(x,y)的齐次坐标表示为(hx,hy,h)。由此可以看出，一个向量的齐次表示是不唯一的，齐次坐标的 h 取不同的值都表示的是同一个点，比如齐次坐标(8,4,2)、(4,2,1)表示的都是二维点(4,2)。当 h 取值为 1 时，称为规范化齐次坐标。

在图像的平移变换过程中，原图像中的每一个像素点都可以在平移后的图像中找到对应的点。

4.2.2　图像镜像变换

图像的镜像（Mirror）变换分为三种：水平镜像、垂直镜像和对角镜像。图像的镜像变换不改变原图像的形状。图像的水平镜像变换是以原图像的垂直中轴线为中心线，将图像分为左右两部分进行对称变换；图像的垂直镜像变换是以原图像的水平中轴线为中心线，将图像分为上下两部分进行对称变换；图像的对角镜像变换是以原图像水平中轴线和垂直中轴线的交点为中心点将图像进行变换，相当于先对图像进行水平镜像变换，再进行垂直镜像变换。

1．图像水平镜像变换

图像水平镜像变换是将图像左半部分和右半部分以图像的垂直中轴线为中心线进行镜像对换。假设原图像大小为 $M*N$（M 行 N 列），水平镜像变换可按式（4-8）计算：

$$\begin{cases} x = x_0 \\ y = N - y_0 + 1 \end{cases} \tag{4-8}$$

其中，(x_0, y_0) 表示原图像中像素点 $p_0(x_0, y_0)$ 的坐标，(x, y) 表示经过水平镜像变换后图像中对应像素点的坐标。

设原图像矩阵为：

$$p_0 = \begin{bmatrix} p_{11} & p_{12} & p_{13} & p_{14} & p_{15} \\ p_{21} & p_{22} & p_{23} & p_{24} & p_{25} \\ p_{31} & p_{32} & p_{33} & p_{34} & p_{35} \\ p_{41} & p_{42} & p_{43} & p_{44} & p_{45} \\ p_{51} & p_{52} & p_{53} & p_{54} & p_{55} \end{bmatrix}$$

经过水平镜像变换后，原图像中行的排列顺序保持不变，列的顺序重新排列。水平镜像变换后的矩阵变为：

$$p = \begin{bmatrix} p_{15} & p_{14} & p_{13} & p_{12} & p_{11} \\ p_{25} & p_{24} & p_{23} & p_{22} & p_{21} \\ p_{35} & p_{34} & p_{33} & p_{32} & p_{31} \\ p_{45} & p_{44} & p_{43} & p_{42} & p_{41} \\ p_{55} & p_{54} & p_{53} & p_{52} & p_{51} \end{bmatrix}$$

2. 图像垂直镜像变换

图像垂直镜像变换是将图像上半部分和下半部分以图像的水平中轴线为中心进行镜像对换。假设原图像大小为 $M*N$（M 行 N 列），水平镜像变换可按式（4-9）计算：

$$\begin{cases} x = M - x_0 + 1 \\ y = y_0 \end{cases} \tag{4-9}$$

其中，(x_0, y_0) 表示原图像中像素点 $p_0(x_0, y_0)$ 的坐标，(x, y) 表示经过垂直镜像变换后图像中对应像素点的坐标。

设原图像矩阵为：

$$p_0 = \begin{bmatrix} p_{11} & p_{12} & p_{13} & p_{14} & p_{15} \\ p_{21} & p_{22} & p_{23} & p_{24} & p_{25} \\ p_{31} & p_{32} & p_{33} & p_{34} & p_{35} \\ p_{41} & p_{42} & p_{43} & p_{44} & p_{45} \\ p_{51} & p_{52} & p_{53} & p_{54} & p_{55} \end{bmatrix}$$

经过垂直镜像变换后，原图像中列的排列顺序保持不变，行的顺序重新排列。垂直镜像变换后的矩阵变为：

$$p = \begin{bmatrix} p_{51} & p_{52} & p_{53} & p_{54} & p_{55} \\ p_{41} & p_{42} & p_{43} & p_{44} & p_{45} \\ p_{31} & p_{32} & p_{33} & p_{34} & p_{35} \\ p_{21} & p_{22} & p_{23} & p_{24} & p_{25} \\ p_{11} & p_{12} & p_{13} & p_{14} & p_{15} \end{bmatrix}$$

3. 图像对角镜像变换

假设原图像大小为 $M*N$（M 行 N 列），对角镜像变换可按式（4-10）计算：

$$\begin{cases} x = M - x_0 + 1 \\ y = N - y_0 + 1 \end{cases} \tag{4-10}$$

其中，(x_0, y_0) 表示原图像中像素点 $p_0(x_0, y_0)$ 的坐标，(x, y) 表示经过对角镜像变换后图像中对应像素点的坐标。

设原图像矩阵为

$$p_0 = \begin{bmatrix} p_{11} & p_{12} & p_{13} & p_{14} & p_{15} \\ p_{21} & p_{22} & p_{23} & p_{24} & p_{25} \\ p_{31} & p_{32} & p_{33} & p_{34} & p_{35} \\ p_{41} & p_{42} & p_{43} & p_{44} & p_{45} \\ p_{51} & p_{52} & p_{53} & p_{54} & p_{55} \end{bmatrix}$$

经过对角镜像变换后，原图像中行顺序和列顺序都重新排列。对角镜像变换后的矩阵变为：

$$p = \begin{bmatrix} p_{55} & p_{54} & p_{53} & p_{52} & p_{51} \\ p_{45} & p_{44} & p_{43} & p_{42} & p_{41} \\ p_{35} & p_{34} & p_{33} & p_{32} & p_{31} \\ p_{25} & p_{24} & p_{23} & p_{22} & p_{21} \\ p_{15} & p_{14} & p_{13} & p_{12} & p_{11} \end{bmatrix}$$

4.2.3 图像旋转变换

图像的旋转（Rotation）变换有一个绕什么旋转的问题。通常是以图像的中心为圆心旋转，将图像中的所有像素点都旋转一个相同的角度。

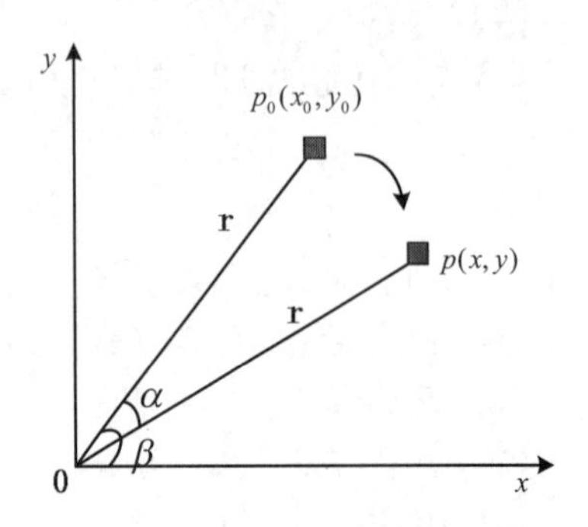

图 4-9 图像旋转变换示意图

在图 4-9 中，将原图像中的像素点 $p_0(x_0,y_0)$ 沿顺时针方向旋转α角，旋转后的像素点为 $p(x,y)$，r 为像素点到原点的距离，β 为 r 与 x 轴之间的夹角。在图像旋转过程中，r 保持不变。

在旋转前，$x_0=r\cdot\cos\beta$，$y_0=r\cdot\sin\beta$。旋转之后，x 和 y 的坐标变为：

$$x=r\cdot\cos(\beta-\alpha)=r\cdot\cos\beta\cdot\cos\alpha+r\cdot\sin\beta\cdot\sin\alpha=x_0\cdot\cos\alpha+y_0\cdot\sin\alpha$$

$$y=r\cdot\sin(\beta-\alpha)=r\cdot\sin\beta\cdot\cos\alpha+r\cdot\cos\beta\cdot\sin\alpha=y_0\cdot\cos\alpha-x_0\cdot\sin\alpha$$

以矩阵的形式表示如下：

$$\begin{bmatrix}x & y & 1\end{bmatrix}=\begin{bmatrix}x_0 & y_0 & 1\end{bmatrix}\begin{bmatrix}\cos\alpha & -\sin\alpha & 0\\ \sin\alpha & \cos\alpha & 0\\ 0 & 0 & 1\end{bmatrix}$$

如果图像是绕一个指定点旋转，则可以先将图像的坐标系平移到该点，再进行旋转，旋转之后再将图像平移回原来的坐标原点即可。

图 4-10 显示了一幅图像沿顺时针方向旋转 45° 后的效果。

（a）原图像

（b）顺时针旋转 45° 后的图像

图 4-10 图像旋转变换

4.3 仿射变换

图像的仿射变换包括了图像的平移、旋转和缩放等变换。利用平移、旋转和缩放等变换，可以将原始图像变换为更加方便人眼观察或者更加利于机器识别的图像。而图像仿射变换提出的意义即是采用通用的数学变换公式来表示平移、旋转和缩放等几何变换。假设原图像中像素点的坐标为$p_0(x_0,y_0)$，变换后的图像中像素点的坐标为$p(x,y)$，则仿射变换的一般形式可以表示为：

$$\begin{bmatrix} x & y & 1 \end{bmatrix} = \begin{bmatrix} x_0 & y_0 & 1 \end{bmatrix} T = \begin{bmatrix} x_0 & y_0 & 1 \end{bmatrix} \begin{bmatrix} t_{11} & t_{12} & 0 \\ t_{21} & t_{22} & 0 \\ t_{31} & t_{32} & 1 \end{bmatrix} \tag{4-11}$$

根据式（4-11）矩阵T中的元素所取的值可以实现对一组坐标点进行平移、旋转和缩放等变换。例如：

$T = \begin{bmatrix} 1 & 0 & 0 \\ 0 & 1 & 0 \\ 0 & 0 & 1 \end{bmatrix}$，表示恒等变换

$T = \begin{bmatrix} 1 & 0 & 0 \\ 0 & 1 & 0 \\ t_x & t_y & 1 \end{bmatrix}$，表示平移变换

$T = \begin{bmatrix} \cos\theta & \sin\theta & 0 \\ -\sin\theta & \cos\theta & 0 \\ 0 & 0 & 1 \end{bmatrix}$，表示旋转变换

$T = \begin{bmatrix} t_x & 0 & 0 \\ 0 & t_y & 0 \\ 0 & 0 & 1 \end{bmatrix}$，表示缩放变换

由于每一幅图像都可以看作是由成行列排列的像素点组成，因此，可以通过建立坐标系给每个像素点确定一个坐标。仿射变换实际上就是这种坐标变换，即根据图像变换的原理得到变换前后图像坐标间的映射关系。实现坐标变换的时候，一般有两种方式：前向映射和反向映射。前向映射是指由输入图像中的像素点，用式（4-11）直接计算得到输出图像中相应像素点的空间位置，前向映射的一个问题是输入图像中的两个或多个像素，可能被变换到输出图像中的同一位置，这就产生了如何把多个输出像素合并到一个输出像素的问题；另一个问题是可能某些输出位置没有对应的输出像素。反向映射是指根据输出像素的位置，在每个位置$p(x,y)$处使用$(x_0,y_0)=T^{-1}(x,y)$，计算得到输出图像中的相应位置。从实现的角度来说，反向映射比前向映射更为有效，因而被许多空间变换的商业实现所采用。

4.4 图像的基本运算

按照图像处理运算的数学特征，图像基本运算可以分为点运算（Point Operation）、代数运

算（Algebra Operation）、逻辑运算（Logical Operation）和几何运算（Geometric Operation）四类。本节将对这四种运算进行简单介绍。

4.4.1 点运算

点运算是对一幅图像中每个像素点的灰度值进行计算的方法。假设输入图像的灰度为 $f(x,y)$，输出图像的灰度为 $g(x,y)$，则点运算可以表示为：

$$g(x,y)=T[f(x,y)] \tag{4-12}$$

其中，$T[]$ 表示灰度变换函数，是对输入图像中每个像素点灰度值的一种数学运算。点运算是一种像素的逐点运算，它将输入图像映射为输出图像，输出图像中每个像素点的灰度值仅由对应的输入像素点的灰度值决定。点运算可以改变图像中像素点的灰度值范围，从而改善图像的显示效果。

点运算也称为对比度增强、对比度拉伸或灰度变换。点运算分为线性点运算和非线性点运算两种。线性点运算一般包括调节图像的对比度和灰度，非线性点运算一般包括阈值化处理和直方图均衡化。

1. 线性点运算

线性点运算是指输出灰度级与输入灰度级呈线性关系的点运算。假设输入灰度级为 D_{in}，输出灰度级为 D_{out}，则相应的线性点运算可以表示为：

$$D_{out}=f(D_{in})=a\cdot D_{in}+b \tag{4-13}$$

如图 4-11 所示。

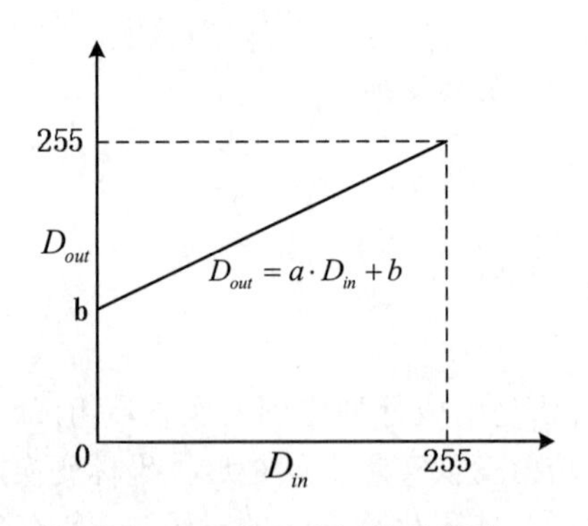

图 4-11 线性点运算示意图

在式（4-13）中，当 $a>1$ 时，输出图像的灰度扩展，对比度增大；当 $0<a<1$ 时，输出图像的灰度压缩，对比度减小；当 $a=1$，$b=0$ 时，输出图像的灰度不变，对比度不变；当 $a<0$ 时，输入图像中的暗区域将变亮，亮区域将变暗。

2. 分段线性点运算

在图像处理过程中，分段线性点运算主要用于将图像中感兴趣的灰度范围进行线性扩展，同时抑制不感兴趣的灰度区域。

假设原图像 $f(x,y)$ 的灰度范围为 $[0,M_f]$，变换后图像 $g(x,y)$ 的灰度范围为 $[0,M_g]$，分段点运算可以表示为如图 4-12 所示。

分段线性点运算公式如式（4-14）所示。

$$g(x,y)=\begin{cases}\dfrac{M_g-d}{M_f-b}[f(x,y)-b]+d & b\leqslant f(x,y)\leqslant M_f\\ \dfrac{d-c}{b-a}[f(x,y)-a]+c & a\leqslant f(x,y)<b\\ \dfrac{c}{a}f(x,y) & 0\leqslant f(x,y)<a\end{cases} \tag{4-14}$$

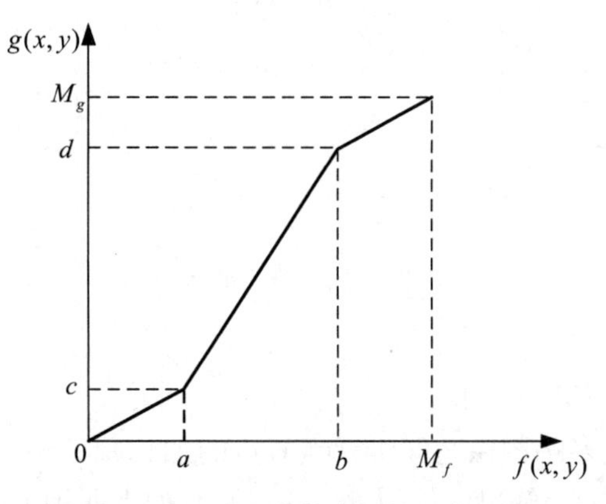

图 4-12　分段线性点运算示意图

3．非线性点运算

非线性点运算的输出灰度级与输入灰度级呈非线性关系，常见的非线性灰度变换为对数变换和幂次变换。

对数变换的一般表达式为：$s=c\cdot\log(1+r)$。其中，c 为常数。图 4-13 为对数曲线图。

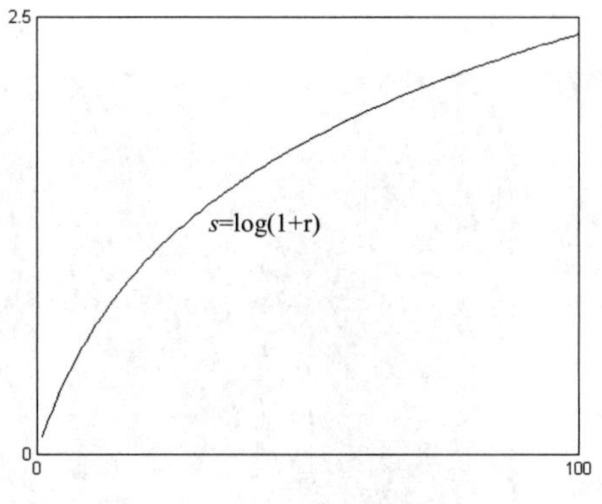

图 4-13　对数曲线

幂次变换的一般表达式为：$s=c\cdot r^{\gamma}$。其中，c 和 γ 为正常数。当 $0<\gamma<1$ 时，加亮、减暗图像；当 $\gamma>1$ 时，加暗、减亮图像。图 4-14 为幂次曲线图。

非线性点运算不是对图像的整个灰度范围进行扩展，而是有选择地对某一灰度范围进行扩展，其他范围的灰度值有可能被压缩。

非线性点运算与分段线性点运算不同，分段线性点运算是通过在不同灰度区间选择不同的线性方程来实现对不同灰度区间的扩展与压缩，而非线性点运算是在整个灰度值范围内采用统一的非线性变换函数，利用函数的数学性质实现对不同灰度值区间的扩展与压缩。

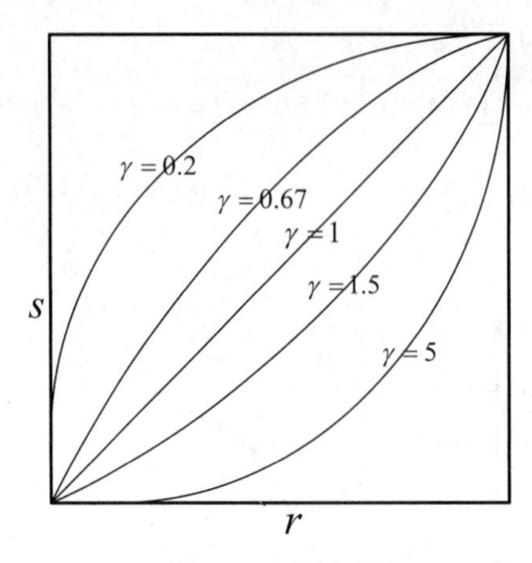

图 4-14　幂次曲线

4.4.2　代数运算

代数运算是指两幅或多幅图像之间进行点对点的加、减、乘、除运算得到输出图像的过程。假设输入图像为 $A(x, y)$，输出图像为 $B(x, y)$，则有如下四种形式：

$$\begin{cases} C(x,y) = A(x,y) + B(x,y) \\ C(x,y) = A(x,y) - B(x,y) \\ C(x,y) = A(x,y) \times B(x,y) \\ C(x,y) = A(x,y) \div B(x,y) \end{cases}$$

其中，加法运算可用于去除图像中的“叠加性”随机噪声和进行图像叠加等。图 4-15 显示了两幅图像叠加后的效果。

（a）原图像 1

（b）原图像 2

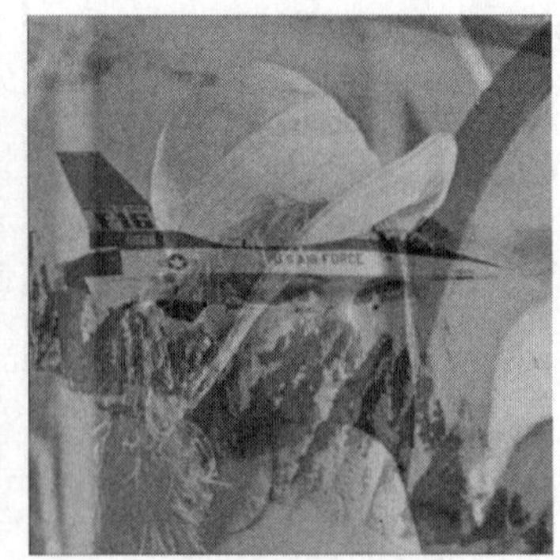

（c）叠加后的图像

图 4-15　图像叠加效果

将同一景物在不同时间拍摄的图像或者同一景物在不同波段的图像相减就是图像的减法运算，实际中也称为差影法，相减后的图像称为差值图像。差值图像提供了图像间的差值信息，可以用于动态监测、运动目标的检测和跟踪、图像背景消除以及目标识别等。图 4-16 显示了两幅相邻运动彩色图像相减的效果。

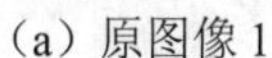

（a）原图像1　　（b）原图像2　　（c）相减后的图像

图 4-16　图像相减效果

乘法运算和除法运算都可用于改变图像的灰度级。乘法运算还可用于遮盖掉图像的一部分，如可以将一幅图像与二值图像相乘和进行掩膜操作等；除法操作多用于遥感图像处理中，可产生对颜色和多光谱图像分析十分重要的比率图像。图 4-17 展示了一幅图像经乘法运算和除法运算后的效果。

（a）原图像　　（b）乘以 2 后的图像　　（c）除以 2.5 后的图像

图 4-17　图像乘法运算和除法运算运算效果

4.4.3　逻辑运算

逻辑运算是指将两幅或多幅图像通过对应像素之间的与、或、非等逻辑关系运算，得到输出图像的方法。在图像理解和图像分析领域，逻辑运算应用较多。逻辑运算多用于二值图像处理。

在图像处理过程中，使用较多的逻辑运算包括求反、与、或、异或操作。假设原图像为 $f(x,y)$，变换后的图像为 $g(x,y)$，则求反运算可表示为：

$$g(x,y)=R-f(x,y)$$

其中，R 表示图像的最大灰度级。图 4-18 显示了一幅图像的求反效果。

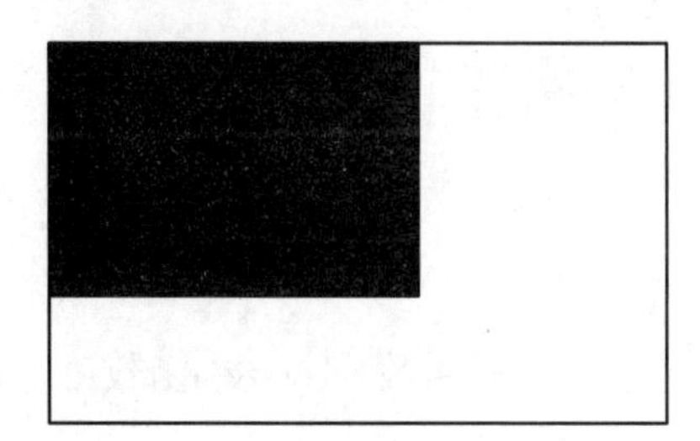

（a）原图像　　（b）求反后的图像

图 4-18　图像求反运算

假设原图像为 $f_1(x,y)$ 和 $f_2(x,y)$，变换后的图像为 $g(x,y)$，则与运算可表示为：

$$g(x,y)=f_1(x,y)\cap f_2(x,y)$$

利用与运算，可以求两幅图像的相交子图。图 4-18 显示了两幅图像的与运算效果。

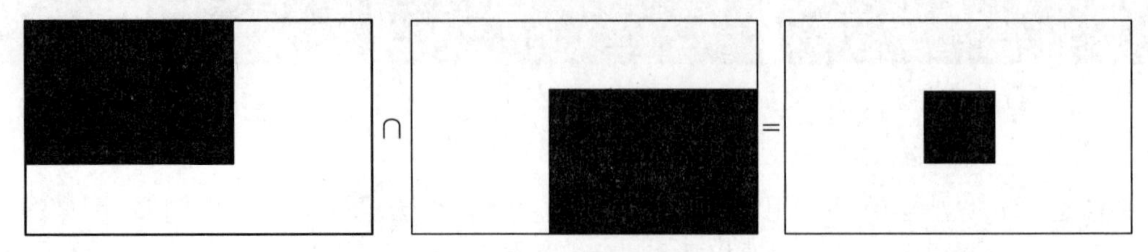

图 4-19　图像与运算

假设原图像为 $f_1(x,y)$ 和 $f_2(x,y)$，变换后的图像为 $g(x,y)$，则或运算可表示为：

$$g(x,y)=f_1(x,y)\cup f_2(x,y)$$

利用或运算，可以实现图像的合并。图 4-20 显示了两幅图像的或运算效果。

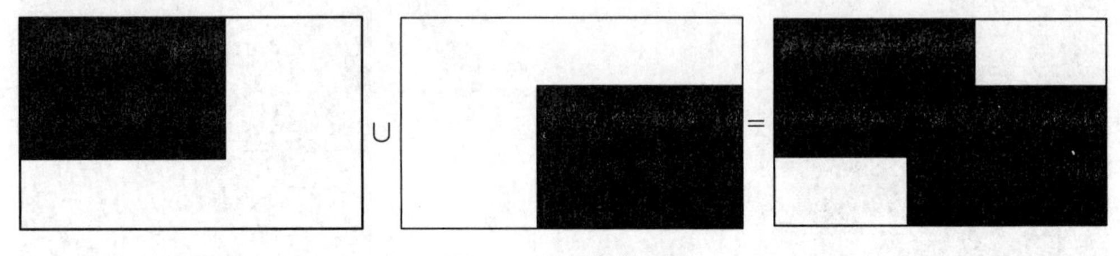

图 4-20　图像或运算

假设原图像为 $f_1(x,y)$ 和 $f_2(x,y)$，变换后的图像为 $g(x,y)$，则异或运算可表示为：

$$g(x,y)=f_1(x,y)\oplus f_2(x,y)$$

利用异或运算，可以求两幅图像的相交子图。图 4-21 显示了两幅图像的异或运算效果。

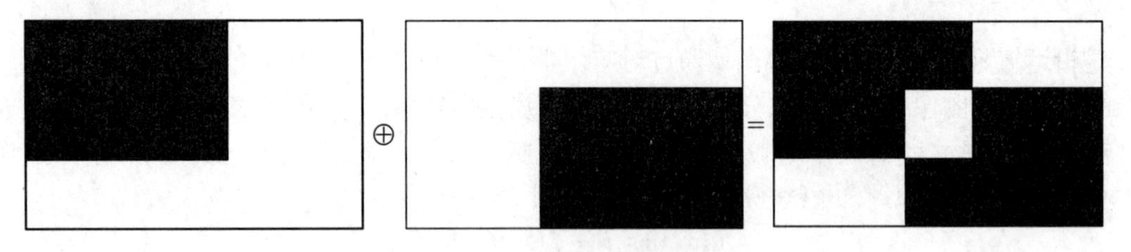

图 4-21　图像异或运算

4.5　OpenCV 实现

4.5.1　图像缩放

在 OpenCV 中，调整图像到指定大小可以使用 resize()函数，resize()函数可以把图像缩放到任意大小，其原型如下：

```
void resize(InputArray src, OutputArray dst, Size dsize, double fx=0, double fy=0, int interpolation=INTER_LINEAR )
```

前两个参数 src 和 dst 分别表示输入和输出图像。第 3 个参数 dsize 表示输出图像的大小，

fx、fy 是沿 x 轴和 y 轴的缩放系数；参数 interpolation 表示插值方式，可以有以下几种取值，分别表示不同的插值算法：

- INTER_NEAREST：最近邻插值。
- INTER_LINEAR：线性插值（默认）。
- INTER_AREA：区域插值。
- INTER_CUBIC：三次样条插值。
- INTER_LANCZOS4：Lanczos 插值。

具体例程代码如下：

```
#include "stdafx.h"
#include<opencv2\opencv.hpp>
using namespace cv;

int main()
{
	Mat srcImage = imread("test.bmp");	//载入图像
	Mat dstImage;	//定义目标图像
	imshow("srcShow", srcImage);	//显示原始图像
	resize(srcImage, dstImage, cvSize(256, 256), 0, 0, INTER_LINEAR);
	imshow("dstShow", dstImage);	//显示目标图像
	waitKey(0);	//等待任意键按下
	return 0;
}
```

大家可以尝试修改 resize 函数中的相关参数查看效果。

在实际的图像处理工程里，为了得到更高的效率和效果，还经常使用金字塔法来实现图像的整数倍等比例缩放，具体例程如下：

```
#include "stdafx.h"
#include<opencv2\opencv.hpp>
using namespace cv;

int main()
{
	Mat srcImage = imread("test.bmp");	//载入图像
	Mat dst0Image,dst1Image;	//定义目标图像
	imshow("srcShow", srcImage);	//显示原始图像
	pyrUp(srcImage, dst0Image, Size(srcImage.cols * 2, srcImage.rows * 2));
	pyrDown(srcImage, dst1Image, Size(srcImage.cols / 2, srcImage.rows / 2));
	imshow("dst0Show", dst0Image);	//显示缩小图像
	imshow("dst1Show", dst1Image);	//显示放大图像
	waitKey(0);	//等待任意键按下
	return 0;
}
```

在这个例程里，我们使用了两个新的函数 pyrUp 和 pyrDown 分别实现图像的缩小和放大。

PryUp()函数的作用是向上采样放大图像，其原型为：

```
void pyrUp(
	InputArray src,
	OutputArray dst,
	const Size& dstsize = Size(),
	int borderType = BORDER_DEFAULT
)
```

其中，参数 1 为输入图像，参数 2 为输出图像，参数 3 表示输出图像的大小，默认情况下，参数 3 由 Size(src.cols*2,src.rows*2)来计算，且满足以下条件：

```
|dstsize.width - src.cols*2| <= (dstsize.width mod 2)
|dstsize.height - src.rows*2| <= (dstsize.height mod 2)
```

参数 4 为边界模式，一般使用默认值。

pyrDown()函数的作用是向下采样缩小图像，其原型为：

```
void pyrDown(
    InputArray src,
    OutputArray dst,
    const Size&dstsize = Size(),
    int borderType  = BORDER_DEFAULT
)
```

其中，参数 1 为输入图像，参数 2 为输出图像，参数 3 表示输出图像的大小，默认情况下参数 3 由 Size Size((src.cols+1)/2,(src.rows+1)/2)来进行计算，且满足以下条件：

```
|dstsize.width*2 - src.cols| <= 2
|dstsize.height *2- src.rows| <= 2
```

参数 4 为边界模式，一般使用默认值。

4.5.2　图像旋转

在 OpenCV 中，图像的几何运算可以通过仿射变换来实现，基本的仿射变换函数为 warpAffine 函数，warpAffine 函数的作用是依据式（4-15），对图像进行仿射变换：

$$\mathrm{dst}(x,y)=src(M_{11}x+M_{12}y+M_{13},M_{21}x+M_{22}y+M_{23}) \tag{4-15}$$

warpAffine 函数原型如下：

```
void warpAffine(
    InputArray src,
    OutputArray dst,
    InputArray M,
    Size dsize,
    int flags=INTER_LINEAR,
    int borderMode=BORDER_CONSTANT,
    const Scalar& borderValue=Scalar()
)
```

其中，参数 1 是 InputArray 类型的变量，表示输入图像，即源图像，填 Mat 类的对象即可；参数 2 是 OutputArray 类型的变量，函数调用后的运算结果存在这里，需要和源图像有一样的尺寸和类型；参数 3 是 InputArray 类型的变量，2×3 的变换矩阵；参数 4 是 Size 类型的变量，表示输出图像的尺寸；参数 5 是 int 类型的变量 flags，是插值方法的标识符，此参数有默认值 INTER_LINEAR（线性插值），另外该参数可选的插值方式如下：

- INTER_NEAREST：最近邻插值。
- INTER_LINEAR：线性插值（默认值）。
- INTER_AREA：区域插值。
- INTER_CUBIC：三次样条插值。
- INTER_LANCZOS4：Lanczos 插值。
- CV_WARP_FILL_OUTLIERS：填充所有输出图像的像素。如果部分像素落在输入图像的边界外，那么它们的值设定为 fillval。

- CV_WARP_INVERSE_MAP：表示 M 为输出图像到输入图像的反变换，因此可以直接用来作像素插值，否则 warpAffine 函数从 M 矩阵得到反变换。

第 6 个参数是 int 类型的 borderMode，边界像素模式，默认值为 BORDER_CONSTANT。第 7 个参数是 const Scalar&类型的 borderValue，即在恒定的边界情况下取的值，默认值为 Scalar()，即 0。

使用仿射变换实现图像旋转的具体例程如下：

```
// ConsoleApplication1.cpp：定义控制台应用程序的入口点
//

#include "stdafx.h"
#include<opencv2\opencv.hpp>
using namespace cv;

int main()
{
	int degree = 45;                              //定义旋转的角度
	Mat srcImage = imread("test.bmp");    //载入图像
	Mat dstImage;                                  //定义目标图像
	imshow("srcShow", srcImage);            //显示原始图像
	//旋转中心为图像中心
	Point2f center;
	center.x = float(srcImage.cols / 2.0 + 0.5);
	center.y = float(srcImage.rows / 2.0 + 0.5);
	//计算二维旋转的仿射变换矩阵
	Mat M;
	M = getRotationMatrix2D(center, degree, 0.7);
	//变换图像，并用黑色填充其余值
	warpAffine(srcImage, dstImage, M, dstImage.size());
	imshow("dstShow", dstImage);            //显示目标图像
	waitKey(0);                                      //等待任意键按下
return 0;
}
```

图 4-22 为图像旋转变换后的效果。

图 4-22　图像旋转变换

4.5.3 图像的像素访问

在 OpenCV3 中，主要提供了三种访问像素的方法，分别是指针访问、迭代访问和动态地址访问，这三种方法执行的效率各不相同。我们先来看这三种 OpenCV3 访问像素具体实现的代码。

```
#include "stdafx.h"
#include<opencv2\opencv.hpp>

using namespace std;
using namespace cv;

int main()
{
        //原始图像初始化
        Mat image(240, 320, CV_8UC3, Scalar(0, 0, 0));
        imshow("srcImage", image);

        //-----------------指针操作------------------------
        double start = static_cast<double>(getTickCount());

        int rowNumber = image.rows;                          //行数
        int colNumber = image.cols * image.channels();       //每一行元素个数 = 列数×通道数
        for (int i = 0; i < rowNumber; i++)                  //行循环
        {
                uchar* data = image.ptr<uchar>(i);           //获取第 i 行的首地址
                for (int j = 0; j < colNumber; j++)          //列循环
                {
                        //开始处理
                        data[j] = 255;
                }
        }
        double end = static_cast<double>(getTickCount());
        double time = (end - start) / getTickFrequency();
        cout << "The Method 1 runs " << time << "seconds." << endl;
        imshow("Method 1", image);
        //-------------------------------------------------

        //----------------迭代器操作-----------------------
        start = static_cast<double>(getTickCount());
        Mat_<Vec3b>::iterator it = image.begin<Vec3b>();          //初始位置的迭代器
        Mat_<Vec3b>::iterator itend = image.end<Vec3b>();         //终止位置的迭代器
        for (; it != itend; it++)
        {
                                        //处理 BGR 三个通道
                (*it)[0] = 255;         //B
                (*it)[1] = 255;         //G
                (*it)[2] = 0;           //R
        }
        end = static_cast<double>(getTickCount());
        time = (end - start) / getTickFrequency();                //计算时间
        cout << "The Method 2 runs " << time << "seconds." << endl;
        imshow("Method 2", image);
        //-------------------------------------------------
```

```
    //----------------动态地址计算-----------------------
    start = static_cast<double>(getTickCount());
    rowNumber = image.rows;
    colNumber = image.cols;
    for (int i = 0; i < rowNumber; i++)
        for (int j = 0; j < colNumber; j++)
        {
            //处理 BGR 三个通道
            image.at<Vec3b>(i, j)[0] = 0;        //B
            image.at<Vec3b>(i, j)[1] = 255;      //G
            image.at<Vec3b>(i, j)[2] = 0;        //R
        }
    end = static_cast<double>(getTickCount());
    time = (end - start) / getTickFrequency();          //计算时间
    cout << "The Method 3 runs " << time << "seconds."<<endl;
    imshow("Method 3", image);
    //-------------------------------------------------
    cvWaitKey(0);
    return 1;
}
```

在此例程中，我们使用了调用系统时间计算代码运行的时间，由下列几条语句组成：

```
double start = static_cast<double>(getTickCount());
double end = static_cast<double>(getTickCount());
double time = (end - start) / getTickFrequency();
```

这种方法在代码编写调试过程中经常用于代码效率检测。

例程中实现了三种不同的方法进行图像像素的访问，在这里就不详细介绍了。

通过效率检测我们发现，指针访问的方法运行速度最快，效率最高，这也是我们必须要掌握的访问像素的方法。

4.5.4 图像的代数运算

我们在第 3 章的第一个例程里已经实现了图像的叠加操作，下面这个例子稍作变化，实现两幅同尺寸图像的叠加。图 4-23 显示了两幅图像的叠加效果。

```
#include "stdafx.h"
#include<opencv2\opencv.hpp>
using namespace cv;

int main()
{
    Mat srcImage0 = imread("airplane_color.bmp");     //载入图像
    namedWindow("show0");                              //创建名字为 show0 的窗口
    imshow("show0", srcImage0);                        //显示图像 airplane_color.bmp 在 show0 窗口

    Mat srcImage1 = imread("baboon_color.bmp");       //载入另一张图像
    namedWindow("show1");                              //创建名字为 show1 的窗口
    imshow("show1", srcImage1);                        //显示图像 baboon_color.bmp 在 show1 窗口

    Mat dstImage;
    addWeighted(srcImage0, 0.5, srcImage1, 0.5, 0, dstImage, -1);     //叠加 srcImage1 和 srcImage0

    namedWindow("show2");                              //创建名字为 show2 的窗口
    imshow("show2", dstImage);                         //显示叠加后的图像在 show2 窗口
```

```
        waitKey(0);                                          //等待任意键按下

        imwrite("test_add.bmp", dstImage);                   //输出结果图像
    return 0;
}
```

图 4-23　图像叠加

4.5.5　图像的多通道处理

对于彩色图像来说，它具有 RGB 三色通道，有时我们需要对其多个通道图像进行分别处理，在 OpenCV3 中，可以使用 split 和 merge 方法来实现对多通道图像各个通道的分离。下面的实例依然是图像的叠加，它实现了把两幅图像的第 3 个通道提出来进行叠加，然后把另外两个通道数据清零。

```
#include "stdafx.h"
#include<opencv2\opencv.hpp>
using namespace cv;
using namespace std;

int main()
{
        Mat srcImage0 = imread("airplane_color.bmp");        //载入图像
        namedWindow("show0");                                //创建名字为 show0 的窗口
        imshow("show0", srcImage0);                          //显示图像 airplane_color.bmp 在 show0 窗口

        Mat srcImage1 = imread("baboon_color.bmp");          //载入另一张图像
        namedWindow("show1");                                //创建名字为 show1 的窗口
        imshow("show1", srcImage1);                          //显示图像 baboon_color.bmp 在 show1 窗口

        Mat dstImage0, dstImage1;
        vector<Mat> src0rgbChannels(3);
        split(srcImage0, src0rgbChannels);                   //把图像 srcImage0 通道分离

        vector<Mat> src1rgbChannels(3);
        split(srcImage1, src1rgbChannels);                   //把图像 srcImage1 通道分离
        //叠加 srcImage0 的第 3 通道和 srcImage1 的第 3 通道
        addWeighted(src0rgbChannels[2], 0.5, src1rgbChannels[2], 0.5, 0, src1rgbChannels[2], -1);
```

```
        src1rgbChannels[0] = Mat::zeros(src1rgbChannels[0].size(), src1rgbChannels[0].type());    //srcImage1 通道 0 数据清零
        src1rgbChannels[1] = Mat::zeros(src1rgbChannels[1].size(), src1rgbChannels[1].type());    //srcImage1 通道 1 数据清零

        merge(src1rgbChannels, dstImage1);

        namedWindow("show2");                            //创建名字为 show2 的窗口
        imshow("show2", dstImage1);                      //显示叠加后的图像在 show2 窗口

        waitKey(0);                                      //等待任意键按下
    return 0;
}
```

本程序使用 split 函数实现了对两幅图像的三通道图像分离，然后将两幅图像的第 3 通道叠加，将其与两个零数据通道使用 merge 函数合并并显示出来，效果如图 4-24 所示。

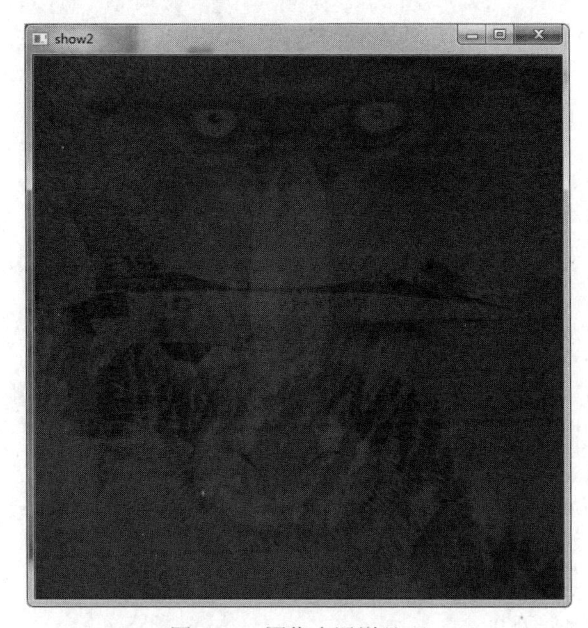

图 4-24　图像多通道处理

split 函数的功能是通道分离，其原型如下：

```
void split(const Mat& src,Mat *mvBegin);
```

该函数中，第 1 个参数为要进行分离的图像矩阵，第 2 个参数可以是 Mat 数组的首地址或者是一个 vector<Mat>对象。

merge()函数用来合并通道，其原型如下：

```
void merge(const vector& mv, OutputArray dst);
```

该函数中，第 1 个参数是图像矩阵向量容器，第 2 个参数是输出，这种方法无需说明需要合并的矩阵个数。

vector 对象也可以使用 Mat 对象来代替，以下是使用 Mat 对象的图像融合语句片段：

```
Mat aChannels[3];
split(src, aChannels);          //利用数组分离
merge(aChannels, mergeImg);
```

程序合并的是图像的第 3 通道，从运行结果来看是红色通道。在 OpenCV3 里，对于 RGB 图像来说，第 1 通道是蓝色通道，第 2 通道是绿色通道，第 3 通道是红色通道。

4.5.6 图像的逻辑运算

在图像处理过程中，使用较多的逻辑运算包括求反、与、或、异或操作，本实例通过代码给出实现这些功能的示例，我们先来看一下代码。

```
#include "stdafx.h"
#include<opencv2\opencv.hpp>
using namespace cv;

int main()
{
        Mat imageCircle = Mat::zeros(256, 256, CV_8UC3);
        Mat imageRect = Mat::zeros(256, 256, CV_8UC3);

        circle(imageCircle, Point(127, 127), 100, Scalar(255, 255, 255), -1, 8, 0);
        rectangle(imageRect,Rect(37,37,180,180), Scalar(255, 255, 255), -1, 8, 0);

        namedWindow("imageCircle");
        imshow("imageCircle", imageCircle);

        namedWindow("imageRect");
        imshow("imageRect", imageRect);

        Mat tempImage0 = Mat::zeros(256, 256, CV_8UC3);
        Mat tempImage1 = Mat::zeros(256, 256, CV_8UC3);
        Mat tempImage2 = Mat::zeros(256, 256, CV_8UC3);
        Mat tempImage3 = Mat::zeros(256, 256, CV_8UC3);

        tempImage0 = imageCircle & imageRect;
        tempImage1 = imageCircle | imageRect;
        tempImage2 = ~imageCircle;

        namedWindow("Image-AND");
        imshow("Image-AND", tempImage0);
        namedWindow("Image-OR");
        imshow("Image-OR", tempImage1);
        namedWindow("Image-Not");
        imshow("Image-Not", tempImage2);

        waitKey(0);          //等待任意键按下
    return 0;
}
```

本程序首先生成两幅图像，然后对这两个图形分别进行了“与”操作和“或”操作，并对圆形图进行了“非”操作。具体程序执行时共依次显示 5 幅图像，第一幅图像是输入图像，即黑底白圆图像；第二幅图像也是输入图像，即黑底白矩阵图像；第三幅图像是把两幅输入图像执行“与”操作；第四幅图像是把两幅输入图像执行“或”操作；第五幅图像是把黑底白圆图像执行“非”操作。具体执行效果如图 4-25 所示。

程序一开始的语句如下：

```
Mat imageCircle = Mat::zeros(256, 256, CV_8UC3);
```

本语句生成一幅 256×256 的三通道零值图像，zeros 函数原型如下：

```
static MatExpr zeros(int rows, int cols, int type);
```

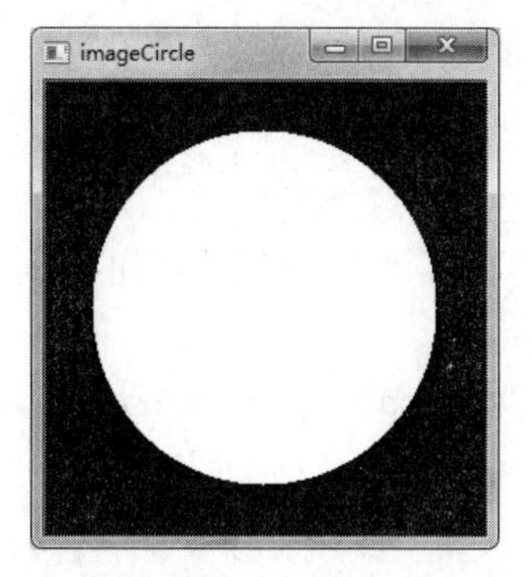

（a）输入图像 1

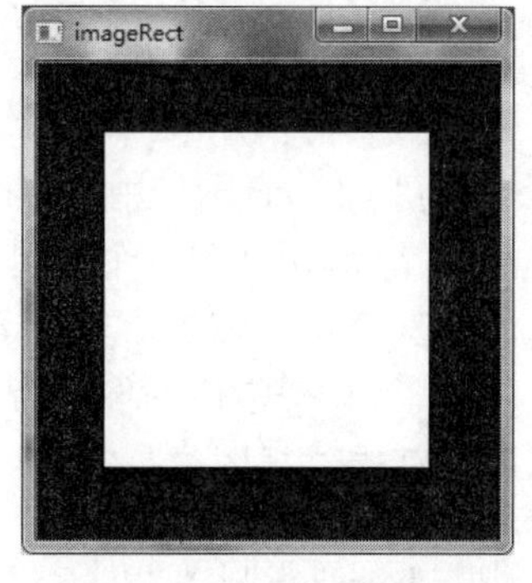

（b）输入图像 2

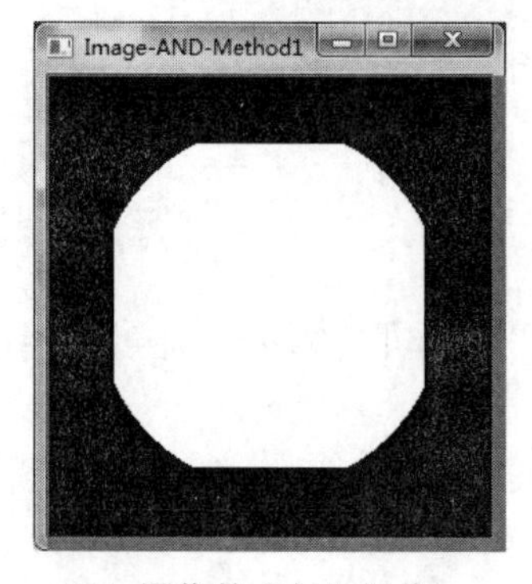

（c）图像的“与”操作

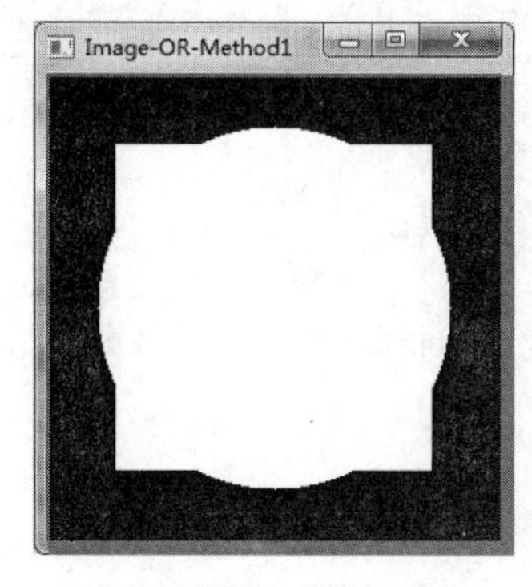

（d）图像的“或”操作

（e）图像的“非”操作

图 4-25　图像逻辑运算

zeros 函数返回一个静态 Mat 表达式类型数据，直接可以对 Mat 类型数据进行操作。第 1 个和第 2 个参数分别表示图像行数和列数，第 3 个参数 type 表示图像的类型，CV_8UC3 表示构造的是 8 位三通道图。

接下来示例使用两条语句实现实心圆和实心矩阵的绘制：

```
circle(imageCircle, Point(127, 127), 100, Scalar(255, 255, 255), -1, 8, 0);
rectangle(imageRect,Rect(37,37,180,180), Scalar(255, 255, 255), -1, 8, 0);
```

下面分别对这两个函数进行介绍。

cv::circle()是 OpenCV 在图像上绘制圆的函数，原型如下：

```
void circle(
        cv::Mat& img,                //待绘制的图形
        cv::Point center,            //圆心位置
        int radius,                  //圆的半径
        const cv::Scalar& color,     //线条的颜色（RGB）
        int thickness = 1,           //线宽
        int lineType = 8,            //线型（4 邻域或 8 邻域，默认 8 邻域）
        int shift = 0                //偏移量
    );
```

cv::rectangle()用于矩形的绘制，原型如下：

```
void rectangle(
        cv::Mat& img,                //待绘制的图形
        cv::Rect r,                  //待绘制的矩形
        const cv::Scalar& color,     //线条的颜色（RGB）
        int thickness = 1,           //线宽
```

```
        int lineType = 8,          //线型（4 邻域或 8 邻域，默认 8 邻域）
        int shift = 0              //偏移量
    );
```

当设置 thickness 为-1 时，表示使用指定颜色填充这个图形。

再往后的代码涉及 Mat 矩阵的三个逻辑运算符，“&”表示矩阵的“与”运算，“|”表示矩阵的“或”运算，“~”表示矩阵的“非”运算。

下面的代码段定义了 4 个零值图像，命名为 tempImage0、tempImage1、tempImage2 和 tempImage3，分别用来存储结果图像。

```
Mat tempImage0 = Mat::zeros(256, 256, CV_8UC3);
Mat tempImage1 = Mat::zeros(256, 256, CV_8UC3);
Mat tempImage2 = Mat::zeros(256, 256, CV_8UC3);
Mat tempImage3 = Mat::zeros(256, 256, CV_8UC3);
```

以上工作都准备好后，就可以对图像进行“与”“或”“非”操作，具体实现的代码段如下：

```
tempImage0 = imageCircle & imageRect;          //图像的“与”操作
tempImage1 = imageCircle | imageRect;          //图像的“或”操作
tempImage2 = ~imageCircle;                     //图像的“非”操作
```

我们可以看到，使用 OpenCV3 对图像的“与”“或”“非”操作非常简单，通过逻辑运算符就可以实现。

第 5 章　数字图像清晰化处理

5.1　图像增强

图像增强（Image Enhancement）是指对图像的某些特征，如边缘、轮廓、对比度等图像信息进行强调或尖锐化，以便于显示、观察或进一步分析与处理。图像增强虽然不增加图像数据中的相关信息，但能够增加所选特征的动态范围，从而使这些特征的检测或识别更加容易。图像增强处理是数字图像处理的一个重要分支。很多场景由于条件的影响，图像拍摄的视觉效果不佳，这就需要用图像增强技术来改善人的视觉效果，例如突出图像中目标物体的某些特点、从数字图像中提取目标物的特征参数等，这些都有利于对图像中目标的识别、跟踪和理解。图像增强处理的主要内容是突出图像中感兴趣的部分，减弱或去除不需要的信息。这样使有用信息得到加强，从而得到一种更加实用的图像或者转换成一种更适合人或机器进行分析处理的图像。

图像增强技术有两类方法：空域法和频域法。空域法主要是在空间域内对像素灰度值直接进行运算处理，如图像的灰度变换、直方图修正、图像空域平滑和锐化处理、伪彩色处理等。频域法主要是在图像的某种变换域内，对图像的变换值进行运算，如先对图像进行傅里叶变换，再对图像的频域进行滤波处理，最后将滤波处理后的图像变换值反变换到空域，从而获得增强后的图像。本章主要介绍图像增强中常用的空域方法。

图像增强的应用领域十分广阔并涉及各种类型的图像。例如，在军事应用中，增强红外图像提取我方感兴趣的敌军目标；在空间应用中，对用太空照相机传来的月球图像进行增强处理改善图像的质量；在农业应用中，增强遥感图像了解农作物的分布；在交通应用中，对大雾天气图像进行增强，加强车牌、路标等重要信息进行识别。

5.1.1　对比度线性展宽

图像对比度是指一幅图像中明暗区域最亮的白和最暗的黑之间不同亮度层级的测量，即一幅图像中灰度反差的大小。对比度越大，图像中从黑到白的渐变层次就越多，灰度的表现力越丰富，图像越清晰醒目；反之，对比度越小，图像清晰度越低，层次感就越差。对比度是分析图像质量的重要依据之一。有些情况下，因为某些客观原因的影响，采集到的图像对比度不够，图像质量不够好。为了使图像中期望观察到的对象更加容易识别，可以采用对比度展宽的方法调节图像的对比度，达到改善图像质量的目的。

所谓对比度展宽，实质上就是降低图像中不重要信息的对比度，从而留出多余的空间，对重要信息的对比度进行扩展。

假设处理前后的图像都是 8 位位图，即像素的灰度范围为[0,255]。假设原图像的灰度为 $f(i,j)$，处理后的图像灰度为 $f'(i,j)$，原图像中重要目标区域的灰度分布在 $[f_a,f_b]$ 范围内，对比度展宽的目标就是使得处理后图像中重要目标的灰度分布在 $[f_a',f_b']$ 范围内，且 $f_b'-f_a'>f_b-f_a$。

由图像对比度的定义可知，$\Delta f = f_b - f_a$ 表示了原图中重要目标的对比度特性，而 $\Delta f^{'} = (f_b^{'} - f_a^{'})$ 表示了处理后图像中重要目标的对比度特性。当 $\Delta f^{'} > \Delta f$ 时，则表明经过对比度展宽后，重要目标区域的对比度被增强。图 5-1 为对比度展宽的像素映射关系图。在图 5-1 中，针对不同范围的像素灰度值，采用不同的线性变换函数，以达到扩展图像对比度的目的。

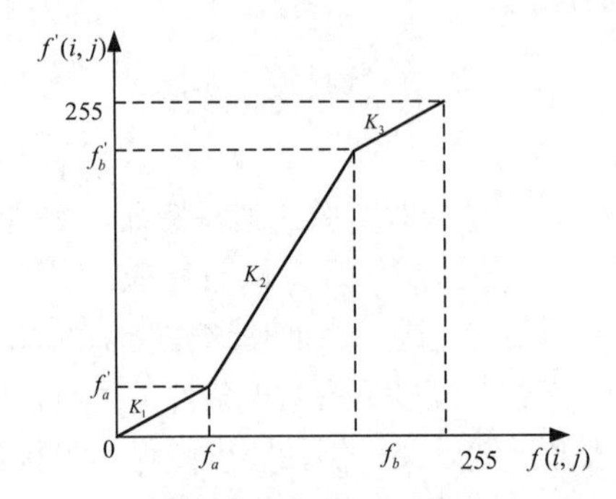

图 5-1　对比度线性展宽的像素映射关系

在图 5-1 中，K_1、K_2 和 K_3 分别代表映射关系中三段直线的斜率，计算公式如下：

$$
\begin{aligned}
K_1 &= \frac{f_a^{'}}{f_a} \\
K_2 &= \frac{f_b^{'} - f_a^{'}}{f_b - f_a} \\
K_3 &= \frac{255 - f_b^{'}}{255 - f_b}
\end{aligned}
\qquad (5\text{-}1)
$$

从图中可知，$K_1 < 1$，$K_3 < 1$，表示在映射过程中，对灰度区间 $[f_a, f_b]$ 之外的非重要目标的对比度进行了抑制，而 $K_2 > 1$ 则表示在映射过程中，对灰度区间 $[f_a, f_b]$ 内的重要目标的对比度进行了展宽增强。

根据图 5-1 所示的对比度展宽映射关系，可以得到展宽的计算公式：

$$
f^{'}(i,j) = \begin{cases} K_1 \times f(i,j) & 0 \leqslant f(i,j) < f_a \\ K_2 \times (f(i,j) - f_a) + f_a^{'} & f_a \leqslant f(i,j) < f_b \\ K_3 \times (f(i,j) - f_b) + f_b^{'} & f_b \leqslant f(i,j) < 255 \end{cases} \qquad (5\text{-}2)
$$

下面通过一个简单的例子来了解一下线性对比度展宽方法。

假设一幅图像 $f = \begin{bmatrix} 100 & 0 & 110 & 100 & 90 \\ 110 & 140 & 130 & 110 & 190 \\ 110 & 140 & 120 & 120 & 170 \\ 90 & 110 & 0 & 170 & 170 \end{bmatrix}$，其中的重点目标区域的灰度范围为 $[f_a, f_b] = [120, 140]$，展宽后重点目标区域的灰度范围为 $[f_a^{'}, f_b^{'}] = [10, 250]$。则根据展宽的计算公式：

$f(i,j) = 0,90,100,110$ 属于 $[0, f_a]$，则对应的 $f^{'}(i,j) = \frac{10}{120} \times f(i,j) = 0,7.50,8.33,9.17 \rightarrow$ 0,8,8,9（取整）。

$f(i,j)=120,130,140$ 属于 $[f_a,f_b]$，则对应的 $f^{'}(i,j)=\frac{250-10}{140-120}\times(f(i,j)-120)+10=$ $10,130,250$。

$f(i,j)=170,190$ 属于 $[f_b,255]$，则对应的 $f^{'}(i,j)=\frac{255-250}{255-140}\times(f(i,j)-140)+250=$ $251.30,252.17\rightarrow251,252$（取整）。

则展宽后的图像为 $f^{'}=\begin{bmatrix}8&0&9&8&8\\9&250&130&9&252\\9&250&10&10&251\\8&9&0&251&251\end{bmatrix}$

图 5-2 是图像对比度线性展宽前后的效果图。从图中可以看出，与原图像相比，展宽之后的图像对比度获得增强，图像中的细节更加容易辨识。

（a）原图

（b）线性对比度展宽后

图 5-2　图像对比度线性展宽前后对比

5.1.2　非线性动态范围调整

动态范围是指相机拍摄到的某个瞬间场景中的亮度变化范围，即一幅图像所描述的从暗到亮的变化范围。由于当前相机所能够表达的动态范围远远低于场景中的光照动态范围，所以就可能导致图像的质量不好。

动态范围调整就是利用人眼的视觉特性，将动态范围进行压缩，将感兴趣区域的变化范围扩大，从而达到改善图像质量的目的。人眼从接收图像信号到在大脑中形成一个形象的过程中，有一个近似对数映射的环节，因此可以采用对数映射来构建非线性动态范围调整的映射关系，如图 5-3 所示。由于动态范围调整依据的是人眼的视觉特性，因此，经过处理后的图像灰度分布与人眼的视觉特性相匹配，能够获得较好的视觉质量。

非线性动态范围调整的计算公式为：

$$g(i,j)=c\times\log(1+f(i,j)) \tag{5-3}$$

其中，$f(i,j)$ 为原图像，$g(i,j)$ 为增强后的图像，c 为增益系数。

下面通过一个简单的例子来了解一下图像动态范围调整方法。

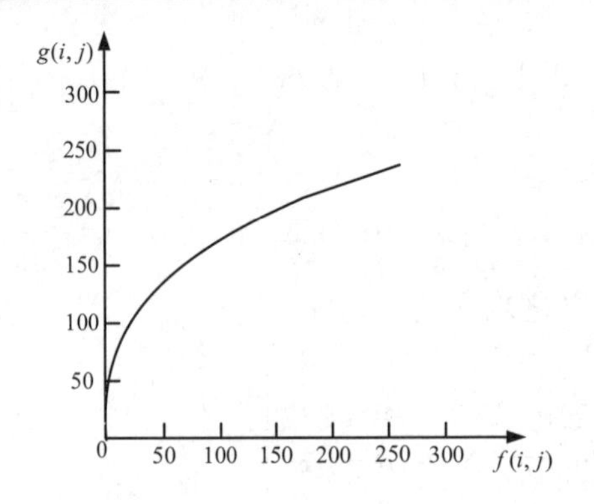

图 5-3　非线性动态范围调整的像素映射关系

设原图像 $f=\begin{bmatrix}110 & 0 & 120 & 120 & 130\\110 & 140 & 130 & 110 & 130\\120 & 140 & 120 & 120 & 170\\130 & 120 & 0 & 120 & 170\end{bmatrix}$，利用上式计算得到的结果图像为 $g=\begin{bmatrix}233 & 0 & 238 & 238 & 241\\233 & 245 & 241 & 233 & 241\\238 & 245 & 238 & 238 & 255\\241 & 238 & 0 & 238 & 255\end{bmatrix}$。

图 5-4 是利用非线性动态范围调整前后的效果图。非线性动态范围调整的作用是抑制高亮度区域，扩展低亮度区域，这恰好在一定程度上解决了高亮度区域信号掩盖低亮度区域信号的问题。

（a）原图

（b）非线性动态范围调整后

图 5-4　图像非线性动态范围调整前后对比

5.1.3　直方图均衡化

直方图（Histogram Equalization）均衡化是图像处理领域中利用图像直方图对对比度进行调整的方法。这种方法通常用来增加许多图像的局部对比度，尤其是当图像的有用数据的对比度相当接近的时候。通过这种方法，亮度可以更好地在直方图上分布。这样就可以用于增强局部的对比度而不影响整体的对比度，直方图均衡化通过有效地扩展常用的亮度来实现这种功能。灰度直方图是灰度级的函数，它表示图像中具有某种灰度级的像素的个数，反映了图像中某种灰度出现的频率。

假设原始图像灰度级范围为$[0, L-1]$，r_k为第k级灰度，如果在该图像中，灰度级为r_k的像素个数为n_k，那么r_k的直方图就为$h(r_k)=n_k$。在实际应用中，经常使用归一化直方图，如式（5-4）所示：

$$p_r(r_k)=\frac{n_k}{n} \tag{5-4}$$

其中，n为图像中的总像素数，$k=0, 1, \cdots, L-1$。

可以看出，归一化直方图的$P(r_k)$的值在$(0, 1)$内，且所有部分之和等于 1。数字图像的直方图反映了图像灰度分布的统计特性，$P_r(r_k)$给出了灰度级为r_k的像素的概率密度函数估计值。

直方图均衡化是通过对原图像进行某种变换，使原图像的灰度直方图修正为均匀分布的直方图的一种方法。用r表示原图像的灰度，取值范围为$[0, L-1]$，0 表示黑色，255 表示白色。用s表示变换后图像的灰度，则对于原图像中的任意一个r，经过变换后都可以产生一个s，即：

$$s=T(r) \text{ 或 } r=T^{-1}(s) \tag{5-5}$$

$T(r)$为变换函数，且应满足以下条件：

（1）在$0 \leqslant r \leqslant 1$范围内为单调递增函数，保证图像的灰度级从黑到白的次序不变。

（2）在$0 \leqslant r \leqslant 1$内，有$0 \leqslant T(r) \leqslant 1$，保证变换后的像素灰度在允许的范围内。

$T^{-1}(s)$为反变换函数，同样应当满足上述两个条件。

用$p_r(r)$和$p_s(s)$分别表示原图像和变换后图像灰度级的概率密度函数。由基本概率理论得到的一个基本结果，如果$p_r(r)$和$T(r)$已知，且$T^{-1}(s)$满足条件（1），那么变量s的概率密度函数$p_s(s)$可由式（5-6）得到：

$$p_s(s)=p_r(r)\left|\frac{\mathrm{d}r}{\mathrm{d}s}\right| \tag{5-6}$$

由此可以看到，变换后图像的灰度s的概率密度函数就由原图像灰度r的概率密度函数决定。

在图像处理中，一个特别重要的变换函数有如下形式：

$$s=T(r)=(L-1)\int_0^r p_r(w)\mathrm{d}w \tag{5-7}$$

其中，w是积分变量，公式右边是随机变量r的累积分布函数。因为概率密度函数始终为正，而一个函数的积分表示该函数曲线下方的面积，遵循单调递增的条件。当等式的上限为$r=L-1$时，积分值等于 1（因为概率密度函数曲线下方的面积最大为 1），所以s的最大值是 L-1，保证了变换后像素的灰度值在允许的范围内。从而，条件（1）和（2）都能够得到满足。

为了得到$p_s(s)$，在给定变换函数$T(r)$的情况下，结合式（5-6），利用积分学中的莱布尼茨准则，可以知道关于上限的定积分的导数就是被积函数在该上限的值，即：

$$\frac{\mathrm{d}s}{\mathrm{d}r}=\frac{\mathrm{d}T(r)}{\mathrm{d}r}=(L-1)\frac{\mathrm{d}}{\mathrm{d}r}[\int_0^r p_r(w)\mathrm{d}w]=(L-1)p_r(r) \tag{5-8}$$

将这个结果带入到式（5-6），即可得到：

$$p_s(s)=p_r(r)\left|\frac{\mathrm{d}r}{\mathrm{d}s}\right|=p_r(r)\left|\frac{1}{(L-1)p_r(r)}\right|=\frac{1}{L-1}, \quad 0 \leqslant s \leqslant L-1 \tag{5-9}$$

从式（5-9）可知，$p_s(s)$是一个均匀概率密度函数。简而言之，由式（5-7）给出的灰度变换函数可以得到一个随机变量 s，其特征为一个均匀概率密度函数。特别需要注意的是，式（5-7）中的 $T(r)$ 取决于 $p_r(r)$，但根据式（5-9），得到的 $p_s(s)$ 始终是均匀的，与 $p_r(r)$ 的形式无关。

对于离散值，我们处理其概率（直方图值）与和，而不是概率密度函数与积分。前面已经介绍了，一幅数字图像中灰度级 r_k 出现的概率为 $p_r(r_k)=\dfrac{n_k}{n}$，（$k=0,1,\cdots,L-1$），与 r_k 相对应的 $p_r(r_k)$ 图像通常就称为直方图。式（5-7）中变换函数的离散形式为：

$$s_k=T(r_k)=(L-1)\sum_{j=0}^{k}p_r(r_j)=\frac{L-1}{n}\sum_{j=0}^{k}n_j \qquad k=0,1,\cdots,L-1 \tag{5-10}$$

这样，通过式（5-10）将原图像中灰度级为 r_k 的各像素映射到变换后的图像中灰度级为 s_k 的对应像素上。在式（5-10）中，变换 $T(r_k)$ 就称为图像的直方图均衡化。

下面通过一个简单的例子来说明一下直方图均衡化的原理。假设一幅 64×64 像素大小为 3 比特的图像，灰度级数为 8（L=8），各灰度级分布如表 5-1 所示。

表 5-1　64×64 像素的 3 比特图像灰度级分布和直方图值

r_k	n_k	$p_r(r_k)$	s_k
r_0=0	824	0.20	1
r_1=1	800	0.20	3
r_2=2	650	0.16	4
r_3=3	1024	0.25	6
r_4=4	350	0.09	6
r_5=5	256	0.06	7
r_6=6	128	0.03	7
r_7=7	64	0.02	7

该图像的直方图如图 5-5（a）所示。直方图均衡化的变换函数可以利用式（5-10）得到。如：

$$s_0=T(r_0)=(8-1)\sum_{j=0}^{0}p_r(r_j)=7p_r(r_0)=1.40$$

$$s_1=T(r_1)=(8-1)\sum_{j=0}^{1}p_r(r_j)=7p_r(r_0)+7p_r(r_1)=2.80$$

类似地，可以计算出：

$s_2=3.92$，$s_3=5.67$，$s_4=6.30$，$s_5=6.72$，$s_6=6.93$，$s_7=7.07$

该变换函数的形状为阶梯形状，如图 5-5（b）所示。由于 s 表示变换后图像的灰度，而图像的灰度都是整数，因此，采用四舍五入法将 s 近似为整数，从而可以得到：

$s_0=1$，$s_1=3$，$s_2=4$，$s_3=6$，$s_4=6$，$s_5=7$，$s_6=7$，$s_7=7$

从 s_0 到 s_7 近似后的值可以看出，只有 5 个灰度级（1、3、4、6、7）。其中，r_0=0 被映射为 s_0=1，在均衡化后的图像中有 824 个像素具有该值（如表 5-1 所示）；r_3 和 r_4 都被映射为 6，在均衡化后的图像中一共有（1024+350）=1374 个像素具有该值；r_5、r_6 和 r_7 和都被映射为 7，在均衡化后的图像中一共有(256+128+64)=448 个像素具有该值。其他灰度级的像素数可以通过同样的方法计算得到。图像的总像素数为(64×64)=4096 个。因此，我们根据每个灰度级的像素数和总像素数就可以得出该图像均衡化后的直方图，如图 5-5（c）所示。

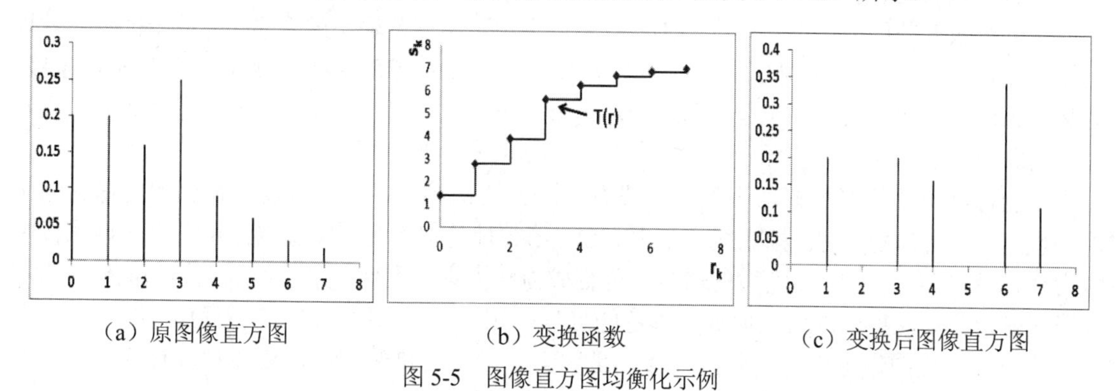

（a）原图像直方图　　（b）变换函数　　（c）变换后图像直方图

图 5-5　图像直方图均衡化示例

图 5-6 给出了一个直方图均衡化的示例，其中图 5-6（a）是原图像及其直方图，图 5-6（b）是均衡化后的图像及其直方图。从图中可以看出，原图像较暗，其像素灰度级主要集中在小灰度级一边。而均衡化后的图像对比度增强，细节更加清晰，灰度级分布相对均匀。

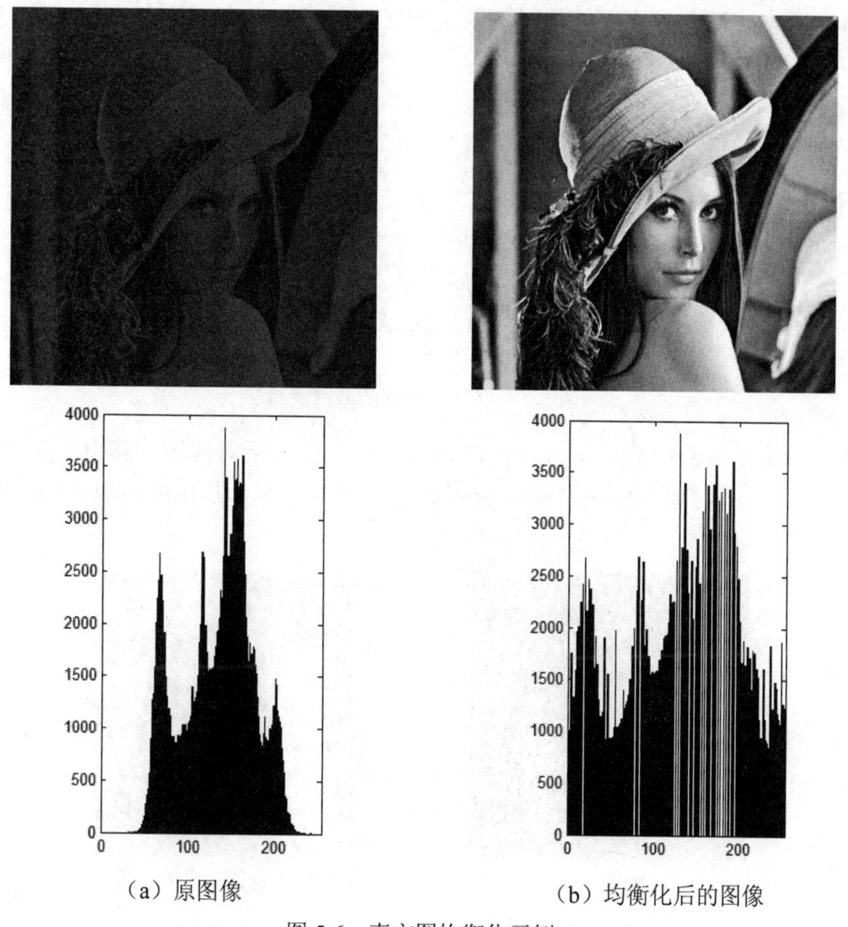

（a）原图像　　（b）均衡化后的图像

图 5-6　直方图均衡化示例

5.1.4 伪彩色增强

伪彩色增强是根据特定的准则对图像的灰度值赋以彩色的处理。由于人眼对彩色的分辨率远高于对灰度差的分辨率，所以这种技术可用来识别灰度差较小的像素。这是一种视觉效果明显而技术又不是很复杂的图像增强技术。人眼分辨灰度的能力很差，一般只有几十个数量级，但是对彩色信号的分辨率却很强，利用伪彩色增强处理，将黑白图像转换为彩色图像后，人眼可以提取更多的信息量。

伪彩色（又称假彩色）增强处理一般有三种方式：第一种是把真实景物图像的像素逐个地映射为另一种颜色，使目标在图像中更突出；第二种是把多光谱图像中任意三个光谱图像映射为红、绿、蓝三种可见光谱段的信号，再合成为一幅彩色图像；第三种是把黑白图像，用灰度级映射或频谱映射而成为类似真实彩色的处理，相当于黑白照片的人工着色方法。

从一幅灰度图像生成一幅彩色图像，是一个一对三的映射过程，需要对现有的灰度，通过一个合理的估计手段，映射为红、绿、蓝三基色的组合表示。

1. *密度分层法*

密度分层法是伪彩色增强中最为简单的一种方法，它是对图像亮度范围进行分层，使一定亮度间隔对应于某一类目标或几类目标，从而有利于图像的增强和分类。

如图 5-7 所示，密度分层法的映射关系是把灰度图像的灰度级从 0（黑）到 255（白）分成 N 个区间，以 N_i 表示，$i=0,1,\cdots,N-1$，给每个区间指定一种彩色 C_i。这样，就可以把一幅灰度图像变成一幅伪彩色图像。密度分层法较为简单，但变换出的图像彩色数目有限。

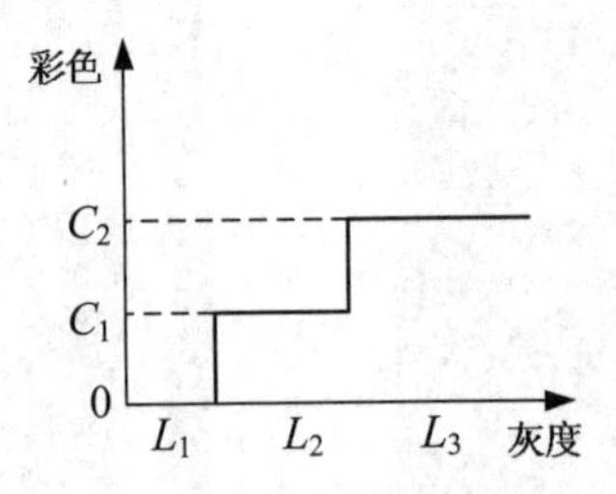

图 5-7 密度分层法的映射关系

图 5-8 给出了采用密度分层法进行伪彩色增强前后的效果对比图。其中，图 5-8（a）是原图像，图 5-8（b）是对原图像进行密度分层处理后的效果图。从图中可以看出，处理后的图像细节描述更加细腻。

（a）原图像

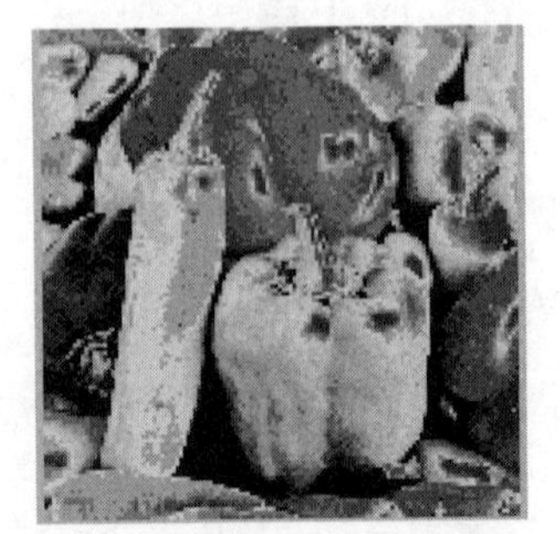

（b）密度分层法处理后的图像

图 5-8 密度分层法进行伪彩色增强前后效果对比图

2. 空域灰度级彩色变换法

空域灰度级彩色变换法是一种更为常用的，比密度分层法更为有效的伪彩色增强方法。根据色度学原理，图像中的任何一种颜色都可以表示为红（R）、绿（G）、蓝（B）三基色的组合。空域灰度级彩色变换法的思想就是分别给出原图像的灰度与红、绿、蓝三个颜色分量的一对一关系，这三个关系互不相同，从而完成图像从灰度到彩色的转换。

空域灰度级彩色变换法的实现过程是对输入图像的灰度值实行三种独立的变换：$T_R()$、$T_G()$、$T_B()$，假设原图像的灰度级为 $f(x,y)$，则灰度级彩色变换的映射关系可表示为

$$\begin{cases} R(i,j)=T_R(f(i,j)) \\ G(i,j)=T_G(f(i,j)) \\ B(i,j)=T_B(f(i,j)) \end{cases} \tag{5-11}$$

一种典型的灰度级彩色变换函数如图5-9所示，这种伪彩色增强方法是根据温度颜色的原理设计出来的。采用图5-9所示的三种变换函数，能够将原图像中较暗的地方映射为蓝色，较亮的地方映射为红色。

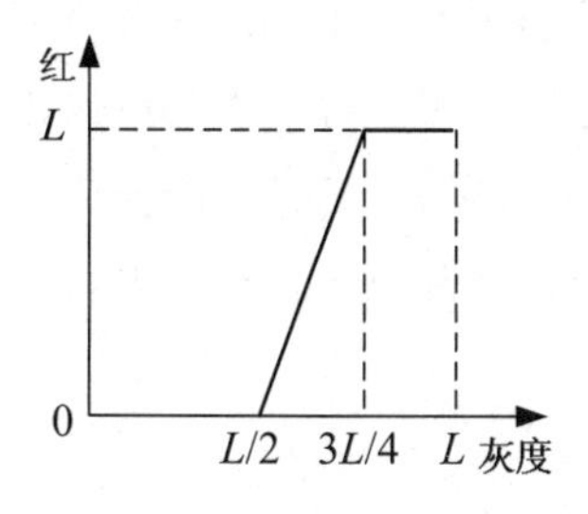

（a）灰度到红色的映射

绿
L
0
L/4
3L/4
L
灰度

（b）灰度到绿色的映射

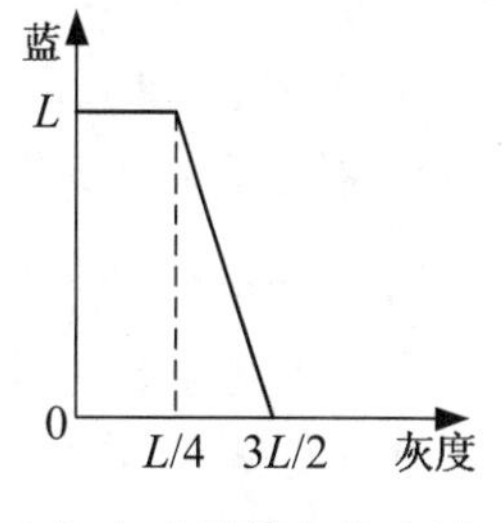

（c）灰度到蓝色的映射

图5-9　灰度级彩色变换的变换函数

图5-10是采用空域灰度级彩色变换的伪彩色增强方法对图像进行增强的效果对比图。从图中可以看出，原图像中较暗的部分看得不是很清楚，经过伪彩色增强之后，在图5-10（b）中就可以较为清晰地表示出来。

（a）原图像

（b）空域灰度级彩色变换后的图像

图5-10　空域灰度级彩色变换前后效果对比图

3. 频域伪彩色增强法

频域伪彩色增强法是把灰度图像经过傅里叶变换到频域，然后采用三个不同传递特性的滤波器在频域将原图像的频谱分离成三个独立分量，分别对这三个独立分量再进行傅里叶逆变

换，从而得到三幅代表不同频率分量的单色图像，将这三幅单色图像分别作为红、绿、蓝三个分量进行合成，得到伪彩色图像。

傅里叶变换是一种频域信号分析的方法，它可以分析信号的成分，也可以用这些成分合成信号。许多波形可以用作信号的成分，例如正弦波、方波、锯齿波等，傅里叶变换采用正弦波作为信号的成分。

假设 $f(t)$ 是 t 的周期函数，如果 t 满足以下条件：

（1）在一个周期内具有有限个间断点，且在这些间断点上，函数是有限值。

（2）在一个周期内具有有限个极值点。

（3）绝对可积。

则式（5-12）成立：

$$F(\omega)=\int_{-\infty}^{+\infty} f(t)\mathrm{e}^{-\mathrm{j}\omega t}\mathrm{d}t \tag{5-12}$$

式（5-12）就称为积分运算 $f(t)$ 的傅里叶变换。其中，$F(\omega)$ 称为 $f(t)$ 的像函数，$f(t)$ 称为 $F(\omega)$ 的像原函数。$F(\omega)$ 是 $f(t)$ 的像，$f(t)$ 是 $F(\omega)$ 的原像。傅里叶变换的本质是内积，所以 $f(t)$ 和 $\mathrm{e}^{-\mathrm{j}\omega t}$ 在求内积的时候，只有 $f(t)$ 中频率为 ω 的分量才会有内积的结果，其余分量的内积为 0。可以理解为 $f(t)$ 在 $\mathrm{e}^{-\mathrm{j}\omega t}$ 上的投影，积分值是时间从负无穷到正无穷的积分，就是把信号的每个时间在 ω 的分量叠加起来，也可以理解为 $f(t)$ 在 $\mathrm{e}^{\mathrm{j}\omega t}$ 上的投影的叠加，叠加的结果就是频率为 ω 的分量，也就形成了频谱。

傅里叶逆变换如式（5-13）所示：

$$f(t)=\frac{1}{2\pi}\int_{-\infty}^{+\infty} F(\omega)\mathrm{e}^{\mathrm{j}\omega t}\mathrm{d}\omega \tag{5-13}$$

傅里叶逆变换就是傅里叶变换的逆过程，在 $F(\omega)$ 和 $\mathrm{e}^{-\mathrm{j}\omega t}$ 上求内积的时候，$F(\omega)$ 只有 t 时刻的分量内积才有结果，其余时间分量内积结果为 0，同样积分值是频率从负无穷到正无穷的积分，就是把信号在每个频率在 t 时刻上的分量叠加起来，叠加的结果就是 $f(t)$ 在 t 时刻的值，也就是信号最初的时域。

对一个信号进行傅里叶变换，然后直接进行逆变换，是没有意义的。在傅里叶变换和傅里叶逆变换之间有一个滤波过程，将不要的频率分量过滤掉，然后再进行逆变换，就可以得到想要的信号。例如，信号中掺杂着噪声信号，可以通过滤波器将噪声信号的频率去除，然后再进行傅里叶逆变换，就可以得到没有噪声的信号。频域伪彩色增强正是利用了这一原理。

图 5-11 显示了频域伪彩色增强的原理。

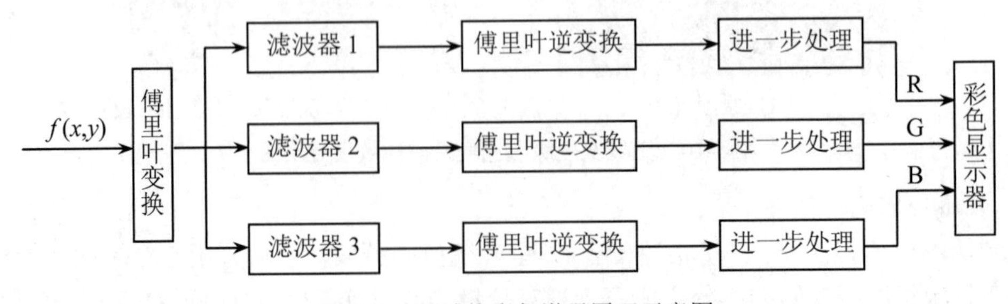

图 5-11　频域伪彩色增强原理示意图

图 5-12 显示了采用频域伪彩色增强法得到的一幅伪彩色图像。

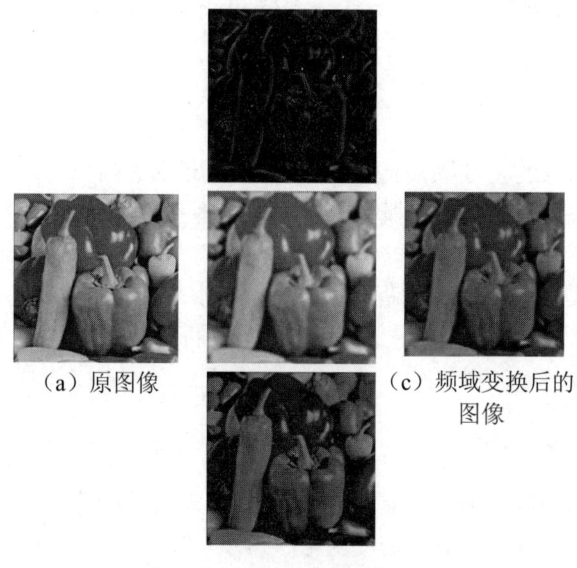

（a）原图像

（c）频域变换后的图像

（b）分离后的三通道单色图像

图 5-12　频域伪彩色变换前后效果对比图

5.2　图像去噪

数字图像中的噪声是在图像的获取和传输过程所受到的随机信号干扰，是妨碍人们理解的因素。例如，在使用 CCD 相机获取图像时，光照和温度等外界条件会影响图像中的噪声数量；在图像传输过程中，传输信道的干扰也会对图像造成污染。噪声在理论上可以定义为“不可预测，只能用概率统计方法来认识的随机误差”，因此，图像噪声可以看成是多维随机过程，因而可以用随机过程来对噪声进行描述，即用概率分布函数和概率密度分布函数来描述。

图像噪声是多种多样的，其性质也千差万别。从噪声产生的原因来看，图像噪声可分为外部噪声和内部噪声。外部噪声是由系统外部干扰以电磁波或经电源串进系统内部引起的噪声，如外部电气设备的电磁干扰、天体放电产生的脉冲干扰等；内部噪声是由系统电气设备内部引起的噪声，如光和电的基本性质引起的噪声、电气的机械运动产生的噪声、器材材料本身引起的噪声、系统内部电路相互干扰引起的噪声等。

5.2.1　图像中的常见噪声

在图像中常见的噪声主要有以下几种：

（1）加性噪声。

加性噪声和图像信号强度是不相关的，如图像在传输过程中引进的“信道噪声”、电视摄像机扫描图像的噪声，这类带有噪声的图像 g 可看成为理想无噪声图像 f 与噪声 n 之和，即：

$$g(t) = f(t) + n(t) \tag{5-14}$$

（2）乘性噪声。

乘性噪声和图像信号是相关的，往往随图像信号的变化而变化，如飞点扫描图像中的噪声、电视扫描光栅、胶片颗粒影响等，这类带有噪声的图像 g 可看成为理想无噪声图像 f 与噪声 n 之积，即：

$$g(t)=f(t)[1+n(t)] \tag{5-15}$$

（3）量化噪声。

量化噪声是数字图像的主要噪声源，其大小显示出数字图像和原始图像的差异，减少这种噪声的最好办法就是采用按灰度级概率密度函数选择量化级的最优化措施。

（4）“椒盐”噪声。

此类噪声是在图像传输和处理过程中引入的噪点，如在变换域引入的误差，使图像反变换后造成的变换噪声等。这种噪声像素覆盖原有像素值，表象为图像上的白点和黑点噪声，就像在图像表面撒了一些椒盐一样。

5.2.2 常见噪声模型

从噪声的概率分布情况来看，图像中的噪声可分为高斯噪声、瑞利噪声、伽马噪声、指数噪声和均匀噪声。它们对应的概率密度函数（PDF）如下：

（1）高斯噪声。

在空间域和频域中，由于高斯噪声在数学上的易处理性，这种噪声（也称为正态噪声）模型经常被用在实践中。高斯随机变量的概率密度函数由式（5-16）给出：

$$p(z)=\frac{1}{\sqrt{2\pi}\sigma}\mathrm{e}^{-(z-\mu)^2/2\sigma^2} \tag{5-16}$$

其中，z 表示灰度值，μ 表示 z 的平均值或期望值，σ 表示 z 的标准差。当 z 服从上述分布时，其值有 95%落在 $[(\mu-2\sigma),(\mu+2\sigma)]$ 范围内。

（2）脉冲噪声（椒盐噪声）。

（双极）脉冲噪声的概率密度函数可由式（5-17）给出：

$$p(z)=\begin{cases}p_a & z=a\\ p_b & z=b\\ 0 & \text{其他}\end{cases} \tag{5-17}$$

如果 $b>a$，则灰度值 b 在图像中将显示为一个亮点，反之则 a 的值将显示为一个暗点。若 p_a 或 p_b 为 0，则脉冲称为单极脉冲。如果 p_a 和 p_b 均不为 0，尤其是它们近似相等时，则脉冲噪声值将类似于随机分布在图像上的胡椒和盐粉微粒。由于这个原因，双极脉冲噪声也称为椒盐噪声。

（3）瑞利噪声。

瑞利噪声的概率密度函数可由式（5-18）给出：

$$p(z)=\begin{cases}\dfrac{2}{b}(z-a)\mathrm{e}^{-(z-a)^2/b} & z\geqslant a\\ 0 & z<a\end{cases} \tag{5-18}$$

其密度均值和方差分别为：

$$\mu=a+\sqrt{\pi b/4} \tag{5-19}$$

$$\sigma^2 = \frac{b(4-\pi)}{4} \tag{5-20}$$

（4）伽马噪声。

伽马噪声的概率密度函数可由式（5-21）给出：

$$p(z) = \begin{cases} \dfrac{a^b z^{b-1}}{(b-1)!} \mathrm{e}^{-az} & z \geqslant 0 \\ 0 & z < 0 \end{cases} \tag{5-21}$$

其密度的均值和方差分别为：

$$\mu = \frac{b}{a} \tag{5-22}$$

$$\sigma^2 = \frac{b}{a^2} \tag{5-23}$$

（5）指数分布噪声。

指数分布噪声的概率密度函数为：

$$p(z) = \begin{cases} a\mathrm{e}^{-az} & z \geqslant 0 \\ 0 & z < 0 \end{cases} \tag{5-24}$$

其中 $a>0$，概率密度函数的期望值和方差分别是：

$$\mu = \frac{1}{a} \tag{5-25}$$

$$\sigma^2 = \frac{1}{a^2} \tag{5-26}$$

（6）均匀噪声。

均匀噪声的概率密度函数为：

$$p(z) = \begin{cases} \dfrac{1}{b-a} & a \leqslant z \leqslant b \\ 0 & \text{其他} \end{cases} \tag{5-27}$$

其均值和方差分别为：

$$\mu = \frac{a+b}{2} \tag{5-28}$$

$$\sigma^2 = \frac{(b-a)^2}{12} \tag{5-29}$$

图像噪声容易使图像变得模糊，给分析带来困难。一般来说，图像噪声具有如下特点：①噪声在图像中的分布和大小不规则，具有随机性；②噪声和图像信号之间一般具有相关性；③噪声具有叠加性。

去除或减轻图像中的噪声称为图像去噪，图像去噪的目的就是为了减少图像噪声，以便于对图像进行理解和分析。图像去噪可以在空间域进行，也可以在变换域进行。空间域去噪方法主要是利用各种滤波器对图像去噪，如均值滤波器、中值滤波器、维纳滤波器等，空间域滤波是在原图像上直接进行数据运算，对像素的灰度值进行处理。变换域去噪就是对原图像进行某种变换，然后将图像从空间域转换到变换域，再对变换域中的变换系数进行处理，再进行反变换，将图像从变换域转换到空间域，从而达到去噪的目的。将图像从空间域转换到变换域的变换方法很多，如傅里叶变换、余弦变换、小波变换等。不同变换方法在变换域得到的变换系数具有不同的特点，根据这些特点合理处理变换系数，就可以有效达到去除或减轻噪声的目的。

5.2.3 均值滤波

均值滤波是典型的用于消除图像噪声的线性滤波方法，其基本思想是用邻近几个像素灰度的均值来代替每个像素的灰度值。

采用均值滤波方法，首先是在图像上对目标像素给定一个模板，该模板包含了目标像素及其周围的邻近像素，再用模板中的全体像素的平均值来代替目标像素。图 5-13 给出了一个 3×3 的均值滤波模板。

1	2	3
4	目标像素	5
6	7	8

图 5-13　3×3 均值滤波模板示意图

均值滤波采用的方法为邻域平均法。假设目标像素的灰度为 $g(x,y)$，选择一个目标板，该模板由邻近的若干像素组成，求模板中所有像素的均值，再把该均值赋给目标像素点，作为处理后图像在该点的灰度值，即：

$$g(x,y)=\frac{1}{m}\sum_{f(x,y)\in S} f(x,y) \tag{5-30}$$

其中，S 为模板，m 为模板中包含目标像素在内的像素总个数。

均值滤波比较适用于去除图像中的加性噪声，但由于其本身存在的固有缺陷，即均值滤波不能很好地保护图像中的细节，因此，在图像去噪的过程中，也破坏了图像的细节部分，从而使图像变得模糊。

图 5-14（a）是一幅添加了高斯噪声之后的图像，图 5-14（b）是一幅采用了 3×3 均值滤波器处理之后的效果图。从图中可以看出，经过滤波之后，原图像中的噪声得到了抑制，但图像也变得模糊，图像的部分细节丢失。

（a）原图像

（b）采用 3×3 均值滤波之后的效果图

图 5-14　3×3 均值滤波效果

5.2.4 中值滤波

中值滤波是一种非线性滤波方法，也是图像处理中最为常用的预处理技术。它在平滑脉冲噪声方面非常有效，同时还可以保护图像尖锐的边缘。

中值滤波是基于排序统计理论的一种滤波方法，在实现过程中，首先确定以目标像素为中心点的邻域，一般为方形邻域（如3×3、5×5等），也可以是圆形、十字形等，然后将邻域中的像素按灰度值进行排序，选择中间值作为目标像素的灰度值。

中值滤波一般采用含有奇数个点的滑动窗口，在一维情况下，将窗口正中的像素灰度值用窗口内全部像素灰度值的中值来代替。假设一个一维序列为 $f_1, f_2, \cdots, f_n$，取窗口长度为 m，m 为奇数，对该序列进行中值滤波，就是从序列中连续抽出 m 个点，$f_{i-v}, f_{i-v+1}, \ldots, f_{i-1}, f_i, f_{i+1}, \ldots, f_{i+v-1}, f_{i+v}$，其中 i 为窗口的中间位置，$v = \frac{m-1}{2}$，将这 m 个点由小到大进行排序，中间的点即为中值滤波的输出点，即：

$$P_i = Med\{f_{i-v}, f_{i-v+1}, \ldots, f_{i-1}, f_i, f_{i+1}, \ldots, f_{i+v-1}, f_{i+v}\} \quad (5\text{-}31)$$

对于二维序列 $\{x_{i,j}\}$ 进行中值滤波时，滤波窗口也是二维的，但窗口形状可以不同，如线状、方形、圆形、十字形等。二维中值滤波可以表示为：

$$P_{i,j} = \underset{x_{i,j} \in A}{Med}\{x_{i,j}\} \quad (5\text{-}32)$$

其中，A 为滤波窗口。

在实际使用时，窗口尺寸一般先取3×3，再取5×5，逐渐增大，直至达到满意的滤波效果为止。

图5-15（a）是一幅添加了椒盐噪声之后的图像，图5-15（b）是一幅采用了3×3中值滤波器处理之后的效果图。从图中可以看出，中值滤波对椒盐噪声的抑制效果较为明显，滤波之后的图像清晰易读。

（a）添加了椒盐声之后的图像

（b）采用3×3中值滤波之后的效果图

图5-15 3×3中值滤波效果

5.2.5 边界保持滤波

经过滤波处理之后，特别是经过均值滤波处理之后，图像容易变得模糊。究其原因，是因为在图像中，由于物体之间存在边界，人们才能够清楚地辨认各个物体。而边界点与噪声点有一个共同的特性，就是都具有灰度的跃变，即它们的灰度值与周围其他像素的灰度值相比，有较大的变化。在滤波处理过程中，边界点与噪声点一起，也被平滑处理了，从而造成图像模糊。

为了解决图像模糊问题，一个最简单的想法就是在进行滤波处理时，首先判断当前像素是否是边界上的点，如果是，则不进行滤波处理，如果不是，则进行滤波处理。边界保持滤波的核心就是确定边界点与非边界点。如图 5-16 所示，“①”为非边界点，“②”为边界点。

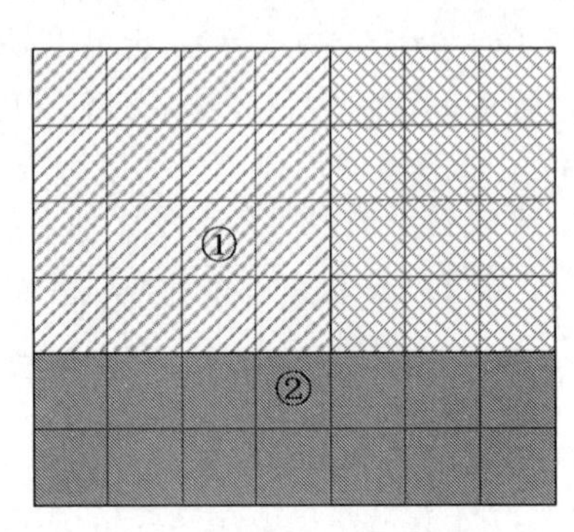

图 5-16　边界点与非边界点

在滤波时，在 $m \times m$ 的滤波窗口中，分别选择 k 个与点“①”和点“②”的灰度值最相近的点，而不是全部滤波窗口中的点，来计算目标像素的灰度值。这样选择像素点，对非边界目标像素点的影响不大，但是对边界目标像素点的影响很大，从而可以保持图像中物体的边缘，减轻图像模糊。这种边界保持滤波方法称为 K 近邻滤波。

在滤波窗口中选择 k 个像素点之后，用这 k 个像素的灰度均值来代替目标像素的灰度值，就称为 K 近邻均值滤波（KNNF）。选择这 k 个像素灰度值的中值来代替目标限速的灰度值，就称为 K 近邻中值滤波（KNNMF）。

图 5-17 和图 5-18 显示了采用 K 近邻均值滤波器和 K 近邻中值滤波器对添加了椒盐噪声之后的图像进行滤波处理的效果图。其中，滤波窗口大小为 5×5，k 取值为 17。从图中可以看出，K 近邻均值滤波器和 K 近邻中值滤波器对椒盐噪声都有较好的抑制效果。滤波之后的图像明显比原图像清晰易读。

（a）添加了椒盐噪声之后的图像

（b）采用 K 近邻均值滤波之后的效果图

图 5-17　K 近邻均值滤波效果

（a）添加了椒盐噪声之后的图像

（b）采用K近邻中值滤波之后的效果图

图5-18　K近邻中值滤波效果

5.2.6　其他去噪滤波

上面几节主要介绍的是空间域滤波方法，空间域滤波方法计算复杂度较低。除了空间域滤波方法外，还有许多变换域滤波方法、形态学滤波方法等，在此仅对维纳滤波和小波变换滤波方法略作介绍。

1．维纳滤波

维纳滤波是用来解决从噪声中提取信号问题的一种滤波方法，是以最小平方为最优准则的滤波方法，即在一定的约束条件下，使滤波后的实际输出与期望输出的差的平方达到最小。维纳滤波又称为最小二乘滤波或最小平方滤波，是目前基本的滤波方法之一。

维纳滤波是一种线性滤波方法，这种线性滤波问题可以看成是一种线性估计问题。

一个线性系统，假设它的单位样本响应为 $h(n)$，当输入一个随机信号 $x(n)$，且

$$x(n)=s(n)+v(n) \tag{5-33}$$

其中，$s(n)$ 表示信号，$v(n)$ 表示噪声，则输出 $y(n)$ 为

$$y(n)=\sum_{m}h(m)x(n-m) \tag{5-34}$$

$x(n)$ 经过线性系统 $h(n)$ 后，得到的 $y(n)$ 如果能够尽量接近 $s(n)$，则效果最优，因此称 $y(n)$ 为 $s(n)$ 的估计值，这里用 $\hat{s}(n)$ 表示，即

$$y(n)=\hat{s}(n) \tag{5-35}$$

一般情况下，从当前和过去的观察值来估计当前的信号值 $y(n)=\hat{s}(n)$，就称为滤波；从过去的观察值估计当前或将来的信号值 $y(n)=\hat{s}(n+N)$（$N\geqslant 0$），称为预测；从过去的观察值估计过去的信号值 $y(n)=\hat{s}(n-N)$（$N>1$），称为平滑。因此，维纳滤波常常被称为最佳线性滤波与预测。

维纳滤波器的输入输出关系如图5-19所示。

$$x(n)=s(n)+v(n) \longrightarrow \boxed{h(n)} \longrightarrow y(n)=\hat{s}(n)$$

图5-19　维纳滤波输入输出关系图

假设维纳滤波的输入为含有噪声的图像，期望输出与实际输出之间的差值为误差，对该误差求均方，即为均方误差。均方误差越小，滤波效果就越好。维纳滤波根据图像的局部方差来调整滤波器的输出，局部方差越大，滤波作用越强。维纳滤波的最终目的是使恢复图像 $f(x,y)$ 与原始图像 $f_0(x,y)$ 的均方误差最小，即 $\min\{E[(f(x,y)-f_0(x,y))^2]\}$。维纳滤波的效果比均值滤波要好，对保留图像中物体的边界也很有效果，不过计算复杂度较大。

2. 小波变换滤波

小波分析是时频分析的一种。一般的时频分析方法如经典的傅里叶变换法是时频分开的，不能解决非平稳信号，也不能刻画任意小范围内的信号特征。其改进算法窗口傅里叶变换虽然把时频结合分析，但窗口大小和形状都是固定的，不能随需要而调整窗口宽度。而小波变换能将时域和频域结合起来描述信号的时频联合特征，而且在时频两域都有表征信号局部特征的能力，窗口大小不变但形状可变，是时间窗和频率窗都可改变的时频局部化分析方法。亦即在低频部分窗宽小，具有较高的频率分辨率和较低的时间分辨率；高频部分具有较高的时间分辨率和较低的频率分辨率，所以小波分析被誉为“数学显微镜”。因此小波分析有其无法比拟的优越性：一是“自适应性”，能根据被分析对象自动调整有关参数；二是“数学显微镜”，能根据观察对象自动“调焦”，以得到最佳效果。

1989 年，Mallat 创造性地将计算机视觉领域中的多分辨率分析方法引入到小波基的构造中，首次统一了以前 Stomberg、Meyer、Lenarie 和 Battle 等提出的各种小波的构造方法，并研究了小波变换的离散形式，他还给出了 Mallat 塔式分解和重构算法，从而为小波理论的工程应用铺平了道路。1990 年，Cohen 等人构造出具有线性相位的双正交小波。同年，C. K. Chui 和 Wang 构造了基于样条分析的单正交小波，并讨论了具有最好局部化性质的尺度函数和小波函数。1991 年，Coifman 和 Ickerhauser 等人提出了小波包和小波包库的概念，并成功地应用于图像压缩编码中。1992 年，Vetterli 推导出具有一定正则度的小波滤波器组的设计方法。20 世纪 90 年代中期以后，小波方面的研究主要集中在理论成果的应用方面。

小波（Wavelet）是指小区域、长度有限、均值为 0 的波形。所谓“小”，是指它具有衰减性，而“波”则是指它的波动性。小波变换是时间（空间）频率的局部优化分析，它通过伸缩平移运算对信号逐步进行多尺度细化，最终达到高频处时间细分和低频处频率细分，能自适应时频信号分析的要求。

设 $\psi(t)\in L^2(R)$，$L^2(R)$ 表示平方可积的实数空间，其傅里叶变换为 $\psi(t)$。当 $\psi(t)$ 满足式（5-36）所示的条件时，就称 $\psi(t)$ 为一个基本小波。

$$C_\psi=\int_R\frac{|\psi(t)|^2}{|w|}\mathrm{d}w<\infty \tag{5-36}$$

将基本小波函数 $\psi(t)$ 伸缩或平移后，就可以得到式（5-37）所示的小波序列。

$$\psi_{a,b}(t)=\frac{1}{\sqrt{|a|}}\psi\left(\frac{t-b}{a}\right)\quad a,b\in R,\ a\neq 0 \tag{5-37}$$

其中，a 为伸缩因子，b 为平移因子。

对于任意的函数 $f(t)\in L^2(R)$ 的连续小波变换为式（5-38）所示。

$$W_f(a,b)=<f,\psi_{a,b}>=\frac{1}{\sqrt{|a|}}\int_R f(t)\overline{\psi\left(\frac{t-b}{a}\right)}\mathrm{d}t \tag{5-38}$$

其逆变换为：

$$f(t)=\frac{1}{C_{\psi}}\int_{R}\cdot\int_{R}\frac{1}{a^{2}}W_{f}(a,b)\psi\left(\frac{t-b}{a}\right)\mathrm{d}a\mathrm{d}b \tag{5-39}$$

小波变换的视频窗可以由伸缩因子 a 和平移因子 b 来调节，平移因子可以改变窗口在相平面时间轴上的位置，伸缩因子的大小不仅能够影响窗口在频率轴上的位置，还能够改变窗口的形状。

从信号学的角度来看，小波去噪是一个信号滤波的问题。在很大程度上，小波去噪可以看成是低通滤波。但由于在去噪后，还能够成功地保留信号的特征，所以又优于传统的低通滤波器。因此，小波去噪实际上是特征提取和低通滤波的综合。

一般来说，一维信号的降噪过程可以分三步进行：

（1）一维信号小波分解，选择一个小波并确定一个小波分解的层次 N，然后对信号进行 N 层小波分解计算。

（2）小波分解高频系数的阈值量化，对第1层到第 N 层的每一层高频系数，选择一个阈值进行软阈值化处理。

（3）一维小波重构。根据小波分解的第 N 层的低频系数和经过量化处理后的第1层到第 N 层的高频系数，进行一维信号的小波重构。

在以上三个步骤中，最核心的就是如何选取阈值并对阈值进行量化，在某种程度上，这关系到信号降噪的质量，在小波变换中，对各层系数所需的阈值一般根据原始信号的信噪比来选取，亦即通过小波各层分解系数的标准差来求得。在得到信号噪声强度后，就可以确定各层的阈值。

小波变换一个最大的优点是其函数系丰富，有多种选择，不同的小波系数生成的小波会有不同的效果。图像经过小波分解后，可分为高频部分和低频部分，高频部分包含了图像的细节和混入图像中的噪声，低频部分包含了图像的轮廓。因此，对图形去噪，只需要对其高频系数进行量化处理即可。

小波变换去噪就是利用小波变换把含有噪声的图像分解到多个尺度，然后在每一个尺度下把属于噪声的小波系数去除，保留并增强属于图像信号的小波系数，最后重构出去噪后的图像。

3. Lee 滤波和增强 Lee 滤波

早在1976年，Arsenault 和 April 就证明相干斑噪声是乘性独立同分布的，可以表示为：

$$I(t)=R(t)\cdot u(t) \tag{5-40}$$

其中，$I(t)$ 表示观测值，$R(t)$ 表示理想的、不受噪声影响的图像，$u(t)$ 表示相干斑噪声。从式（5-40）中可以看出，去斑就是从受斑块噪声影响的观测值 $I(t)$ 中忠实恢复理想图像 $R(t)$。

在 Lee 滤波器中，首先将式（5-40）用一阶泰勒展开为线性模型，然后用最小均方差估计此线性模型，得到滤波公式：

$$\hat{R}(t)=I(t)W(t)+\bar{I}(t)(I-W(t)) \tag{5-41}$$

其中，$\hat{R}(t)$ 是去斑后的图像值，即式（5-40）中的 $R(t)$ 的估计值，$\bar{I}(t)$ 是去斑窗口均值，$W(t)$ 是权重函数：

$$W(t)=1-\frac{C_u^2}{C_I^2(t)} \quad (5\text{-}42)$$

C_u 和 $C_I(t)$ 分别是斑块 $u(t)$ 和图像 $I(t)$ 的标准差系数。其中：

$$C_u=\frac{\sigma_u}{\bar{u}} \quad (5\text{-}43)$$

$$C_I(t)=\frac{\sigma_I(t)}{\bar{I}(t)} \quad (5\text{-}44)$$

其中，σ_u、$\bar{u}$ 分别是斑块 $u(t)$ 的标准差和均值，$\sigma_I(t)$ 是图像 $I(t)$ 的标准差。

增强 Lee 滤波主要用来滤去 SAR 图像的斑点噪声，其数学表达式为：

$$R=\begin{cases} I & \mathrm{C_i} \leqslant \mathrm{C_u} \\ I*W+C_P*(1-W) & \mathrm{C_u}<\mathrm{C_i}<\mathrm{C_{max}} \\ C_P & \mathrm{C_i} \geqslant \mathrm{C_{max}} \end{cases} \quad (5\text{-}45)$$

其中，R 为滤波后中心像元灰度值；I 代表滤波窗口内的灰度的平均值；$\mathrm{C_u}=1/sqrt(NLOOK)$，$NLOOK$ 定义了雷达图像的视数，取值范围为[0, 100]，默认值为 1；$\mathrm{C_i}=VAR/I$，VAR 代表滤波窗口内灰度的方差；$\mathrm{C_{max}}$=sqrt(1+2/ $NLOOK$)；$\mathrm{W}=\exp(-\mathrm{DAMP}(\mathrm{C_i}-\mathrm{C_u})/(\mathrm{C_{max}}-\mathrm{C_i}))$，DAMP 定义了衰减系数，对于多数 SAR 图像来说，取 1.0 即可。

4. Frost 自适应滤波和增强 Frost 滤波

Frost 自适应滤波器执行前必须先定义平滑窗口中每个对应像元的权重值 M，如式（5-46）所示。

$$M=\exp(-A*T) \quad (5\text{-}46)$$

其中 A 为式（5-47）所示。

$$A=DAMP*(V/I^2) \quad (5\text{-}47)$$

其中，T 为平滑窗口内中心像元到其邻像元的绝对距离；DAMP 为指数衰减系数，取值范围是[0.0, 10.0]，缺省值为 1.0；V 为平滑窗口像元灰度值的方差。

经过自适应 Frost 滤波后中心的像元灰度值 R 如式（5-48）所示。

$$\mathrm{R}=\sum_{\mathrm{i}=1}^{\mathrm{n}} P_i M_i \Big/ \sum_{i=1}^{n} M_i \quad (5\text{-}48)$$

其中，P_i 为平滑窗口每个像元的灰度值，M_i 为平滑窗口每个像元对应的权重值，n 表示窗口的大小。

增强 Frost 滤波的数学公式如式（5-49）。

$$R=\begin{cases} I & \mathrm{C_i}<\mathrm{C_u} \\ Rf & \mathrm{C_u} \leqslant \mathrm{C_i} \leqslant \mathrm{C_{max}} \\ CPIXEL & \mathrm{C_i}>\mathrm{C_{max}} \end{cases} \quad (5\text{-}49)$$

其中，I 为滑动窗口内的灰度的均值，$CPIXEL$ 为滑动窗口内中心像元的灰度值，Rf 为 $\sum_{\mathrm{i}=1}^{\mathrm{n}} P_i M_i \Big/ \sum_{i=1}^{n} M_i$，$P_i$ 为平滑窗口每个像元的灰度值，M_i 为平滑窗口每个像元对应的权重值，$M=\exp(-DAMP*(C_i-C_u)/(C_{\max}-C_i)*T)$，$T$ 为平滑窗口内中心像元到其邻像元的绝对距离；DAMP 为指数衰减系数，缺省值为 1.0；$C_i = \text{sqrt(V)}/\text{I}$，$V$ 代表滤波窗口内灰度的方差；$C_u = 1/\text{sqrt}(NLOOK)$，$NLOOK$ 定义了雷达图像的视数，取值为 1；$C_{max} = \text{sqrt}(1+2/NLOOK)$。

5.3 图像锐化

在数字图像处理中，图像经转换或传输后，质量可能下降，难免有些模糊。另外，图像平滑在降低噪声的同时也造成目标的轮廓不清晰和线条不鲜明，使目标的图像特征提取、识别、跟踪等难以进行，这一点可以利用图像锐化来增强。图像锐化是数字图像处理的基本方法之一，是为了增强图像中物体的边缘及灰度跳变部分，使图像的边缘变得更加鲜明，更加有利于人眼观察和计算机提取目标物体的边界，主要体现在以下三个方面：

（1）是否能分辨出图像线条间的区别，即图像层次对景物质点的分辨或细微层次质感的精细程度。其分辨率越高，图像表现得越细致，清晰度越高。

（2）衡量线条边缘轮廓是否清晰，即图像层次轮廓边界的虚实程度，用锐度表示。其实质是指层次边界密度的变化宽度。变化宽度小，则边界清晰，反之，变化宽度大，则边界发虚。

（3）图像明暗层次间，尤其是细小层次间的明暗对比或细微反差是否清晰。获得清晰的分色片是彩色制版的主要目标，分色片的清晰度基本上决定了复制图像的质量。可以认为，如果一幅图像的清晰度（细节层次）得以充分再现，则输出的分色片质量高，图像的复制质量也高。反之，如果分色片质量低，不管最后印刷技术和设备如何，其最终印刷出的图像的质量是绝不会理想的。

图像锐化的目的有两个：一是增强图像中物体的边缘，使图像的颜色变得鲜明，改善图像的质量，生成更适合人眼观察和识别的图像；二是经过锐化处理，使目标物体的边缘更加鲜明，便于对其提取和分割，更好地进行目标分析和识别。

常用的图像锐化方法主要分为两类：一是微分法，包括一阶微分和二阶微分；二是高通滤波法。本章主要介绍常用的微分锐化方法：一阶微分法和二阶微分法。

5.3.1 一阶微分法

前面我们讲到，可以使用邻域平均法对图像滤波，达到平滑图像的目的。反之，可以利用对应的微分方法对图像进行锐化。微分运算是求信号的变化率，有加强信号高频分量的作用，使得图像轮廓更加清晰。

在数字图像处理中，一阶微分是用梯度来实现的。一幅图像可以用函数 $f(x,y)$ 来表示，则 f 在坐标(x,y)处的梯度可以定义为一个二维列向量：

$$\bar{g}(f)=\begin{bmatrix} g_x \\ g_y \end{bmatrix}=\begin{bmatrix} \dfrac{\partial f}{\partial x} \\ \dfrac{\partial f}{\partial y} \end{bmatrix} \tag{5-50}$$

该向量指出了在坐标(x,y)处 f 的最大变化率的方向，其中，$\dfrac{\partial f}{\partial x}$ 表示 $f(x,y)$ 在 x 方向的灰度变换率，$\dfrac{\partial f}{\partial y}$ 表示 $f(x,y)$ 在 y 方向的灰度变换率。$\bar{g}(f)$ 的幅度可计算如下：

$$g(f)=\sqrt{\left(\frac{\partial f}{\partial x}\right)^2+\left(\frac{\partial f}{\partial y}\right)^2} \tag{5-51}$$

由式（5-51）可知，梯度的幅度就是 $f(x,y)$ 在其最大变化率方向上的单位距离所增加的量。由于数字图像无法采用微分运算，因此一般采用差分运算来近似。式（5-52）按差分运算后的表达式为：

$$g(f)=\sqrt{[f(x,y)-f(x+1,y)]^2+[f(x,y)-f(x,y+1)]^2} \tag{5-52}$$

为了降低计算复杂度，提高运算速度，式（5-52）可采用绝对差算法近似为式（5-53）：

$$g(f)=|f(x,y)-f(x+1,y)|+|f(x,y)-f(x,y+1)| \tag{5-53}$$

这种梯度法称为水平垂直差分法。考虑到图像边缘的拓扑结构性，根据上述原理，派生出许多相关的方法，如交叉微分法、Sobel 锐化法、Priwitt 锐化法等。

1. 交叉微分法

在差分算子中，罗伯特（Robert）梯度算子是一种常用的梯度差分法，可以表示为：

$$g(f)=|f(x,y)-f(x+1,y+1)|+|f(x+1,y)-f(x,y+1)| \tag{5-54}$$

图 5-20 即为罗伯特算子的运算关系图。罗伯特算子实际上是一种交叉差分运算。在使用罗伯特算子进行锐化时，图像的最后一行和最后一列是无法计算的，此时，可以采用将前一行或前一列的梯度值近似代替的方式。

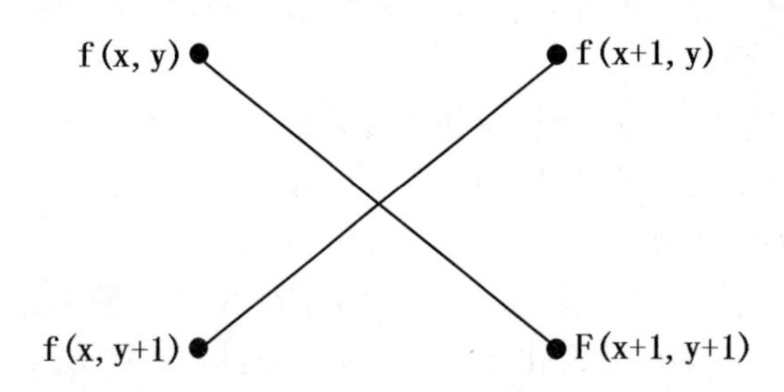

图 5-20　罗伯特算子运算图

图 5-21 显示了采用罗伯特算子对图像锐化的效果图。图像锐化后，仅留下灰度值变化较大的物体边缘点。

（a）原图像

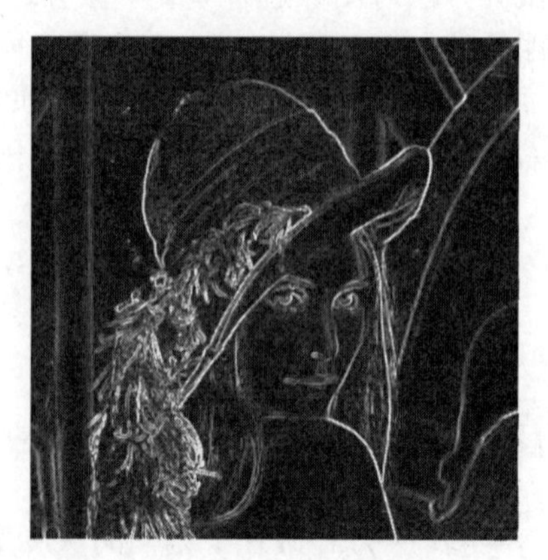

（b）锐化图像

图 5-21　罗伯特算子图像锐化效果图

2. Priwitt 锐化法

采用像素平均灰度值代替目标像素的灰度值，能够减少甚至消除噪声，Priwitt 梯度算子就是利用这个原理，采用先求平均，再求差分的方法来求梯度。Prewitt 算子是一种一阶微分算子，利用目标像素点上、下、左、右邻近像素点的灰度差在边缘处达到极值的特点进行边缘检测，再对边缘进行处理，从而达到图像锐化的目的。其原理就是在图像空间利用两个方向的模板与图像进行卷积运算。这两个方向的模板一个用于检测水平边缘，一个用于检测垂直边缘。

Priwitt 算子的水平和垂直梯度模板分别为：

$$d_x = \begin{bmatrix} -1 & 0 & 1 \\ -1 & 0 & 1 \\ -1 & 0 & 1 \end{bmatrix} \qquad d_y = \begin{bmatrix} -1 & -1 & -1 \\ 0 & 0 & 0 \\ 1 & 1 & 1 \end{bmatrix}$$

假设以 G 表示原始图像，G_x 和 G_y 分别表示经过横向和纵向边缘检测得到的图像灰度值，若一幅图像如图 5-22 所示，则 G_x 和 G_y 可表示为式（5-55）。

P_1	P_2	P_3
P_4	P_5	P_6
P_7	P_8	P_9

图 5-22　图像灰度值示例

$$\begin{aligned} G_x &= |(P_1 + P_2 + P_3) - (P_7 + P_8 + P_9)| \\ G_y &= |(P_3 + P_6 + P_9) - (P_1 + P_4 + P_7)| \end{aligned} \tag{5-55}$$

假设 $P(x,y)$ 表示图像中的边缘，则有式（5-56）。

$$P(x,y) = \max\{G_x, G_y\} \text{ 或 } P(x,y) = G_x + G_y \tag{5-56}$$

Prewitt 算子认为，在图像中，凡是灰度值大于或等于某一阈值的像素点都是边缘像素点。即选择一个适当的阈值 T，当 $P(x,y) \geqslant T$ 时，则认为 (x,y) 处的像素点为边缘像素点。但这种判断完全依赖于阈值的选取，容易造成边缘的误判，因为许多噪声点的灰度值也很大。对于灰度值较小的边缘像素点，也容易丢失。

利用水平模板和垂直模板对图像中的每个点求卷积，可求得图像在水平方向和垂直方向的梯度，再通过梯度合成和边缘点判断，就可以得到 Prewitt 运算的结果。

图 5-23 显示了采用 Prewitt 算子对图像锐化的效果图。

3. Sobel 锐化法

Sobel 算子是对当前行或当前列对应的像素灰度值加权后，再进行平均和差分，因此也称为加权平均差分。Sobel 算子的水平和垂直模板分别为：

$$S_x = \begin{bmatrix} -1 & 0 & 1 \\ -2 & 0 & 2 \\ -1 & 0 & 1 \end{bmatrix} \qquad S_y = \begin{bmatrix} 1 & 2 & 1 \\ 0 & 0 & 0 \\ -1 & -2 & -1 \end{bmatrix}$$

（a）原图像

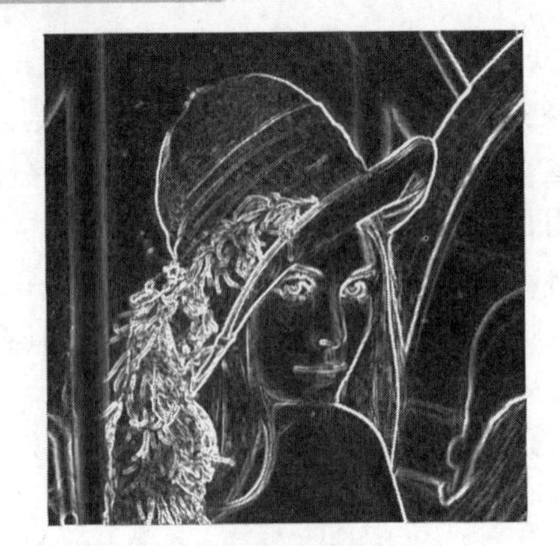

（b）锐化图像

图 5-23　Prewitt 算子图像锐化效果图

Sobel 算子包含两组 3×3 的矩阵，分别为横向和纵向，将这两组矩阵与图像做平面卷积运算，即可分别得出横向和纵向的亮度差分近似值。假设以 G 表示原始图像，G_x 和 G_y 分别表示经过横向和纵向边缘检测得到的图像灰度值，则 G_x 和 G_y 可表示如式（5-57）。

$$G_x = \begin{bmatrix} -1 & 0 & 1 \\ -2 & 0 & 2 \\ -1 & 0 & 1 \end{bmatrix} \cdot G$$
$$G_y = \begin{bmatrix} 1 & 2 & 1 \\ 0 & 0 & 0 \\ -1 & -2 & -1 \end{bmatrix} \cdot G \tag{5-57}$$

图像中的每一个像素的横向和纵向灰度值通过式（5-58）结合，计算得到该像素点的灰度值。

$$G = \sqrt{G_x^2 + G_y^2} \tag{5-58}$$

通常，为了提高计算效率，将式（5-58）近似为：

$$G = |G_x| + |G_y| \tag{5-59}$$

如图 5-22 所示的图像，使用式（5-59）进行计算，如式（5-60）所示。

$$G = |(P_1 + 2 \times P_2 + P_3) - (P_7 + 2 \times P_8 + P_9)| + |(P_3 + 2 \times P_6 + P_9) - (P_1 + 2 \times P_4 + P_7)| \tag{5-60}$$

除了上述形式外，Sobel 算子还有另外一种形式，即各向同性 Sobel 算子，其模板也有两个，一个用于检测水平边缘，一个用于检测垂直边缘。各向同性 Sobel 算子和普通的 Sobel 算子相比，它的位置加权系数更为准确，在检测不同方向的边缘时，梯度的幅度一致。将普通 Sobel 算子矩阵中的数值 2 改为 $\sqrt{2}$，就可以得到各向同性的 Sobel 矩阵。

Sobel 算子和 Prewitt 算子一样，都能够在检测图像中物体边缘点的同时抑制噪声，检测出的边缘宽度至少为两个像素。由于 Prewitt 算子和 Sobel 算子都是先求平均后求差分，在求平均时会丢失图像中的一些细节信息，使物体边缘模糊。但由于 Sobel 算子的加权作用，会使图像中物体的边缘模糊程度要略低于 Prewitt 算子。

图 5-24 显示了采用 Sobel 算子对图像锐化的效果图。经过锐化，图像中的边缘部分得到了明显增强。

（a）原图像

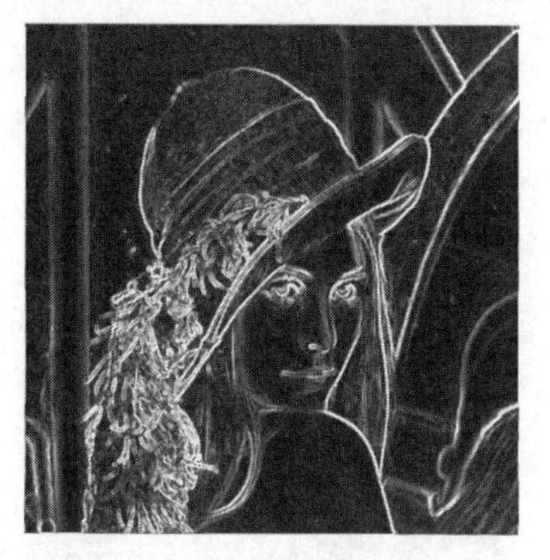

（b）锐化图像

图 5-24　Sobel 算子图像锐化效果图

5.3.2　二阶微分法

上节介绍的图像锐化方法都是利用线性一阶微分算子来实现，本节将介绍一种常用的二阶微分算子，即拉普拉斯（Laplacian）算子。拉普拉斯算子是 n 维欧几里德空间中的一个二阶微分算子，与梯度法不同，拉普拉斯算子采用的是二阶偏导数，定义如下：

$$\nabla^2 f = \frac{\partial^2 f}{\partial x^2} + \frac{\partial^2 f}{\partial y^2} \tag{5-61}$$

拉普拉斯算子也是一个线性算子，对于数字图像，在某个像素点(x, y)处的拉普拉斯算子可采用差分形式来表示，如下：

$$\begin{aligned} \frac{\partial^2 f}{\partial x^2} &= f(x+1, y) + f(x-1, y) - 2f(x, y) \\ \frac{\partial^2 f}{\partial y^2} &= f(x, y+1) + f(x, y-1) - 2f(x, y) \\ \nabla^2 f &= f(x+1, y) + f(x-1, y) + f(x, y+1) + f(x, y-1) - 4f(x, y) \end{aligned} \tag{5-62}$$

拉普拉斯算子存在很多变种，根据不同的需要可以选择不同的模板。其中比较常见的模板如图 5-25 所示，其中（a）为拉普拉斯运算模板，（b）为拉普拉斯运算扩展模板，（c）和（d）是其他两种拉普拉斯模板。

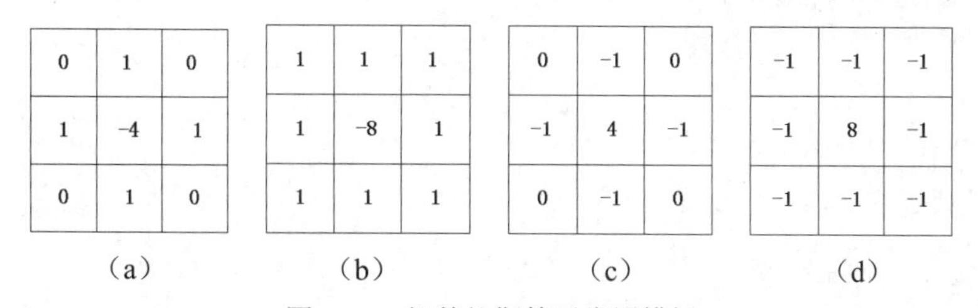

0	1	0
1	−4	1
0	1	0

（a）

1	1	1
1	−8	1
1	1	1

（b）

0	−1	0
−1	4	−1
0	−1	0

（c）

−1	−1	−1
−1	8	−1
−1	−1	−1

（d）

图 5-25　拉普拉斯算子常用模板

图 5-26 显示了采用拉普拉斯算子对图像锐化的效果图。经过锐化之后，图中人物的脸部轮廓和人物帽子的羽毛装饰部分都变得更加分明。

从一阶微分法和二阶微分法对图像锐化的效果图可以看出，两者的锐化效果有以下几点区别：

（1）一阶微分法通常会产生较宽的边缘，二阶微分法产生的边缘则较细。

（2）一阶微分法对图像中的灰度阶梯有较强的响应，而二阶微分法对图像中的细节有较强的响应，例如图像中的细线和孤立点等。

（3）二阶微分法在图像中灰度值变化相似时，对线的响应强于对梯度的响应，对点的响应强于对线的响应。

（a）原图像

（b）锐化图像

图 5-26　拉普拉斯算子图像锐化效果图

在实际应用中，二阶微分法比一阶微分法效果要好，因为其形成细节的能力更强，而一阶微分法在提取图像中物体的边缘方面应用较多。

5.4　OpenCV 实现

5.4.1　图像对比度和亮度的调整

图像对比度和亮度是最基本的图像属性，下面这个示例使用 OpenCV3 实现了对一幅图像的对比度和亮度的实时动态调整。

```
#include "stdafx.h"
#include <opencv2/core/core.hpp>
#include <opencv2/highgui/highgui.hpp>
#include <opencv2/imgproc/imgproc.hpp>
#include <iostream>

using namespace std;
using namespace cv;

const string trackName = "track";
int contrastValue;  //对比度值
int brightValue;    //亮度值
Mat srcImage;
Mat dstImage;

void trackbarCallback(int pos, void* data)
{
    //执行运算 g_dstImage(i,j) =a*g_srcImage(i,j) + b
    for (int y = 0; y < srcImage.rows; y++) {
        for (int x = 0; x < srcImage.cols; x++) {
```

```
                for (int c = 0; c < 3; c++) {
                    dstImage.at<Vec3b>(y, x)[c] = saturate_cast<uchar>((contrastValue*0.01)*(srcImage.at<Vec3b>
                    (y, x)[c]) + brightValue);
                }
            }
        }

        //显示图像
        imshow("srcImage", srcImage);
        imshow("dstImage", dstImage);
}

void contrastBrightImage()
{
        srcImage = imread("baboon_color.bmp");                       //读取图像
        dstImage = Mat::zeros(srcImage.size(), srcImage.type());     //按照图像的尺寸和类型初始化图像 2
        contrastValue = 60;                  //设置对比度初始值
        brightValue = 60;                    //设置亮度初始值
        namedWindow("srcImage", 1);  //创建两个窗口用来对比图像
        namedWindow("dstImage", 1);
        //创建滑条
        createTrackbar("Contrast", "dstImage", &contrastValue, 300, trackbarCallback);
        createTrackbar("Bright", "dstImage", &brightValue, 300, trackbarCallback);

        trackbarCallback(0, 0);
}

int main(int argc, char *argv[])
{
        contrastBrightImage();

        while (1) {
            waitKey(10);
        }

        return 0;
}
```

本例程首先使用 createTrackbar 函数创建了两个滑动条。通过滑动条可以设置对比度和亮度，并分别赋值给变量 contrastValue 和 brightValue。在 createTrackbar 函数中设置了一个回调函数 trackbarCallback()，该函数用于响应当滑动条调整后对图像的改变。不同的对比度和亮度对图像的影响在 trackbarCallback()函数中实现。

回调函数是指一个通过函数指针调用的函数。如果你把函数的指针（地址）作为参数传递给另一个函数，当这个指针被用来调用其所指向的函数时，我们就说这是回调函数。回调函数不是由该函数的实现方直接调用，而是在特定的事件或条件发生时由另外的一方调用，用于对该事件或条件进行响应。大家可以运行一下例程，体会回调函数在本例程中的作用。例程运行的原始图像和运行结果如图 5-27 所示。

例程中，对比度和亮度的调整实际只有一条语句：

```
dstImage.at<Vec3b>(y, x)[c] = saturate_cast<uchar>((contrastValue*0.01)*(srcImage.at<Vec3b>(y, x)[c]) + brightValue);
```

该语句是通过直接访问图像像素值，并对其根据滑动条返回的数值进行重新赋值，从而实现对比度和亮度的调整，结合对比度和亮度的定义，大家可以体会该语句的作用。

（a）原始图像　　　　（b）图像对比度和亮度调整

图 5-27　图像对比度和亮度调整示意图

5.4.2　直方图均衡化

直方图均衡化在前面已经详细介绍过原理，在这里通过例程具体介绍一下彩色图像的直方图均衡化实现。

```
#include "stdafx.h"
#include <opencv2/highgui/highgui.hpp>
#include <opencv2/imgproc/imgproc.hpp>
#include <iostream>

using namespace cv;

int main(int argc, char *argv[])
{
        Mat image = imread("baboon_color.bmp", 1);

        imshow("srcImage", image);
        Mat imageRGB[3];
        split(image, imageRGB);
        for (int i = 0; i < 3; i++)
        {
                equalizeHist(imageRGB[i], imageRGB[i]);
        }
        merge(imageRGB, 3, image);
        imshow("直方图均衡化图像增强效果", image);
        waitKey();
        return 0;
}
```

在 OpenCV 中，使用 equalizeHist 函数实现图像的直方图均衡化。由于该函数只能处理单通道图像，因此，如果处理的对象是彩色图像，则需要先把彩色图像按通道分离成单通道图像，再对每个单通道图像进行直方图均衡化，均衡化后，再把各个单通道图像合并成彩色图像。

彩色图像分离成单通道图像使用的语句如下：

```
split(image, imageRGB);
```

该语句已经在例程 4-6 中介绍过。

直方图均衡化使用 equalizeHist 函数来实现，函数原型如下：

```
void equalizeHist(InputArray src, OutputArray dst);
```

该函数参数只有两个，src 表示原始单通道图像，dst 表示处理后的结果。

程序运行后原图与处理图显示如图 5-28 所示。

（a）原始图像

（b）图像直方图均衡化处理

图 5-28　图像直方图均衡化示意图

5.4.3　预定义伪彩色增强

通过伪彩色增强处理将黑白图像转换为彩色图像后，人眼可以提取更多的信息量。因此，伪彩色增强处理的被处理对象是黑白图像，处理的结果为彩色图像。在这里我们引入两种伪彩色处理方式，一种是 OpenCV3 预定义的伪彩色增强，一种是自定义伪彩色处理。applyColorMap()是使用 OpenCV 预定义的 colormap，将灰度图映射成彩色图像。OpenCV 中提供了 12 个预定义的 colormap，保留字分别是 COLORMAP_AUTUMN、COLORMAP_BONE、COLORMAP_JET、COLORMAP_WINTER、COLORMAP_RAINBOW、COLORMAP_OCEAN、COLORMAP_SUMMER、COLORMAP_SPRING、COLORMAP_COOL、COLORMAP_HSV、COLORMAP_PINK、COLORMAP_HOT。利用 OpenCV 提供的函数可以快速实现图像的伪彩色处理。

例程代码如下：

```
#include "stdafx.h"
#include <opencv2/highgui/highgui.hpp>
#include <opencv2/imgproc/imgproc.hpp>
#include <iostream>

using namespace cv;

int main(int argc, char *argv[])
{
    Mat image = imread("peppers_gray.bmp", 1);

    imshow("srcImage", image);
    Mat imageColor[12];
    for (int i=0; i<12; i++)
    {
        applyColorMap(image, imageColor[i], i);
        imshow("dstImage", imageColor[i]);
```

```
        waitKey();
    }
    return 0;
}
```

applyColorMap()函数原型如下：

```
void applyColorMap(InputArray src, OutputArray dst, int colormap);
```

参数 src 为单通道灰度图像，dst 为伪彩色处理后的彩色图像，colormap 为预设的 12 种伪彩色方法，可以使用保留字，也可以使用整数[0,11]表示。

执行效果如图 5-29 所示。

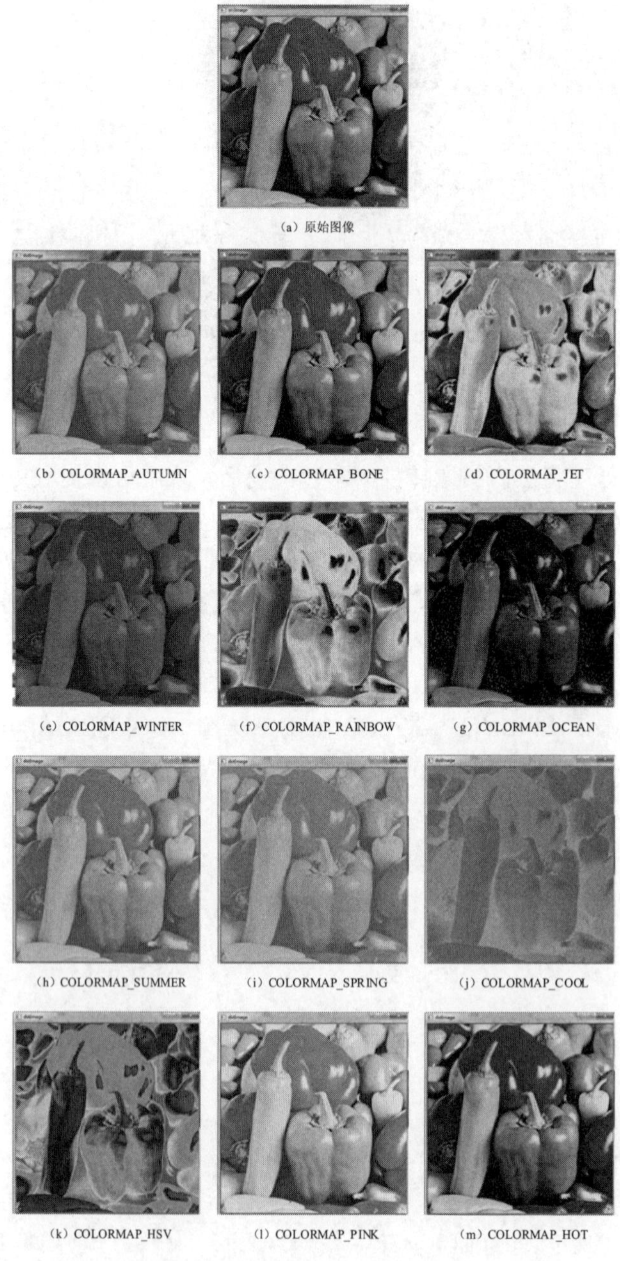

（a）原始图像

（b）COLORMAP_AUTUMN　（c）COLORMAP_BONE　（d）COLORMAP_JET

（e）COLORMAP_WINTER　（f）COLORMAP_RAINBOW　（g）COLORMAP_OCEAN

（h）COLORMAP_SUMMER　（i）COLORMAP_SPRING　（j）COLORMAP_COOL

（k）COLORMAP_HSV　（l）COLORMAP_PINK　（m）COLORMAP_HOT

图 5-29　图像伪彩色处理示意图

5.4.4 自定义伪彩色增强——三通道图像处理

上一节的例子使用的伪彩色对应的方案是预先定义好的，如果需要自己定义颜色对照替换，可以设计一张查找表，通过查找表对照像素的灰度值和彩色值来实现，具体请见示例。

```
#include "stdafx.h"
#include <opencv2/highgui/highgui.hpp>
#include <opencv2/imgproc/imgproc.hpp>
#include <iostream>

using namespace cv;

void CreateLookupTable(Mat& table)
{
        table.create(1, 256, CV_8UC3);

        uchar *p = table.data;

        for (int j = 0; j < 42; j++)
        {
                p[3 * j + 0] = 255-j*6;
                p[3 * j + 1] = 0;
                p[3 * j + 2] = 255;
        }
        for (int j = 43; j < 85; j++)
        {
                p[3 * j + 0] = 0;
                p[3 * j + 1] = 6*(j-43);
                p[3 * j + 2] = 255;
        }
        for (int j = 86; j < 127; j++)
        {
                p[3 * j + 0] = 0;
                p[3 * j + 1] = 255;
                p[3 * j + 2] = 255 - (j - 86) * 6;
        }
        for (int j = 128; j < 170; j++)
        {
                p[3 * j + 0] = 6*(j-128);
                p[3 * j + 1] = 255;
                p[3 * j + 2] = 0;
        }
        for (int j = 171; j < 213; j++)
        {
                p[3 * j + 0] = 255;
                p[3 * j + 1] = 255-6*(j-171);
                p[3 * j + 2] = 0;
        }
        for (int j = 214; j < 255; j++)
        {
                p[3 * j + 0] = 255;
```

```
            p[3 * j + 1] = 0;
            p[3 * j + 2] = 6*(j-214);
        }
    }

int main(int argc, char *argv[])
{
    Mat table;                //定义查找表
    Mat src = imread("peppers_gray.bmp", 1);
    Mat dst;
    imshow("srcImage", src);
    CreateLookupTable(table);
    LUT(src, table, dst);
    imshow("dstImage", dst);
    waitKey();
    return 0;
}
```

OpenCV3 中 LUT 函数的原型如下：

```
void LUT(InputArray src, InputArray lut, OutputArray dst);
```

src 表示的是输入图像（可以是单通道也可以是三通道），通过 LUT 函数表示查找表。查找表可以是单通道也可以是三通道，如果输入图像为单通道，那么查找表必须为单通道；若输入图像为三通道，查找表可以为单通道也可以为三通道，若为单通道则表示对图像的三个通道都应用这个表，若为三通道则分别应用。dst 表示输出图像。子函数 CreateLookupTable 用来生成查找表。

在对单通道图像进行伪彩色增强时，需要把单通道图像转换为三通道图像，每个通道里的图像像素值均相同。图像伪彩色处理示意图如图 5-30 所示。

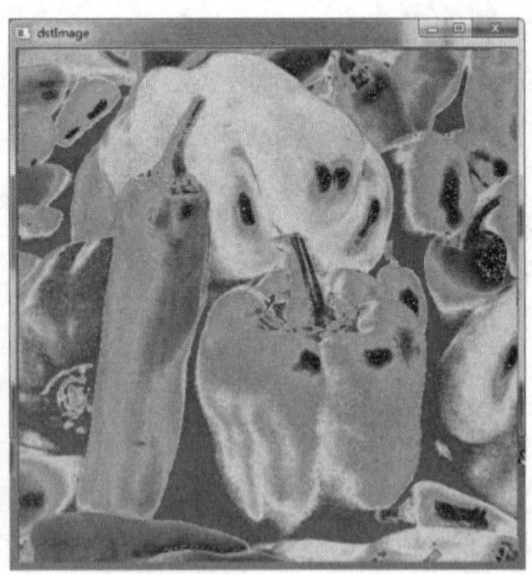

图 5-30　图像伪彩色处理示意图

5.4.5　自定义伪彩色增强——单通道图像处理

LUT 函数也可以作为灰度图像的灰度值降维来使用。例如设计一个映射表，把 256 级灰度图里在[0,85)范围的像素都重新赋值为 43，在[85,170)范围内的像素都重新赋值为 127，在[170,255) 范围内的像素都重新赋值为 213，这样就可以把 256 级灰度图像降维为 3 级灰度图像，具体代码实现如下：

```
#include "stdafx.h"
```

```
#include <opencv2/highgui/highgui.hpp>
#include <opencv2/imgproc/imgproc.hpp>
#include <iostream>

using namespace cv;

void CreateLookupTable(Mat& table)
{
        table.create(1, 256, CV_8UC1);

        uchar *p = table.data;

        for (int j = 0; j < 85; j++)
        {
                p[j] = 43;
        }
        for (int j = 85; j < 170; j++)
        {
                p[j] = 127;
        }
        for (int j = 170; j < 255; j++)
        {
                p[j] = 213;
        }
}

int main(int argc, char *argv[])
{
        Mat table;                        //定义查找表
        Mat src = imread("peppers_gray.bmp", IMREAD_GRAYSCALE);
        Mat dst;
        imshow("srcImage", src);
        CreateLookupTable(table);
        LUT(src, table, dst);
        imshow("dstImage", dst);
        waitKey();
        return 0;
}
```

程序运行结果如图 5-31 所示。

图 5-31　图像单通道降维处理示意图

5.4.6 图像去噪

采用滤波器可以实现图像去噪，在本例中，我们通过实现 4 种滤波器：方框滤波、均值滤波、高斯滤波和中值滤波来对椒盐噪声图像进行处理，并比较它们之间的效果。

在本例程中，我们增加了自定义函数 addSaltNoise 用于在指定图像中加入椒盐噪声。通过使用滚动条和回调函数来观察不同参数情况下各滤波器的效果。

在主函数中，通过增加语句 if (g_srcImage.empty())来增加程序的容错性，用于判断原始图像是否被正确读入内存。

```
#include "stdafx.h"
#include <opencv2/highgui/highgui.hpp>
#include <opencv2/imgproc/imgproc.hpp>
#include <iostream>

using namespace cv;
//全局变量声明
Mat g_srcImage, g_dstImage1, g_dstImage2, g_dstImage3, g_dstImage4;        //存储图像的 Mat 类型
int g_nBoxFilterPara = 5;          //方框滤波参数值
int g_nMeanBlurPara = 5;           //均值滤波参数值
int g_nGaussianBlurPara = 5;       //高斯滤波参数值
int g_nMedianBlurPara = 5;         //中值滤波参数值

//全局函数声明回调函数
static void boxFilterCallback(int, void *);              //方框滤波
static void meanBlurCallback(int, void *);               //均值滤波
static void gaussianBlurCallback(int, void *);           //高斯滤波
static void medianBlurCallback(int, void *);             //中值滤波

Mat addSaltNoise(const Mat srcImage, int n)              //加椒盐噪声
{
	Mat resultIamge = srcImage.clone();
	for (int k = 0; k<n; k++)
	{
		//随机取值行列
		int i = rand() % resultIamge.cols;
		int j = rand() % resultIamge.rows;
		//图像通道判定
		if (resultIamge.channels() == 1)
		{
			resultIamge.at<uchar>(j, i) = 255;
		}
		else
		{
			resultIamge.at<Vec3b>(j, i)[0] = 255;
			resultIamge.at<Vec3b>(j, i)[1] = 255;
			resultIamge.at<Vec3b>(j, i)[2] = 255;
		}
	}
	return resultIamge;
}
int main(int argc, char *argv[])
{
```

```
    //载入原图
     Mat srcImage = imread("peppers_gray.bmp", 1);
     g_srcImage = addSaltNoise(srcImage, 5000);
    if (g_srcImage.empty())
    {
            printf("srcImage 错误！ \n");
            return false;
    }

    //克隆原图到4个Mat类型中
    g_dstImage1 = g_srcImage.clone();
    g_dstImage2 = g_srcImage.clone();
    g_dstImage3 = g_srcImage.clone();
    g_dstImage4 = g_srcImage.clone();

    //显示原图
    namedWindow("src", 1);
    imshow("src", srcImage);

    //显示噪声图
    namedWindow("srcAddNoise", 1);
    imshow("srcAddNoise", g_srcImage);

    //方框滤波
    namedWindow("dstBoxFilter", 1);
    //创建轨迹条
    createTrackbar("Kernal Parameter：", "dstBoxFilter", &g_nBoxFilterPara, 40, boxFilterCallback);
    boxFilterCallback(g_nBoxFilterPara, 0);
    imshow("dstBoxFilter", g_dstImage1);

    //均值滤波
    namedWindow("dstMeanBlue", 1);
    createTrackbar("Kernal Parameter：", "dstMeanBlue", &g_nMeanBlurPara, 40, meanBlurCallback);
    meanBlurCallback(g_nMeanBlurPara, 0);

    //高斯滤波
    namedWindow("dstGaussianBlue", 1);
    createTrackbar("Kernal Parameter：", "dstGaussianBlue", &g_nGaussianBlurPara, 40, gaussianBlurCallback);
    gaussianBlurCallback(g_nGaussianBlurPara, 0);

    //中值滤波
    namedWindow("dstMedianBlur", 1);
    createTrackbar("Kernal Parameter：", "dstMedianBlur", &g_nMedianBlurPara, 40, medianBlurCallback);
    medianBlurCallback(g_nMedianBlurPara, 0);


    while (1)
    {
            waitKey(10);
    }

}

            //方框滤波操作的回调函数
            static void boxFilterCallback(int, void *)
```

```
{
    //方框滤波操作
    boxFilter(g_srcImage, g_dstImage1, -1, Size(g_nBoxFilterPara + 1, g_nBoxFilterPara + 1), Point(-1, -1), false,
    BORDER_DEFAULT);
    //显示窗口
    imshow("dstBoxFilter", g_dstImage1);
}

//均值滤波操作的回调函数
static void meanBlurCallback(int, void *)
{
    //均值滤波操作
    blur(g_srcImage, g_dstImage2, Size(g_nMeanBlurPara + 1, g_nMeanBlurPara + 1), Point(-1, -1));
    //显示窗口
    imshow("dstMeanBlue", g_dstImage2);
}

//高斯滤波操作的回调函数
static void gaussianBlurCallback(int, void *)
{
    //高斯滤波操作
    GaussianBlur(g_srcImage, g_dstImage3, Size(g_nGaussianBlurPara * 2 + 1, g_nGaussianBlurPara * 2 + 1), 0, 0);
    //显示窗口
    imshow("dstGaussianBlue", g_dstImage3);
}

//中值滤波操作的回调函数
static void medianBlurCallback(int, void *)
{
    //中值滤波操作
    medianBlur(g_srcImage, g_dstImage4, g_nMedianBlurPara);
    //显示窗口
    imshow("dstMedianBlur", g_dstImage4);
}
```

方框滤波与均值滤波本质上是一样的。方框滤波相当于在求卷积核所对应视野域输入图像像素的 sum，均值滤波则是求均值 sum/(k_size*ke_size)，其中 k_size 是卷积核（或者说是滤波器）边长。

方框滤波函数原型如下：

```
void boxFilter( InputArray src, OutputArray dst, int ddepth,
                Size ksize, Point anchor = Point(-1,-1),
                bool normalize = true,
                int borderType = BORDER_DEFAULT )
```

方框滤波中 normalize 参数默认为 True 的情况下，方波滤波就是均值滤波。

均值滤波函数原型如下：

```
void blur( InputArray src, OutputArray dst,
                Size ksize, Point anchor = Point(-1,-1),
                int borderType = BORDER_DEFAULT );
```

高斯滤波函数原型如下：

```
void GaussianBlur( InputArray src, OutputArray dst, Size ksize,
                double sigmaX, double sigmaY = 0,
                int borderType = BORDER_DEFAULT );
```

中值滤波函数原型如下：

```
void medianBlur( InputArray src, OutputArray dst, int ksize );
```

在核参数为 5 的情况下，针对椒盐噪声，中值滤波的效果是比较好的。

OpenCV 还提供了另一种滤波器，即双边滤波器（bilateralFilter），双边滤波是一种非线性的滤波方法，是结合图像的空间邻近度和像素值相似度的一种折中处理，同时考虑空间与信息和灰度相似性，达到保边去噪的目的，具有简单、非迭代、局部处理的特点。之所以能够达到保边去噪的滤波效果是因为滤波器由两个函数构成：一个函数是由几何空间距离决定滤波器系数，另一个是由像素差值决定滤波器系数。

双边滤波器函数原型如下：

```
void bilateralFilter(InputArray src, OutputArray dst, int d, double sigmaColor, double sigmaSpace, int borderType=BORDER_DEFAULT );
```

双边滤波器可以很好地保存图像边缘细节而滤除掉低频分量的噪音，但是双边滤波器的效率不是太高，花费的时间相较于其他滤波器而言也比较长。

程序运行的结果如图 5-32 所示。

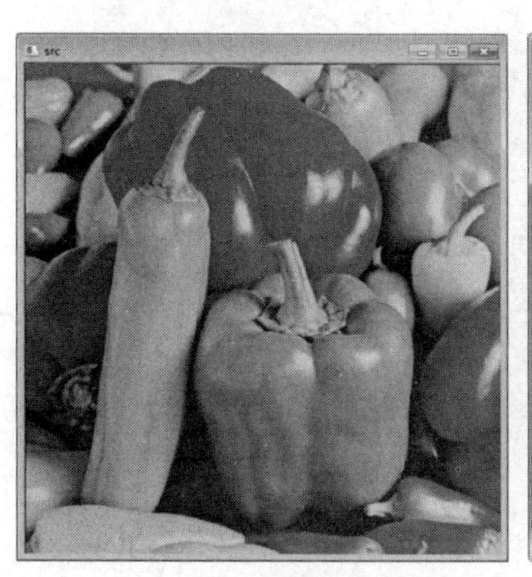

（a）原始图像

（b）加噪图像

（c）方框滤波

（d）均值滤波

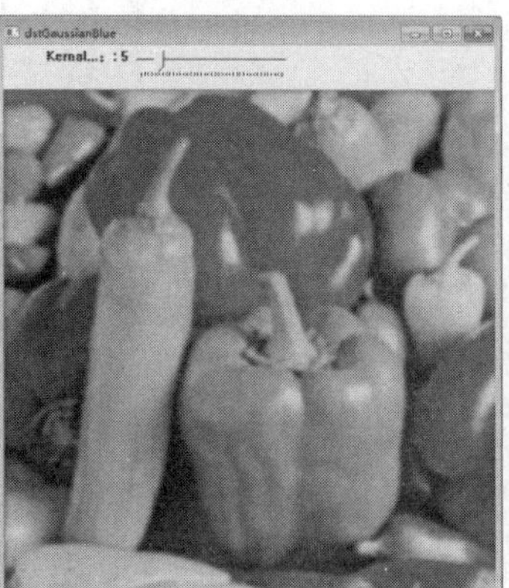

（e）高斯滤波

（f）中值滤波

图 5-32　图像滤波去噪处理示意图

5.4.7　图像锐化——Sobel 算子

典型的二阶锐化算子是 Sobel 算子，在应用场景中，更多的情况下我们使用 Sobel 算子实现图像的边缘检测。

具体实现例程代码如下：

```
#include "stdafx.h"
#include "opencv2/imgproc.hpp"
#include "opencv2/highgui.hpp"

using namespace cv;

int main(int, char** argv)
{
        Mat src;
        Mat grad;
        int scale = 1;
        int delta = 0;
        int ddepth = CV_16S;

        src = imread("lena_gray.bmp", IMREAD_GRAYSCALE);

        if (src.empty())
        {
                return -1;
        }

        Mat grad_x, grad_y;
        Mat abs_grad_x, abs_grad_y;

        Sobel(src, grad_x, ddepth, 1, 0, 3, scale, delta, BORDER_DEFAULT);
        Sobel(src, grad_y, ddepth, 0, 1, 3, scale, delta, BORDER_DEFAULT);
        convertScaleAbs(grad_x, abs_grad_x);
        convertScaleAbs(grad_y, abs_grad_y);
        addWeighted(abs_grad_x, 0.5, abs_grad_y, 0.5, 0, grad);

        imshow("srcImage", src);
        imshow("dstImage", grad);
        waitKey(0);

        return 0;
}
```

Sobel 函数原型如下：

```
void Sobel( InputArray src, OutputArray dst, int ddepth,
                int dx, int dy, int ksize = 3,
                double scale = 1, double delta = 0,
        int borderType = BORDER_DEFAULT );
```

在 Sobel 函数中，src 表示输入图像，dst 表示输出图像，这两个图像都为单通道图像；ddepth 表示输出图像的深度；dx 表示在 x 方向上求导的阶数；dy 表示在 y 方向上求导的阶数；ksize 是 Sobel 算子的大小，必须为 1、3、5、7；scale 是缩放导数的比例常数，默认情况下没有伸缩系数；delta 是一个可选的增量，将会加到最终的 dst 中，同样，默认情况下没有额外的值加到 dst 中；borderType 是判断图像边界的模式，这个参数默认值为 cv2.BORDER_DEFAULT。

在以往的例子中，imread 函数中的第 2 个参数都是 1，表示该函数读取目标图像为彩色图像。在本例中，我们使用了 IMREAD_GRAYSCALE 参数，表示该函数读取目标图像为灰度图像。表 5-2 所示为 imread 第 2 个参数的取值和含义。

表 5-2 imread 参数

参数保留字	参数值	含义
IMREAD_UNCHANGED	-1	不进行转化
IMREAD_GRAYSCALE	0	转化为灰度图
IMREAD_COLOR	1	转化为三通道彩色图像
IMREAD_ANYDEPTH	2	若载入图像的深度为 16 或 32 位就返回对应深度的图像，否则将图像转换为 8 位图像
IMREAD_ANYCOLOR	4	图像被读取为任意可能的彩色格式
IMREAD_LOAD_GDAL	8	使用文件格式驱动加载图像
IMREAD_REDUCED_GRAYSCALE_2	16	转换图像为单通道图像，并且图像尺寸减小一半
IMREAD_REDUCED_COLOR_2	17	转换图像为三通道 BGR 图像，并且图像尺寸减小一半
IMREAD_REDUCED_GRAYSCALE_4	32	转换图像为单通道图像，并且图像尺寸减小 1/4
IMREAD_REDUCED_COLOR_4	33	转换图像为三通道 BGR 图像，并且图像尺寸减小 1/4
IMREAD_REDUCED_GRAYSCALE_8	64	转换图像为单通道图像，并且图像尺寸减小 1/8
IMREAD_REDUCED_COLORSCALE_8	65	转换图像为三通道 BGR 图像，并且图像尺寸减小 1/8

代码中还涉及一个 convertScaleAbs 函数，这个函数是对矩阵进行操作，作用是先缩放元素再取绝对值，最后转换格式为 8bit 型。该函数原型如下：

```
void convertScaleAbs(InputArray src, OutputArray dst,double alpha = 1,double beta = 0);
```

src 和 dst 分别为原图像和目标图像；alpha 表示缩放因子，是对原图像中的像素值进行缩放的倍数；beta 是在像素值缩放后的加项。

addWeighted 函数已在前面介绍过，通过它我们把沿 x 方向的 sobel 图像和沿 y 方向的 sobel 图像合并。程序运行结果如图 5-33 所示。

（a）原始图像

（b）Sobel 算子处理图像

图 5-33 图像 Sobel 算子处理示意图

5.4.8 图像锐化——Laplacian 算子

计算图像的 Laplacian 变换可直接使用 Laplacian 函数，函数原型如下：

```
void Laplacian( InputArray src, OutputArray dst, int ddepth,
                                          int ksize = 1, double scale = 1, double delta = 0,
                                          int borderType = BORDER_DEFAULT );
```

函数原型里各参数含义与 Sobel 函数各参数含义相同，为了让效果更明显，我们在程序里把 ksize 参数设为 3，该程序代码实现比较简单，这里不再详细叙述。具体程序代码如下：

```
#include "stdafx.h"
#include "opencv2/imgproc.hpp"
#include "opencv2/highgui.hpp"

using namespace cv;

int main(int, char** argv)
{
        Mat src;
        Mat dst;

        src = imread("lena_color.bmp", 1);

        if (src.empty())
        {
                return -1;
        }

        Laplacian(src, dst, 0,3);

        imshow("srcImage", src);
        imshow("dstImage", dst);
        waitKey(0);

        return 0;
}
```

程序运行结果如图 5-34 所示。

（a）原始图像

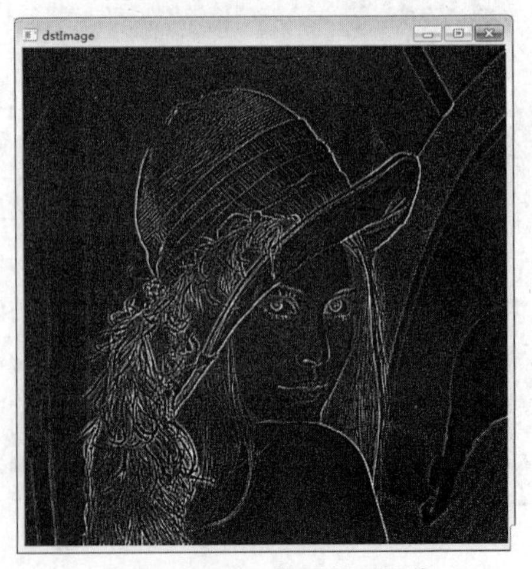

（b）Laplacian 算子处理图像

图 5-34　图像 Laplacian 算子处理示意图

5.4.9　图像锐化——自定义 Laplacian 算子

在上面的滤波器和图像增强的例子中，都是使用 OpenCV 自带的函数实现的，在实际情况下，有的时候需要我们设计特殊的算子和图像卷积计算，本例程通过自定义拉普拉斯算子来演示如何自定义一个算子与图像进行卷积运算。

程序具体代码如下：

```
#include "stdafx.h"
#include "opencv2/imgproc.hpp"
#include "opencv2/highgui.hpp"

using namespace cv;

int main(int, char** argv)
{
	Mat src;
	Mat dst;

	src = imread("lena_color.bmp", 1);

	if (src.empty())
	{
		return -1;
	}

	Mat kernel = (Mat_<float>(3, 3) << 0, -1, 0, -1, 5, -1, 0, -1, 0);
	//Mat kernel = (Mat_<float>(3, 3) << 0, 1, 0, 1, -4, 1, 0, 1, 0);
	filter2D(src, dst, CV_8UC3, kernel);

	imshow("srcImage", src);
	imshow("dstImage", dst);
	waitKey(0);

	return 0;
}
```

程序执行结果如图 5-35 所示。

（a）原始图像

（b）自定义 Laplacian 算子处理图像

图 5-35　图像自定义 Laplacian 算子处理示意图

从结果来看，设置不同的核函数进行图像卷积会产生截然不同的处理结果。可以通过设置 kernel 定义不同的核函数，大家可以把例程中已注释掉的核函数替换一下来查看不同的效果。

第 6 章　数字图像分割

对图像进行处理的目的是产生更适合人或计算机识别的图像，而其中关键的一步就是对包含大量而多样信息的图像进行分割。所谓图像分割就是按照一定的规则将一幅图像或者景物分成若干子集的过程。相对于整幅图像来说，这种分割后的小区域更容易被人或者计算机快速识别和处理。而分割的依据就是图像的特征，图像的特征指图像中用作标志的属性，分为图像统计特征和视觉特征两类。不同种类的图像、不同的应用所要求提取的特征各不相同，所以特征提取的方法有很多种。目前已经提出的图像分割方法有很多，从分割依据上来划分，分为相似性分割和非连续性分割。所谓相似性分割是将具有同一灰度级或者相同本质结构的像素凝聚到一起，形成图像中的不同区域，也称为基于区域的分割；而非连续性分割是首先检测局部不连续性，再将其连接起来形成边界，通过这些边界将图像分割成不同的区域，也称为基于点的分割技术。

6.1　基于边缘检测的图像分割

图像的边缘是图像最基本的特征。所谓边缘就是指周围像素灰度有跳跃变化的那些像素的集合，例如物体与背景之间、物体与物体之间。边缘是图像分割依赖的重要特征。

图像的边缘对人的视觉具有重要的意义，一般而言，当人们看一个有边缘的物体时，首先感觉到的便是边缘。灰度或结构等信息的突变处称为边缘。边缘是一个区域的结束，也是另一个区域的开始，利用该特征可以分割图像。需要指出的是，检测出的边缘并不等同于实际目标的真实边缘。由于图像数据是二维的，而实际物体是三维的，从三维到二维的投影必然会造成信息的丢失，再加上成像过程中的光照不均和噪声等因素的影响，使得有边缘的地方不一定能被检测出来，而检测出的边缘也不一定代表实际边缘。图像的边缘有方向和幅度两个属性，沿边缘方向像素变化平缓，垂直于边缘方向像素变化剧烈。边缘上的这种变化可以用微分算子检测出来，所以通常用一阶或二阶导数来检测边缘，不同的是一阶导数认为最大值对应边缘位置，而二阶导数则以过零点对应边缘位置，如图 6-1 所示。

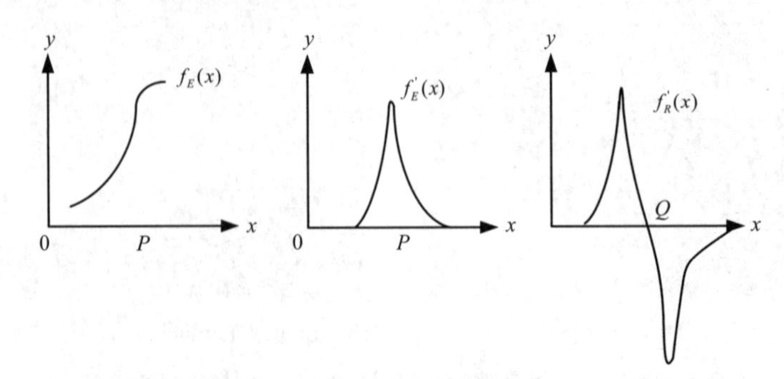

（a）像素值变化函数图像　（b）一阶导数图像　（c）二阶导数图像

图 6-1　边缘检测的一阶导数和二阶导数

从感官上来说，物体的边缘就是灰度的突变、颜色的突变以及纹理结构的突变等，是以图像局部特性的不连续性的形式出现的，边缘意味着一个区域的结束和另一个区域的开始。图像边缘在人和计算机进行图像识别时都十分重要，是图形识别中一个重要的属性。而通过检测边缘来进行图像分割是常用的图像分割方法之一。

6.1.1 基本原理

物体的边缘是由灰度的不连续性引起的。经典的边缘提取方法就是比较图像的每个像素的某个邻域内灰度的变化，利用边缘邻近的一阶或者二阶导数变化规律，用简单的方法检测边缘，这种方法称为边缘检测局部算子法。

例如，一幅图像的灰度分布如图 6-2 所示。

$$\begin{bmatrix} 255 & 254 & 253 & 255 & 2 & 2 & 0 & 1 \\ 253 & 252 & 255 & 255 & 2 & 1 & 1 & 0 \\ 254 & 253 & 252 & 255 & 1 & 0 & 2 & 3 \\ 255 & 254 & 255 & 255 & 2 & 1 & 0 & 1 \end{bmatrix}$$

图 6-2 图像灰度分布示例

可以看出，图像左边亮，右边暗，中间存在一条明显的边界。利用检测算子可以方便地实现边缘检测。基于一阶导数和二阶导数的边缘检测常用算子有 Sobel 算子、拉普拉斯算子等。Canny 算子是另外一类边缘检测算子，它不是通过微分算子检测边缘，而是在满足一定的约束条件下推导出的边缘检测最优化算子。

6.1.2 Sobel 算子

Sobel 算子在边缘检测中应用十分广泛，是一种一阶微分算子，常用的形式有两个，一个是检测水平边缘的$\begin{bmatrix} -1 & -2 & -1 \\ 0 & 0 & 0 \\ 1 & 2 & 1 \end{bmatrix}$，另一个是检测垂直边缘的$\begin{bmatrix} -1 & 0 & 1 \\ -2 & 0 & 2 \\ -1 & 0 & 1 \end{bmatrix}$。

关于 Sobel 算子的应用，我们以上面的图像灰度分布（图 6-2）为例来分析边缘检测的过程。

首先来看垂直检测边缘的过程，Sobel 算子$\begin{bmatrix} -1 & 0 & 1 \\ -2 & 0 & 2 \\ -1 & 0 & 1 \end{bmatrix}$中心（最中间那个 0）沿着图像从一个像素垂直移到另一个像素，在每一个位置上，把处在算子内的图像的每一个点的值乘以算子上对应的数字，然后把结果相加，得到如下数据：

$$\begin{bmatrix} m & m & m & m & m & m & m & m \\ m & 0 & 9 & 1008 & 1016 & -3 & 0 & m \\ m & -2 & 8 & 1008 & 1018 & -1 & 5 & m \\ m & m & m & m & m & m & m & m \end{bmatrix}$$

其中的 m 表示由于计算该点的值需要其左右（上下）边的点的灰度值，而现有数据无法实现，因此暂时用 m 表示。从结果可以看出纵向有两列数据（4、5 列）值比其他列高出很多，表明有一条纵向的边界。人眼观察时就能发现一条很明显的亮边，其他区域都很暗，这样起到了边缘检测的作用。这个结果和人眼观察图像灰度值矩阵时得出的结论（左边亮，右边暗，中间存在一条明显的边界）一致。

同样的方法可以得到水平算子处理后的数据：

$$\begin{bmatrix} m & m & m & m & m & m & m & m \\ m & -4 & -3 & -2 & -4 & -3 & 4 & m \\ m & 6 & 2 & 0 & 0 & 1 & -1 & m \\ m & m & m & m & m & m & m & m \end{bmatrix}$$

可见得到的数据比较均匀，大小相差不多，所以可以判断水平方向上没有明显的边缘和界限。

Sobel 算子的另一种形式是各向同性 Sobel 算子，也是水平、垂直检测各一个，分别是 $\begin{bmatrix} -1 & -\sqrt{2} & -1 \\ 0 & 0 & 0 \\ 1 & \sqrt{2} & 1 \end{bmatrix}$和$\begin{bmatrix} -1 & 0 & 1 \\ -\sqrt{2} & 0 & \sqrt{2} \\ -1 & 0 & 1 \end{bmatrix}$。

6.1.3 高斯拉普拉斯算子

由于存在噪声点（灰度和周围点相差很大的点），所以高斯拉普拉斯算子（LOG）检测边缘的效果会更好，因为高斯拉普拉斯算子把高斯平滑滤波器和拉普拉斯锐化滤波器结合在了一起，进行边缘检测的时候首先平滑掉噪声，然后再边缘检测。

常用的 LOG 算子是 5×5 的模板$\begin{bmatrix} -2 & -4 & -4 & -4 & -2 \\ -4 & 0 & 8 & 0 & -4 \\ -4 & 8 & 24 & 8 & -4 \\ -4 & 0 & 8 & 0 & -4 \\ -2 & -4 & -4 & -4 & -2 \end{bmatrix}$。

高斯拉普拉斯算子的用法和 Sobel 算子的用法原理相同。

6.1.4 Canny 算子

前面介绍的 Sobel 算子和高斯拉普拉斯算子都是局域窗口梯度算子，由于它们对噪声敏感，所以在处理实际图像时效果并不是十分理想。根据边缘检测的有效性和定位的可靠性，Canny 研究了最优边缘检测器所需的特性，给出了评价边缘检测性能优劣的三个指标：

（1）高准确性：在检测的结果里应尽量多地包含真正的边缘，尽量少地包含假边缘。

（2）高精确度：检测到的边缘应该在真正的边界上。

（3）单像素宽：要有很高的选择性，对每个边缘有唯一的响应。

针对以上三个指标，Canny 提出了用于边缘检测的一阶微分滤波器 $h'(x)$ 的三个最优化准则，即最大信噪比准则、最优过零点定位准则和单边缘响应准则。

（1）信噪比准则。

$$SNR = \frac{\left| \int_{-w}^{w} G(-x)h(x)\mathrm{d}x \right|}{\sigma\sqrt{\int_{-w}^{w} h^2(x)\mathrm{d}x}} \tag{6-1}$$

其中，$G(x)$ 为边缘函数，$h(x)$ 表示带宽为 w 的低通滤波器的脉冲响应，σ 是高斯噪声的均方差。

（2）定位准确准则。

L 为边缘的定位精度，定义如下：

$$L=\frac{\left|\int_{-w}^{w} G'(-x)h'(x)\mathrm{d}x\right|}{\sigma\sqrt{\int_{-w}^{w} h'^2(x)\mathrm{d}x}} \tag{6-2}$$

其中，$G'(x)$ 和 $h'(x)$ 为 $G(x)$ 和 $h(x)$ 的一阶导数，L 是对边缘定位精确程度的度量，L 越大，精度越高。

（3）单边缘响应准则。

要保证对单边缘只有一个响应，检测算子的脉冲响应导数的零交叉点平均距离应该满足：

$$D_{zca}(f')=\pi\sqrt{\frac{\int_{-\infty}^{\infty} h'^2(x)\mathrm{d}x}{\int_{-w}^{w} h''(x)\mathrm{d}x}} \tag{6-3}$$

其中，$h''(x)$ 是 $h(x)$ 的二阶导数，f' 是进行边缘检测后的图像。

上述三个准则是对边缘检测指标的一个定量描述。抑制噪声和边缘精确定位是无法同时得到满足的，即边缘检测算法通过图像平滑算子去除噪声，势必增加边缘定位的不确定性；反之，若提高边缘检测算子对边缘的敏感性，同时也会提高对噪声的敏感性。因此，在实际应用中，只能寄希望于在抑制噪声和提高边缘定位精度之间实现一个合理的折中。

高斯函数的一阶导数可以在抵抗噪声与边缘检测之间获得一个较好的结果。高斯函数与原图的卷积起到了抵抗噪声的作用，而求导数则是检测景物边缘的手段。对于阶跃型的边缘，Canny 推导出的最优边缘检测器的形状与高斯函数的一阶导数类似，因此 Canny 边缘检测器就是由高斯函数的一阶导数构成。由于高斯函数是对称的，因此 Canny 算子在边缘方向上是对称的，在垂直于边缘的方向上是反对称的。这就意味着该算子对最急剧变化方向上的边缘特别敏感，但在沿边缘方向上是不敏感的。

设二维高斯函数为：

$$G(x,y)=\frac{1}{2\pi\sigma^2}\exp\left(-\frac{x^2+y^2}{2\sigma^2}\right) \tag{6-4}$$

其中，σ 是高斯函数的分布参数，可用来控制图像的平滑程度。

最优阶跃边缘检测算子是以卷积 $\nabla G * f(x,y)$ 为基础的，边缘强度为 $|\nabla G * f(x,y)|$，而边缘方向为 $\rho=\dfrac{\nabla G * f(x,y)}{|\nabla G * f(x,y)|}$。

从高斯函数的定义可知，该函数是无限拖尾的，在实际应用中，一般情况下是将原始模板截断到有限尺寸 N。实验表明，当 $N=b\sqrt{2}\sigma+1$ 时，能够获得较好的边缘检测结果。

Canny 算子的具体实现如下：利用高斯函数的可分性，将 ∇G 的两个滤波卷积模板分解为两个一维的行列滤波器：

$$\frac{\partial G(x,y)}{\partial x} = kx\exp\left(-\frac{x^2}{2\sigma^2}\right)\exp\left(-\frac{y^2}{2\sigma^2}\right) = h_1(x)h_2(y)$$
$$\frac{\partial G(x,y)}{\partial y} = ky\exp\left(-\frac{y^2}{2\sigma^2}\right)\exp\left(-\frac{x^2}{2\sigma^2}\right) = h_1(y)h_2(x) \tag{6-5}$$

其中：

$$h_1(x) = \sqrt{k}x\exp\left(-\frac{x^2}{2\sigma^2}\right),\ h_1(y) = \sqrt{k}y\exp\left(-\frac{y^2}{2\sigma^2}\right)$$
$$h_2(x) = \sqrt{k}\exp\left(-\frac{x^2}{2\sigma^2}\right),\ h_2(y) = \sqrt{k}\exp\left(-\frac{y^2}{2\sigma^2}\right) \tag{6-6}$$

可见，$h_1(x) = xh_2(x),\ h_1(y) = yh_2(y)$，为常数。

然后，将这两个模板分别与 $f(x,y)$ 进行卷积，得到式（6-7）。

$$E_x = \frac{\partial G(x,y)}{\partial x} * f,\ E_y = \frac{\partial G(x,y)}{\partial y} * f \tag{6-7}$$

令 $A(i,j) = \sqrt{E_x^2 + E_y^2}$，$a(i,j) = \arctan\dfrac{E_y(i,j)}{E_x(i,j)}$，则 $A(i,j)$ 反映边缘强度，$a(i,j)$ 为垂直于边缘的方向。

根据 Canny 的定义，中心边缘点为算子 G_n 与图像 $f(x,y)$ 的卷积在边缘梯度方向上的区域中的最大值。这样，就可以在每一点的梯度方向上判断此点强度是否为其邻域的最大值来确定该点是否为边缘点。当一个像素满足以下三个条件时，则被认为是图像的边缘点：

（1）该点的边缘强度大于沿该点梯度方向的两个相邻像素点的边缘强度。

（2）与该点梯度方向上相邻两点的方向差小于45°。

（3）以该点为中心的 3×3 邻域中的边缘强度极大值小于某个阈值。

6.2 基于阈值的图像分割

图像的阈值分割是一种广泛应用的图像分割技术，它主要利用了目标和背景在灰度上的差异，把图像看作具有不同灰度级的目标和背景两个区域的组合。通过比较图像中每个像素值和阈值的关系来判断该像素点属于目标还是背景，从而产生二值图像。阈值分割可以大量压缩数据，减少存储容量，大大简化其后的分析和处理过程。

6.2.1 基本原理

假设一幅图像的直方图如图 6-3 所示。由图 6-3（a）可以看出图像 $f(x,y)$ 的大部分像素值较低，其余像素比较均匀地分布在其他灰度级上，由此可以推断这幅图像是由有灰度级的物体叠加在一个暗背景上形成的。可以设置一个阈值 T 把直方图分成两部分，如图 6-3（b）所示。T 的选择本着这样一个原则：B_1 应尽可能包含与背景相关联的灰度级，而 B_2 则尽量包含物体（目标）的所有灰度级。当扫描这幅图像时，从 B_1 到 B_2 之间的灰度变化标示着边界的存在。为了找出水平和垂直方向上的边界，要分别进行两次扫描。

所以，基于阈值的图像分割步骤为：首先确定一个 T，然后执行以下步骤：

第一步，对 $f(x,y)$ 的每行进行检测，产生的图像 $f_1(x,y)$ 的灰度通过式（6-8）计算得到：

$$f_1(x,y)=\begin{cases}L_E, & \text{当}f(x,y)\text{和}f(x,y-1)\text{处在不同的灰度带上时}\\ L_B, & \text{其他}\end{cases} \tag{6-8}$$

其中 L_E 是指定的边缘灰度级，L_B 是背景灰度级。

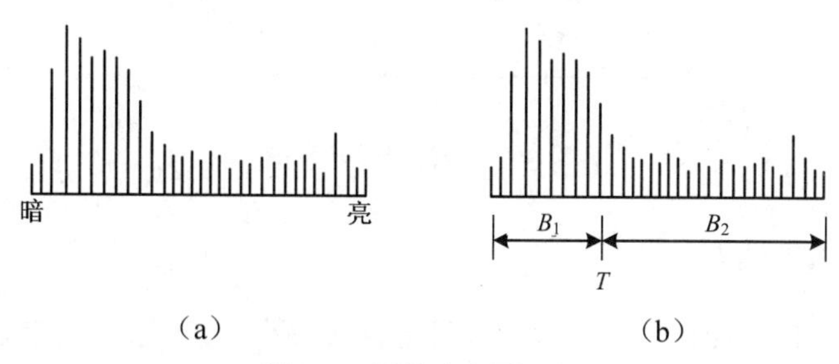

图 6-3　图像直方图示例

第二步，对 $f(x,y)$ 的每列进行检测，产生的图像 $f2(x,y)$ 的灰度通过式（6-9）计算得到：

$$f_2(x,y)=\begin{cases}L_E, & \text{当}f(x,y)\text{和}f(x-1,y)\text{处在不同的灰度带上时}\\ L_B, & \text{其他}\end{cases} \tag{6-9}$$

第三步，为了得到边缘图像，采用如下方法获得 $f(x,y)$：

$$f(x,y)=\begin{cases}L_E, & \text{当}f_1(x,y)\text{或}f_2(x,y)\text{中的任何一个等于}L_E\text{时}\\ L_B, & \text{其他}\end{cases} \tag{6-10}$$

这种方法是以某像素到下一个像素间的灰度变化为基础的，这种方法可以推广到多灰度级阈值方法中。由于确定了更多的灰度级阈值，可以提高边缘抽取的能力，其关键技术就是如何选择阈值。

另一种方法是把图像直接变成二值图像，如果图像 $f(x,y)$ 的灰度级范围为 (Z_1,Z_k)，设 $Z_1\leqslant T\leqslant Z_k$，则 $f_t(x,y)$ 可由下式得到：

$$f_t(x,y)=\begin{cases}1, & \text{当}f(x,y)\geqslant T\text{时}\\ 0, & \text{当}f(x,y)<T\text{时}\end{cases} \tag{6-11}$$

这样就得到一个二值图像。

在确定阈值时，如果阈值过高，则过多的目标点被误认为是背景；如果选取的阈值过低，则会出现相反的情况。可见阈值的选取是阈值分割技术的关键。下面介绍几种常见的阈值选取方法。

6.2.2　固定阈值法

如果在分割前已经对图像中的目标和背景灰度级有确切的了解，那么阈值就可以直接确定。也可以采取尝试的方法，试验不同的阈值，直到分割效果达到要求为止。这是最简单的确定阈值的方法，在实际工程中经常使用。

6.2.3　最小误差法

所谓最小误差法是指选择使图像中目标和背景分割错误最小的阈值为最佳阈值。

例如一幅图像中包含目标和背景，已知其灰度分布概率分别为 P_1 和 P_2，则应该选择使判断的总错误率最小的阈值为最佳阈值 Z，如图 6-4 所示。可以看出基于最小误差法得到的阈值是最理想的阈值，但是实际工程中根据最小误差法确定阈值相对来说比较困难。

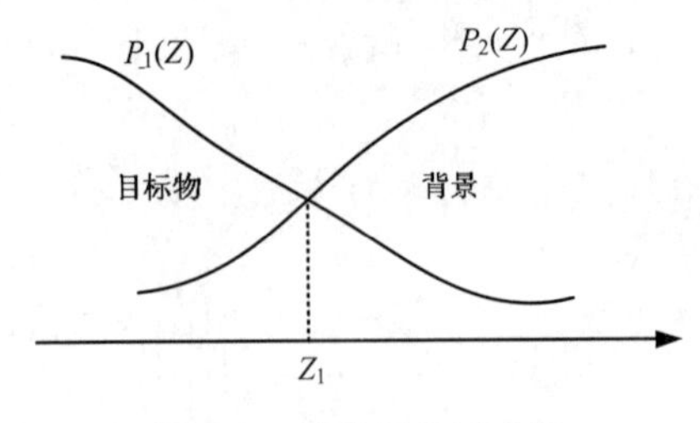

图 6-4 最佳阈值示意图

6.2.4 自适应阈值选取法

在实际应用中，有些图像照明突变或者背景灰度变化比较大时，整幅图像很难有合适的单一阈值。这时就需要根据区域坐标分块，分别对每一个区域单独选择阈值进行分割，这种根据不同图像和不同区域情况而选取不同阈值的方法称为自适应阈值方法。可以看出这种算法计算量大，但是抗噪声能力更强。在复杂的背景图像中经常采用这种方法。

自适应阈值算法的基本原理是对图像中的每个像素都选取以它为中心的一个邻域窗口，对这个窗口的像素灰度按照一定的准则选取阈值，以此来判断该像素属于目标还是背景。如图 6-5 所示，要判断像素 i 属于目标还是背景，以像素 i 为中心选取 8 邻域窗口，计算这个窗口内的 9 个像素灰度的均值为阈值，进而判断像素 i 属于背景还是目标。当然阈值选择也可以采取前面介绍的固定阈值法、最小误差法。

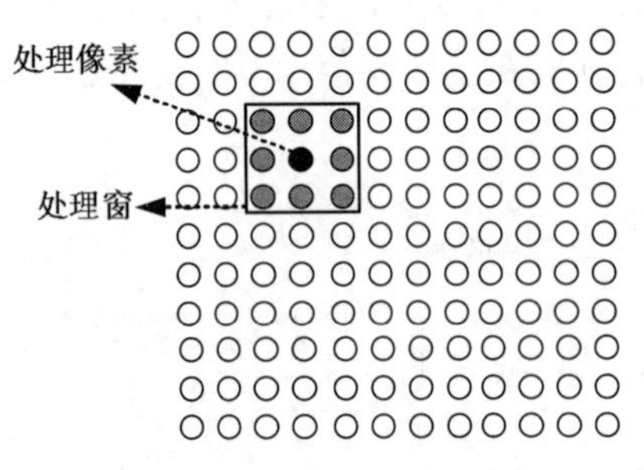

图 6-5 自适应阈值选取示意图

无论采取什么样的方法确定阈值，目的都是为了使分割结果达到预期效果。所以在实际工程中要根据实际情况适当选择算法，才能得到良好的分割效果。

6.3 基于区域的图像分割

所谓基于区域的图像分割是根据事先确定的相似性准则，直接取出若干特征相近或者相同的像素组成区域。

常用的区域分割方法有区域生长法、分裂－合并区域法等。下面分别介绍其基本原理。

6.3.1 区域生长法

区域生长法是根据同一物体区域内像素的相似性质来聚集像素点的方法，从初始区域（如小邻域甚至于每个像素）开始，将相邻的具有同样性质的像素或其他区域归并到目前的区域中，从而逐步增长区域，直至没有可以归并的像素点或其他小区域为止。区域内像素的相似性度量可以包括平均灰度值、纹理、颜色等信息。区域生长的好坏决定于：①初始点（种子点）的选取；②生长准则；③终止条件。区域生长是从某个或者某些像素点出发，最后得到整个区域，进而实现目标的提取。

区域生长法是一种比较普遍的方法，在没有先验知识可以利用时，可以取得最佳的性能，可以用来分割比较复杂的图像，如自然景物。但是，区域生长法是一种迭代的方法，空间和时间开销都比较大。

区域生长法的基本思想是将具有相似性质的像素集合起来构成区域。其中相似性准则可以是灰度级、组织、色彩或者其他特性，相似性的测度可以由阈值法来判定。

区域生成过程如下：

第一步，对需要分割的区域找一个种子像素作为生长的起点。

第二步，将种子周围邻域中与种子具有相同或者相似性质的像素合并到种子像素所在的区域中。

第三步，以新加入的像素点为起点返回步第二步，直到没有可接受的邻近点时生成过程结束。

图6-6给出了一个区域生长的例子，其中括号内的数字表示像素点的灰度级，括号外的数字为像素的编号。相似性准则采取邻近点的灰度级与区域内的平均灰度级的差小于2，则区域生长的过程为：首先以7号像素为起始点，则区域内灰度级均值为9，如图6-6（a）所示；然后根据相似性准则计算7号像素点邻域点3、6、8、11是否和灰度均值（9）差小于2，结果3、6、11号像素点加入7号点所在区域，如图6-6（b）所示，重新计算区域均值为8.25；再根据相似性准则计算区域的邻域点2、4、5、8、9、10、12是否和灰度均值（8.25）差小于2，结果8号像素点加入7号点所在区域，如图6-6（c）所示，此时计算区域灰度均值为8，遍历区域的邻域没有可进区域的点，区域生长结束。

1（5）	2（5）	3（8）	4（6）
5（4）	6（8）	7（9）	8（7）
9（2）	10（2）	11（8）	12（3）
13（2）	14（2）	15（2）	16（2）

（a）

1（5）	2（5）	3（8）	4（6）
5（4）	6（8）	7（9）	8（7）
9（2）	10（2）	11（8）	12（3）
13（2）	14（2）	15（2）	16（2）

（b）

1（5）	2（5）	3（8）	4（6）
5（4）	6（8）	7（9）	8（7）
9（2）	10（2）	11（8）	12（3）
13（2）	14（2）	15（2）	16（2）

（c）

图6-6 区域生长示例

在实际应用过程中，不一定以灰度级或者对比度为基础，也可以结构等为接收准则。

6.3.2 分裂－合并法

和区域生长法的逐渐增大区域不同，分裂－合并法是将整幅图像不断分裂得到各个区域，再根据判定规则合并。分裂的方法基于四叉树思想，把一幅图像 R 分成不重叠的 4 块 R_1、R_2、R_3、R_4，这 4 个区域作为分裂的第一层，如果相邻两个区域 R_i 和 R_j 满足属于单一区域的要求，则将其合并起来；如果 R_i 不满足所要求的同一区域条件，那么继续将 R_i 分裂成不重叠的 4 等份作为第二层，依此类推，直到 R_i 为单个像素，如图 6-7 所示。

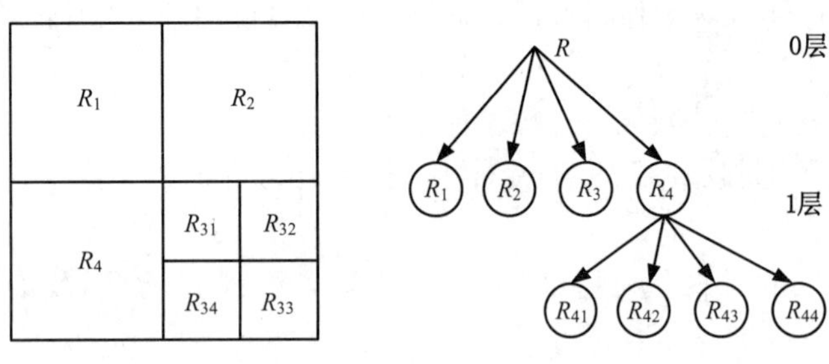

图 6-7 图像的四叉树表示法

6.4 OpenCV 实现

6.4.1 Canny 边缘检测

Sobel 算子和 Laplacian 算子在上一章已经给出详细例程，在图像锐化和边缘检测这两个方面实现上是重合的。本例程主要介绍另外一种常用边缘检测算法——Canny 算法的实现。

```
#include "stdafx.h"
#include "opencv2/imgproc.hpp"
#include "opencv2/highgui.hpp"

using namespace cv;
using namespace std;

int main()
{
        Mat srcImage = imread("peppers_color.bmp");
        imshow("src", srcImage);

        Mat grayImage;
        cvtColor(srcImage, grayImage, CV_BGR2GRAY);

        Mat midImage;
        grayImage.copyTo(midImage);
        //对灰度图和三通道图进行双边滤波
        bilateralFilter(midImage, grayImage, 7, 14, 4);
        imshow("dst0", midImage);
        imshow("dst1", grayImage);
```

```
    Mat cannyImage;
    Canny(grayImage, cannyImage, (double)g_nCurrValue, (double)((g_nCurrValue + 1) * (2 + g_nP / 100.0)), 3);
    imshow("dst2", cannyImage);
    waitKey(0);

    return 0;
}
```

在程序中，对图像主要执行了三步操作：第一步是使用 cvtColor 把彩色图像转换成灰度图像，第二步是使用 bilateralFilter 函数实现灰度图像的双边滤波，第三步是使用 Canny 函数实现 Canny 边缘检测。

cvtColor 函数实现各种颜色空间的转换，函数原型如下：

```
void cvtColor(InputArray src, OutputArray dst, int code, int dstCn=0 );
```

下面是具体参数说明。

InputArray src：输入图像，即要进行颜色空间变换的原图像，可以是 Mat 类。

OutputArray dst：输出图像，即进行颜色空间变换后的存储图像，也可以是 Mat 类。

int code：转换的代码或标识，即在此确定将什么制式的图像转换成什么制式的图像。

int dstCn = 0：目标图像通道数，如果取值为 0，则由 src 和 code 决定。

cvtColor 函数的作用是将一个图像从一个颜色空间转换到另一个颜色空间，但是从 RGB 向其他类型转换时，必须明确指出图像的颜色通道，前面我们也提到过，在 OpenCV 中，其默认的颜色制式排列是 BGR 而不是 RGB。常见的 R、G、B 通道的取值范围为：

0～255：CV_8U 类型图像。

0～65535：CV_16U 类型图像。

0～1：CV_32F 类型图像。

对于线性变换来说，这些取值范围是无关紧要的。但是对于非线性转换来说，输入的 RGB 图像必须归一化到其对应的取值范围来获得最终正确的转换结果。如果从一个 8bit 型图像不经过任何缩放（scaling）直接转换为 32bit 浮点型图像，函数将会以 0～255 的取值范围来取代 0～1 的取值范围，所以在使用 cvtColor 函数之前需要对图像进行缩放，如下：

```
img *= 1./255;
cvtColor(img, img, CV_BGR2Luv);
```

bilateralFilter 函数实现灰度图像的双边滤波，双边滤波是一种非线性滤波器，它可以达到保持边缘、降噪平滑的效果。函数原型如下：

```
void bilateralFilter(InputArray src, OutputArray dst, int d, double sigmaColor, double sigmaSpace, int borderType=BORDER
_DEFAULT )
```

参数解释：

InputArray src：输入图像，可以是 Mat 类型，图像必须是 8 位或浮点型单通道、三通道的图像。

OutputArray dst：输出图像，和原图像有相同的尺寸和类型。

int d：表示在过滤过程中每个像素邻域的直径范围。如果这个值是非正数，则函数会从第 5 个参数 sigmaSpace 计算该值。

double sigmaColor：颜色空间过滤器的 sigma 值，这个参数的值越大，表明该像素邻域内有越多的颜色会被混合到一起。

double sigmaSpace：坐标空间中滤波器的 sigma 值，如果该值较大，则意味着颜色相近的较远的像素将相互影响，从而使更大的区域中足够相似的颜色获取相同的颜色。

int borderType=BORDER_DEFAULT：用于推断图像外部像素的某种边界模式，有默认值 BORDER_DEFAULT。

Canny 函数原型如下：

```
void canny( const CvArr* image, CvArr* edges, double threshold1,double threshold2, int aperture_size=3 );
```

image：输入图像。

edges：输出的边缘图像。

threshold1：第一个阈值。

threshold2：第二个阈值。

aperture_size Sobel：算子内核大小（见cvSobel）。

Canny函数采用Canny算法发现输入图像的边缘，并且在输出图像中标识这些边缘。threshold1 和 threshold2 当中的小阈值用来控制边缘连接，大的阈值用来控制强边缘的初始分割。

程序运行结果如图 6-8 所示。

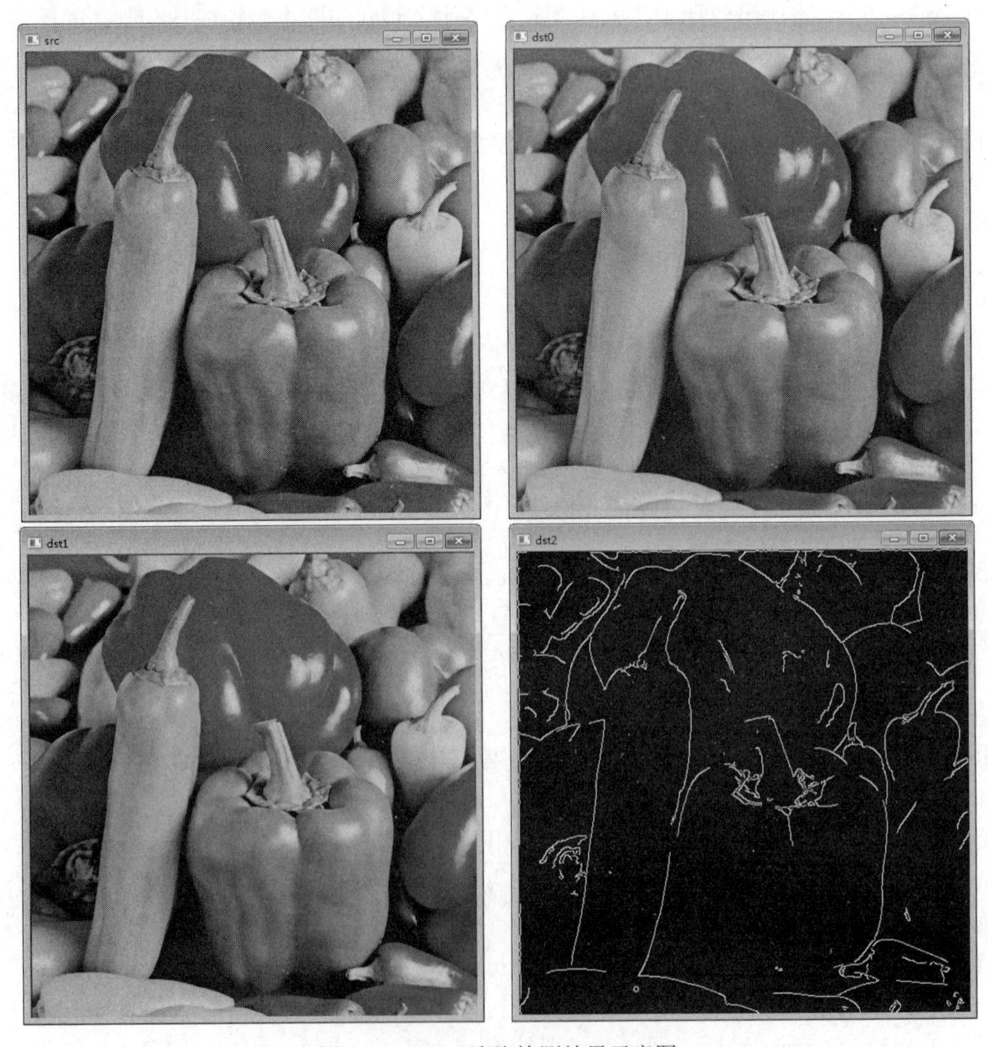

图 6-8　Canny 边缘检测结果示意图

6.4.2 自适应阈值图像分割

在 Canny 算法中，使用两个阈值比使用一个阈值更加灵活，但是它还是有阈值存在的共性问题。设置的阈值过高，可能会漏掉重要信息；设置的阈值过低，将会把枝节信息看得很重要，所以很难给出一个适用于所有图像的通用阈值。本节我们给出一种自适应设定阈值进行图像分割的算法，对不同类型的图像能够实现自适应设定阈值进行图像分割。具体代码如下：

```
#include "stdafx.h"
#include "opencv2/imgproc.hpp"
#include "opencv2/highgui.hpp"

using namespace cv;
using namespace std;

int main()
{
        Mat srcImage = imread("lena_gray.bmp",IMREAD_GRAYSCALE);
        imshow("src", srcImage);

        Mat dstImage1;
        int maxVal = 255;
        int blockSize =9;
        double C = 0;
        adaptiveThreshold(srcImage, dstImage1, maxVal, ADAPTIVE_THRESH_MEAN_C, THRESH_BINARY, blockSize, C);

        imshow("dst:blockSize=9", dstImage1);
        waitKey(0);

        return 0;
}
```

自适应阈值化函数 adaptiveThreshold()的原型如下：

```
void cv::adaptiveThreshold(
        cv::InputArray src,         //输入图像
        cv::OutputArray dst,        //输出图像
        double maxValue,            //向上最大值
        int adaptiveMethod,         //自适应方法，平均或高斯
        int thresholdType           //阈值化类型
        int blockSize,              //块大小
        double C                    //常量
);
```

cv::adaptiveThreshold()支持两种自适应方法，即设置参数 adaptiveMethod 为 ADAPTIVE_THRESH_MEAN_C（平均）或 ADAPTIVE_THRESH_GAUSSIAN_C（高斯），在这两种情况下，自适应阈值 $T(x, y)$通过计算每个像素周围 $b \times b$ 大小像素块的加权均值并减去常量 C 得到。其中，b 由 blockSize 给出，大小必须为奇数，图 6-9 给出了例程中调整 blockSize 为不同值时的不同图像处理效果。

（a）原始图像　（b）blockSize=9　（c）blockSize=39

（d）blockSize=59　（e）blockSize=79　（f）blockSize=149

图 6-9　自适应阈值图像分割示意图

6.4.3　漫水分割法

漫水填充类似于 Photoshop 中魔棒的图像处理效果，其基本思想是自动选中和种子点相连的区域，接着将该区域替换成指定的颜色，经常用来标记或者分离图像的一部分进行处理或分析。漫水填充也可以用来从输入图像获取掩码区域，掩码会加速处理过程，或者只处理掩码指定的像素点。其中掩膜 mask 用于进一步控制哪些区域将被填充颜色（例如说当对同一图像进行多次填充时）。使用漫水填充的方法实现目标的分割称为漫水分割法。

具体程序实现代码如下：

```
#include "stdafx.h"
#include "opencv2/imgproc.hpp"
#include "opencv2/highgui.hpp"

using namespace cv;
using namespace std;

int main()
{
	Mat srcImage = imread("peppers_color.bmp");
	imshow("src", srcImage);

	Rect ccomp;
	floodFill(srcImage, Point(100, 100), Scalar(255, 255, 255), &ccomp, Scalar(15, 15, 15), Scalar(15, 15, 15));

	imshow("dst", srcImage);
	waitKey(0);

	return 0;
}
```

其中，floodFill()函数是漫水填充算法函数，原型如下：

```
int floodFill(inputoutputArray,inputoutputMask,seedPoint,Scalar newVal,Rect* rect=0,Scalar loDiff=Scalar(),Scalar upDiff=
Scalar(),int flags=4)
```

inputoutputArray：输入/输出 1 通道或 3 通道，8 位或浮点图像。

inputoutputMask：操作掩膜，为单通道，8 位，长宽都比输入图像大两个像素点的图像。漫水填充不会填充掩膜 mask 的非零像素区域，mask 中与输入图像(x,y)像素点相对应的点的坐标为$(x+1,y+1)$。

seedPoint：漫水填充算法的起始点。

scalar：像素点被染色的值，即在重绘区域的新值。

newVal：用于设置 floodFill()函数将要重绘区域的最小边界矩形区域，默认值为 0。

Rect：默认为 0，用于设置 floodFill()函数将要重绘区域的最小边界矩形区域。

loDiff：当前观察像素值与其部件邻域像素值或待加入该部件的种子像素之间的亮度或颜色之负差的最大值。

upDiff：当前观察像素值与其部件邻域像素值或待加入该部件的种子像素之间的亮度或颜色之正差的最大值。

Flags：操作标志符。一个轮廓一般对应一系列的点，也就是图像中的一条曲线，表示的方法可能根据不同情况而有所不同，有多重方法可以表示曲线。在 OpenCV 中一般用序列来存储轮廓信息，序列中的每一个元素是曲线中一个点的位置。

（1）低八位（0～7 位）：用于控制算法的连通性，可取 4（默认值）或者 8。如果设为 4，表示填充算法只考虑当前像素水平方向和垂直方向的相邻点；如果设为 8，除上述相邻点外，还会包含对角线方向的相邻点。

（2）高八位部分（16～23 位）：可以为 0 或者下面两种选项标识符的组合。

- FLOODFILL_FIXED_RANGE：如果设置为这个标识符，就会考虑当前像素与种子像素之间的差，否则就考虑当前像素与其相邻像素的差，也就是说，这个范围是浮动的。
- FLOODFILL_MASK_ONLY：如果设置为这个标识符，函数不会去填充改变原始图像（也就是忽略参数 newVal），而是去填充掩膜图像（mask）。

（3）中间八位部分（8～15 位）：用于指定填充掩膜图像的值，若为 0，则掩码会用 1 来填充。

例程程序执行结果如图 6-10 所示。

图 6-10 漫水分割法结果示意图

6.4.4 轮廓处理

在图像中，物体的边界常常用轮廓表示，一个图像的轮廓对应一系列的点，也就是图像中的一条曲线。OpenCV 中一般用序列来存储轮廓信息。序列中的每一个元素是曲线中一个点的位置。

程序代码如下：

```
#include "stdafx.h"
#include "opencv2/imgproc.hpp"
#include "opencv2/highgui.hpp"

using namespace cv;

int main()
{
        Mat srcImage = imread("peppers_color.bmp");
        imshow("src", srcImage);

        Mat dstImage;
        srcImage.copyTo(dstImage);

        cvtColor(srcImage, srcImage, COLOR_BGR2GRAY);
        int maxVal = 255;
        int blockSize = 149;
        double C = 0;
        adaptiveThreshold(srcImage, srcImage, maxVal, ADAPTIVE_THRESH_MEAN_C, THRESH_BINARY, blockSize, C);

        imshow("dst-adaptiveThreshold", srcImage);
        std::vector<std::vector<Point>> contours;
        std::vector<Vec4i> hierarchy;
        findContours(srcImage, contours, hierarchy, RETR_TREE, CHAIN_APPROX_SIMPLE, Point(0, 0));

        RNG rng(0);
        for (int i = 0; i < contours.size(); i++)
        {
                Scalar color = Scalar(rng.uniform(0, 255), rng.uniform(0, 255), rng.uniform(0, 255));
                //drawContours(dstImage,contours, i, color, 2, 8, hierarchy, 0, Point(0, 0));
                Rect rect = boundingRect(contours[i]);                    //检测外轮廓
                rectangle(dstImage, rect, Scalar(255, 0, 0), 3);          //对外轮廓加矩形框

        }

        imshow("dst-Contours", dstImage);
        waitKey(0);

        return 0;
}
```

函数 findContours 的功能是发现轮廓，原型如下：

```
findContours(
    InputOutputArray    binImg,
    OutputArrayOfArrays    contours,
    OutputArray,    hierachy
    int mode,
```

```
    int method,
    Point offset=Point()
)
```

函数 drawContours 的功能是绘制轮廓，原型如下：

```
drawContours(
    InputOutputArray  binImg,
    OutputArrayOfArrays  contours,
    Int contourIdx,
    const Scalar & color,
    int  thickness,
    int  lineType ,
    InputArray hierarchy,
    int maxlevel,
    Point offset=Point()
)
```

程序执行结果如图 6-11 所示。

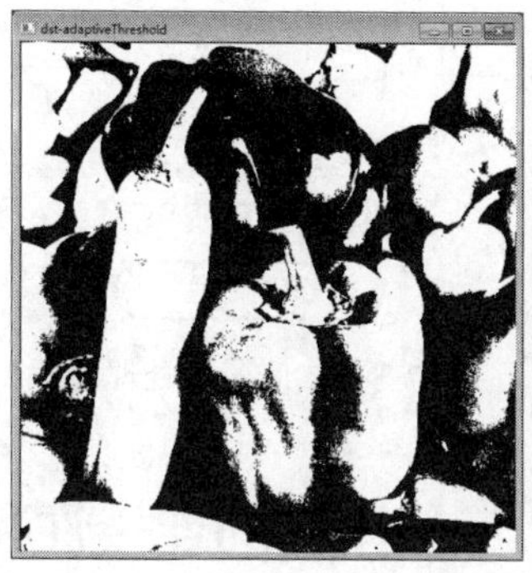

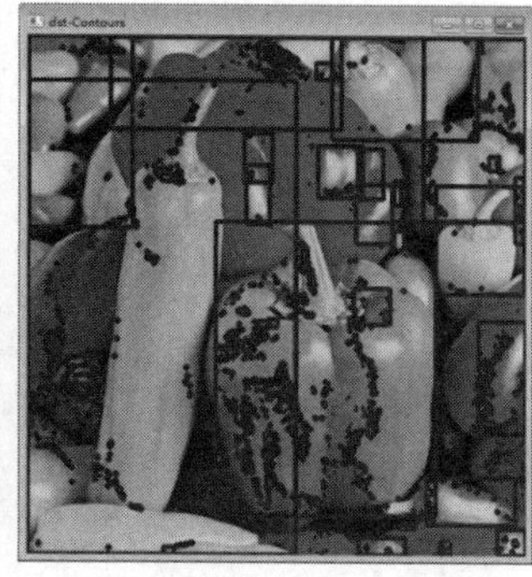

图 6-11　轮廓处理结果示意图

可以看到，联通物体的轮廓区域被提取出来了，这些轮廓在结果图像中使用外接矩阵表示出来。但是还有很多小的区域噪声也被检测出来，通过图像的腐蚀和膨胀的组合操作可以消除这些噪声，具体的步骤内容在图像二值化操作中详细讲解。

第 7 章　二值图像处理

以二值图像处理为中心的图像处理系统很多，这主要是因为二值图像处理系统速度快、成本低，能定义几何学的各种概念，多值图像也可变成二值图像处理等。

二值图像处理流程如图 7-1 所示。本章介绍二值图像处理中的各种方法。

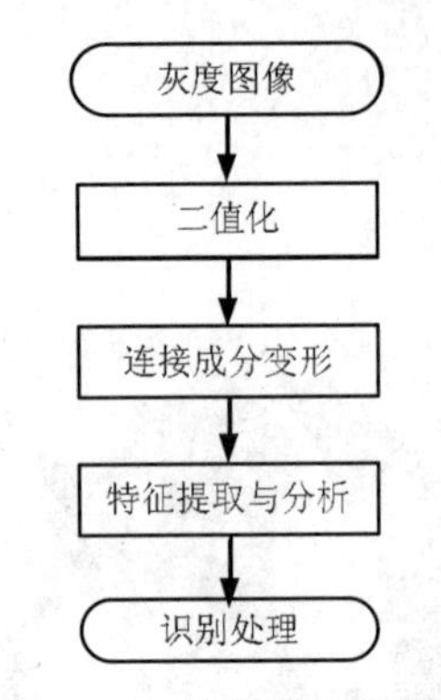

图 7-1　二值图像处理流程

7.1　二值图像的连接性和距离

表示对象形状的二值图像亦称图形，图形的形状是图像最本质的信息。因此提取形状的各种特征来识别和描述对象是图像分析最重要的任务之一。

在二值图像特征分析中最基础的概念是二值图像的连接性（连通性）和距离。

对于任意像素(i,j)，把像素的集合$\{(i+p,\ j+q)\}$（p、q 是一对适当的整数）叫做像素(i,j)的邻域，即像素(i,j)附近的像素形成的区域。最常采用的是 4-邻域和 8-邻域。

（1）4-邻域与 4-邻接。

像素 p 上、下、左、右 4 个像素$\{p_0,p_2,p_4,p_6\}$称为像素 A 的 4-邻域，如图 7-2（b）所示。互为 4-邻域的两像素叫 4-邻接或者 4-连通，图 7-2（a）中 p 和 p_0、 p_0 和 p_1 均为 4-邻接。

（2）8-邻域与 8-邻接。

像素 p 上、下、左、右 4 个像素和 4 个对角线像素即 $p_0 \sim p_7$ 称为像素 p 的 8-邻域，如图 7-2（c）所示。互为 8-邻域的两像素称为 8-邻接（8-连通）。图 7-2（a）中 p 和 p_1、 p_0 和 p_2 都是 8-连通。

在对二值图像进行处理时，是采用 8-邻接还是 4-邻接方式，要根据图像的具体情况而定。在处理斜向形状多的图形中，采用 8-邻接方式更合适些。

像素的连接数是像素的一个重要概念，一个像素的连接数可以通过考察以该像素为中心的 3×3 像素区域获取，其所代表的含义是通过该像素所连接的像素联通区域的个数。例如图 7-3 所示的例子。

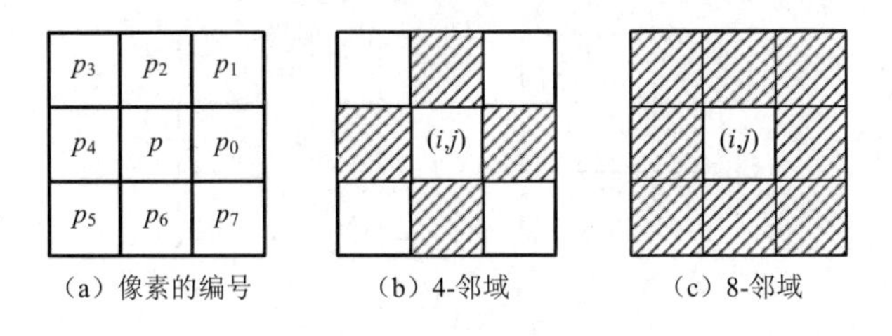

（a）像素的编号　（b）4-邻域　（c）8-邻域

图 7-2　连通像素的种类

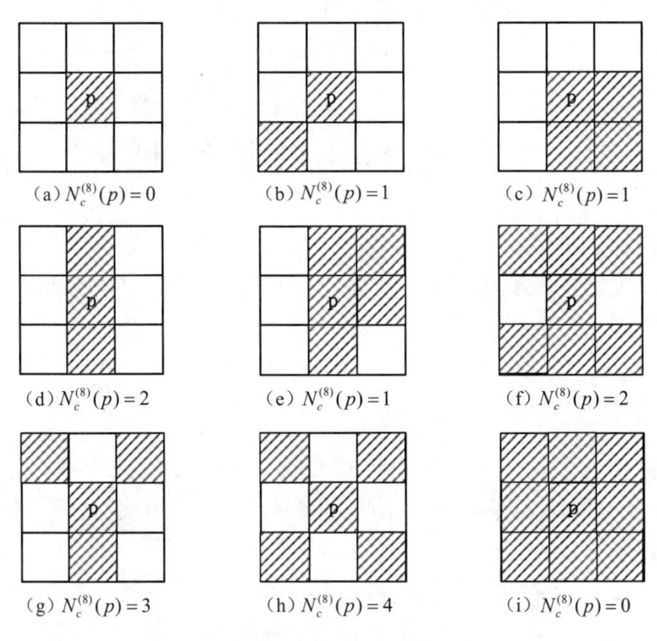

（a）$N_c^{(8)}(p)=0$　（b）$N_c^{(8)}(p)=1$　（c）$N_c^{(8)}(p)=1$

（d）$N_c^{(8)}(p)=2$　（e）$N_c^{(8)}(p)=1$　（f）$N_c^{(8)}(p)=2$

（g）$N_c^{(8)}(p)=3$　（h）$N_c^{(8)}(p)=4$　（i）$N_c^{(8)}(p)=0$

图 7-3　像素的连接数

对于同一图像，在 4-邻接或 8-邻接的情况下，各像素的连接数是不同的。像素的连接数作为二值图像局部的特征量是很有用的。按照连接数 $N_c(p)$ 不同可将像素分为以下几种：

1）孤立点：$B(p)=1$ 的像素 P，在 4-/8-邻接的情况下，当其 4-/8-邻接的像素全是 0 时，像素 P 叫做孤立点。如图 7-3（a）所示，孤立点的连接数 $N_c(p)=0$。

2）内部点：$B(p)=1$ 的像素 p，在 4-/8-邻接的情况下，当其 4-/8-邻接的像素全是 1 时，像素 p 叫做内部点。如图 7-3（*i*）所示，内部点连接数 $N_c(p)=0$。

3）边界点：在 $B(p)=1$ 的像素中，把除了孤立点和内部点以外的点叫做边界点。在边界点，$1\leqslant N_c(p)\leqslant 4$。如图 7-3（b）、（c）和（e）所示，$N_c(p)=1$ 的 1 像素点为可删除点或端点；如图 7-3（d）、（f）所示，$N_c(p)=2$ 的 1 像素为连接点；如图 7-3（g）所示，$N_c(p)=3$ 的 1 像素点为分支点；如图 7-3（h）所示，$N_c(p)=4$ 的 1 像素点为交叉点。

4）背景点：把 $B(p)=0$ 的像素叫做背景点，背景点的集合分成与图像外围的 1 行 1 列的 0 像素不相连接的像素 p 和相连接的像素 p，前者叫做孔，后者叫做背景。

像素种类的例子如图 7-4 所示，图中 P_6 表示孤立点；P_2 表示内部点；P_1、P_3、P_4 和 P_5 表示边界点，其中 $N^8{}_c(p_1)=1$，$N^8{}_c(p_3)=2$，$N^8{}_c(p_4)=2$，$N^8{}_c(p_5)=4$；P_7 表示背景点。

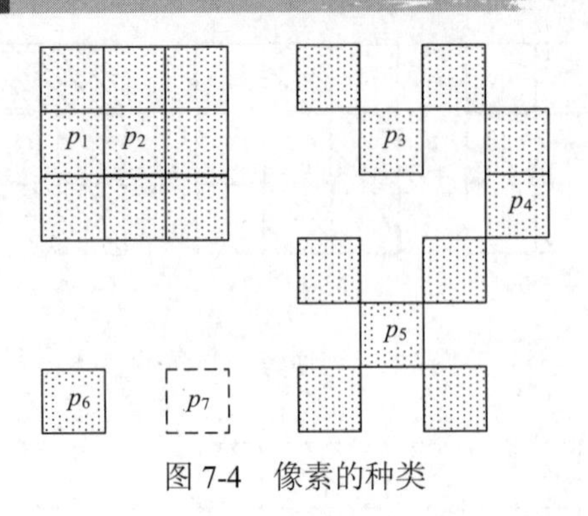

图 7-4 像素的种类

7.2 连接成分的变形处理

二值图像包含目标的位置、形状、结构等许多重要特征，是图像分析和目标识别的依据。为了从二值图像中准确地提取有关特征，需要先进行二值图像的增强处理，通常又称为二值图像连接成分的变形处理。

7.2.1 连接成分的标记

为区分二值图像中的连接成分，求得连接成分个数，连接成分的标记不可缺少。对属于同一个 1 像素连接成分的所有像素分配相同的编号，对不同的连接成分分配不同的编号的操作，叫做连接成分的标记。

下面以图 7-5 为例来介绍顺序扫描和并行传播组合起来的标号算法（8-连接的场合）。对图 7-5（a）中的图像按照从上到下、从左至右的顺序进行扫描，发现没有分配标号的 1 像素，对这个像素，分配给它还没有使用过的标号，对位于这个像素 8-邻域内的 1 像素也赋予同一标号，然后对位于各个标号像素 8-邻域内的 1 像素也赋予同一标号。这好似标号由最初的 1 像素开始一个个地传播下去的处理。反复地进行这一处理，直到应该传播标号的 1 像素已经没有的时候，对一个1像素连接成分分配给相同标号的操作结束。继续对图像进行扫描，如果发现没有赋予标号的 1 像素就赋给新的标号，进行以上同样的处理，否则就结束处理。

图 7-5（b）是对图 7-5（a）进行标记处理的结果。

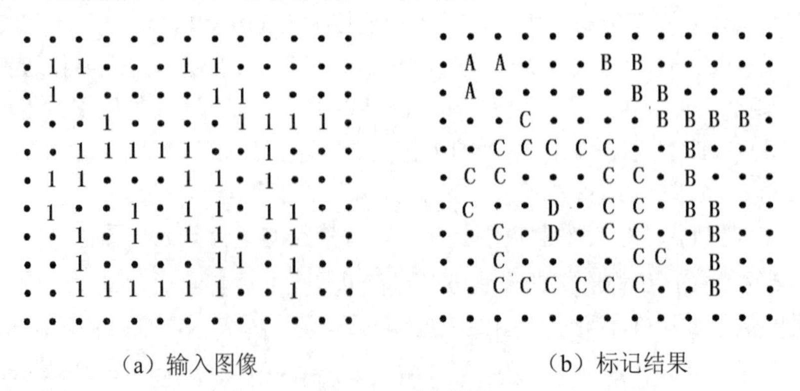

（a）输入图像　　（b）标记结果

图 7-5 标记举例

7.2.2 腐蚀

二值形态学中的运算对象是集合，但实际运算中，当涉及两个集合时并不把它们看作是对等的。一般设 A 为图像集合，B 为结构元素，数学形态学运算是用 B 对 A 进行操作。需要指出，结构元素本身实际上也是一个图像集合。对每个结构元素，指定一个原点，它是结构元素参与形态学运算的参考点。

腐蚀（erosion）运算是最基本的形态变换。腐蚀能够消除图像的边界点，使边界向内部收缩，可以用来消除小且没有意义的边界点。

腐蚀运算也称为侵蚀运算，用符号 Θ 表示，A 用 B 来腐蚀定义为：

$$A\Theta B=\{a\mid B_a\subset A\} \tag{7-1}$$

腐蚀过程描述为：把结构元素 B 平移 a 后得到 B_a，若 B_a 仍包含在集合 A 中，就记下这个 a 点，那么所有满足以上条件的 a 点组成的集合就称为 A 被 B 腐蚀的结果。

腐蚀过程如图 7-6 所示。

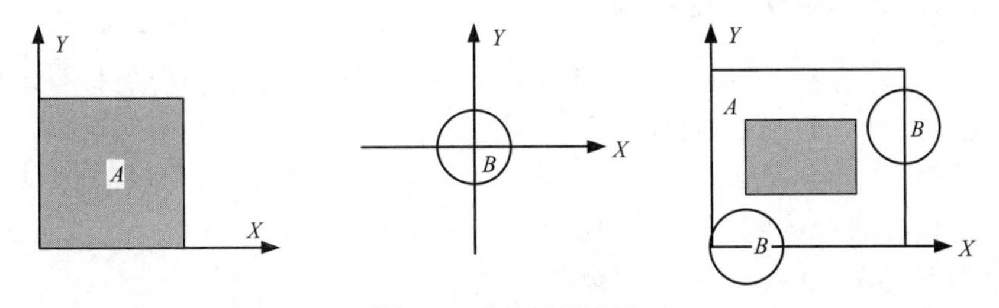

图 7-6 腐蚀运算图解

图 7-6 中 A 表示一个被处理的对象，B 表示一个结构元素，原点指定为 B 的圆心位置。可以看出对于图中任意一个在阴影部分的 a，B_a 包含于 A，所以这个阴影边界内的点就构成了 A 被 B 腐蚀的结果。阴影部分在 A 的范围之内，且比 A 小，就像 A 被剥掉了一层似的，这就是称之为腐蚀的原因。

7.2.3 膨胀

膨胀（dilation）运算也是最基本的形态变换，可以看成是腐蚀的对偶运算。膨胀能够将与物体接触的所有背景点合并到物体中，使图像边界向外部扩张，可以用来填补物体中的空洞。和前面介绍的腐蚀运算相同，设定 A 为要处理的图像集合，B 为结构元素，通过结构元素 B 对图像 A 进行膨胀处理。

膨胀运算也称为扩张运算，用符号 ⊕ 表示，A 用 B 来膨胀定义为：

$$A\oplus B=\{a\mid B_a\uparrow A\} \tag{7-2}$$

其中 $B_a\uparrow X$ 称为击中，击中定义为：设有两幅图像 A 和 X，若存在这样一个点，它既是 A 的元素，又是 X 的元素，则称 A 击中 X，记作 $A\uparrow X$。

上式表示的膨胀过程可以描述为：结构元素 B 平移 a 后得到 B_a，若 B_a 击中 A，则记下这个 a 点，所有满足上述条件的 a 点组成的集合称做 A 被 B 膨胀的结果。

膨胀运算过程可以用图 7-7 来描述。

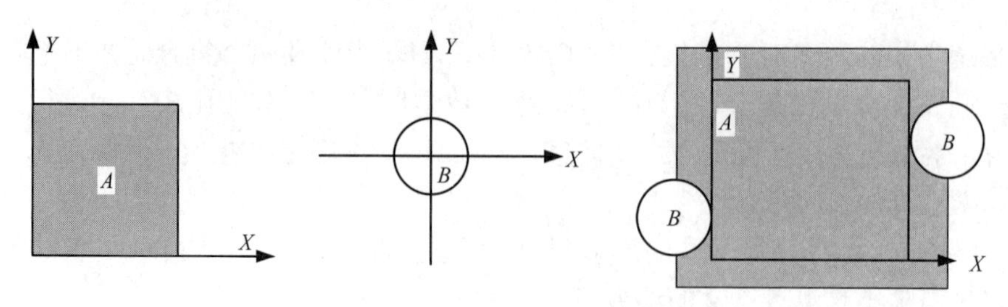

图 7-7　膨胀运算图解

图 7-7 中 A 表示的大长方形是被处理的对象，B 表示的小圆形是一个结构元素，原点指定在 B 的中心。可以看出对于任意一个在阴影部分的点 a，得到的 B_a 都击中 A，所以 A 被 B 膨胀的结果就是那个阴影部分，阴影部分包括 A 的所有范围，就像 A 膨胀了一圈似的，所以称这种运算为膨胀。

7.2.4　腐蚀和膨胀运算的代数性质

膨胀和腐蚀运算的一些性质对设计形态学算法进行图像处理和分析是非常有用的，所以在这里列出几个比较重要的代数性质：

（1）交换性：$A \oplus B = B \oplus A$

（2）结合性：$A \oplus (B \oplus C) = (A \oplus B) \oplus C$

（3）递增性：$A \subseteq B \Rightarrow A \oplus C \subseteq B \oplus C$

（4）分配性：$(A \cup B) \oplus C = (A \oplus C) \cup (B \oplus C)$，$A\Theta(B \cup C) = (A\Theta B) \cap (A\Theta C)$

$A \oplus (B \cup C) = (A \oplus B) \cup (A \oplus C)$，$(B \cap C)\Theta A = (B\Theta A) \cap (C\Theta A)$

这些性质的重要性显而易见，例如分配性，如果用一个复杂的结构元素对图像进行膨胀运算，则可以把这个复杂的结构元素分解为几个简单的结构元素的并集，然后用几个简单的结构元素对图像分别进行膨胀运算，最后再将结果进行并集运算，这样一来可以大大降低运算的复杂性。

7.2.5　开运算和闭运算

一般情况下，膨胀与腐蚀并不互为逆运算，所以它们可以级连结合使用。腐蚀后再膨胀，或者膨胀后再腐蚀，通常不能恢复成原来图像，而是产生一种新的形态变换，前一种运算称为开运算，后一种运算称为闭运算，它们也是数学形态学中的重要运算。需要注意的是，这里进行的腐蚀和膨胀运算必须使用同一个结构元素。

开运算一般能平滑图像的轮廓，削弱狭窄的部分，去掉细的突出。闭运算也是平滑图像的轮廓，与开运算相反，它一般能融合窄的缺口和细长的弯口，去掉小洞，填补轮廓上的缝隙。

1. 开运算和闭运算的概念

开运算（opening）的符号用“。”表示，A 用 B 进行开运算定义为：

$$A \circ B = (A\Theta B) \oplus B \tag{7-3}$$

闭运算（c1osing）的符号用“•”表示，A 用 B 进行闭运算定义为：

$$A \bullet B = (A \oplus B)\Theta B \tag{7-4}$$

由此可知，开运算是先用结构元素 B 对图像 A 进行腐蚀之后再进行膨胀，闭运算是先用

结构元素 B 对图像 A 进行膨胀之后再进行腐蚀。开运算和闭运算不受原点是否在结构元素之中的影响。

2. 开运算和闭运算的性质

通过前面的分析和介绍可以看出开运算具有如下性质：

（1）非外延性：$A \circ B \subseteq A$，即 $A \circ B$ 是集合 A 的子集。

（2）增长性：$X \subseteq Y \Rightarrow X \circ B \subseteq Y \circ B$，即如果 X 是 Y 的子集，则 $X \circ B$ 是 $Y \circ B$ 的子集。

（3）同前性：$(A \circ B) \circ B = A \circ B$。

同样可以总结出闭运算具有如下性质：

（1）外延性：$A \subseteq A \bullet B$，即 A 是集合 $A \bullet B$ 的子集。

（2）增长性：$X \subseteq Y \Rightarrow X \bullet B \subseteq Y \bullet B$，即如果 X 是 Y 的子集，则 $X \bullet B$ 是 $Y \bullet B$ 的子集。

（3）同前性：$(A \bullet B) \bullet B = A \bullet B$。

3. 开运算与闭运算的应用

（1）图像的平滑处理。

采集图像时由于各种因素不可避免地存在噪声，多数情况下噪声是可加性，可以通过形态变换进行平滑处理，滤除图像的可加性噪声。

形态开启是一种串行复合极值滤波，可以切断细长的搭线，消除图像边缘毛刺和孤立点，具有平滑图像边界的功能。

闭运算是一种串行复合极值滤波，具有平滑边界的作用，能连接短的间断，填充小孔，因此平滑图像处理可以采用闭合运算的形式：

$$Y = X \circ B \tag{7-5}$$

还可以通过开运算和闭运算的串行结合来构成形态学噪声滤波器。如图 7-8 所示的一个简单的二值图像，它是一个被噪声影响的矩形目标。图框外的黑色小块表示噪声，目标中的白色小孔也表示噪声，所有的背景噪声成分的物理尺寸均小于结构元素。图（c）是原图像 X 被结构元素 B 腐蚀后的图像，实际上它是将目标周围的噪声块消除了，但目标内的噪声成分却变大了。这是因为目标内的空白部分实际上是内部的边界，经腐蚀后会变大。再用 B 对腐蚀结果进行膨胀得到图（d）。现在用 B 对图（d）进行闭运算，就可将目标内的噪声孔消除得到图（f）。由此可见，$(X \circ B) \bullet B$ 可以构成滤除图像噪声的形态滤波器，能滤除目标内比结构元素小的噪声块。

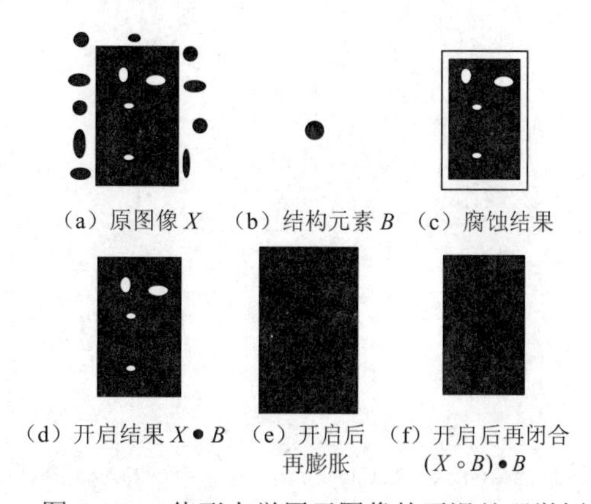

图 7-8 二值形态学用于图像的平滑处理举例

（2）图像的边缘提取。

在一幅图像中，图像的边缘线或棱线是信息量最为丰富的区域。提取边界或边缘是图像分割的重要组成部分。实践证明，人的视觉系统先在视网膜上实现边界线的提取，然后再把所得的视觉信息提供给大脑。因此，通过提取出物体的边界可以明确物体的大致形状。这种做法实质上是把一个二维复杂的问题表示为一条边缘曲线，大大节约了处理时间，为识别物体带来了方便。

提取物体的轮廓边缘的形态学变换为：

$$Y = X - (X \Theta B) \tag{7-6}$$

如图 7-9 所示，（a）为原始图像，（b）为结构元素，（d）为轮廓提取结果。

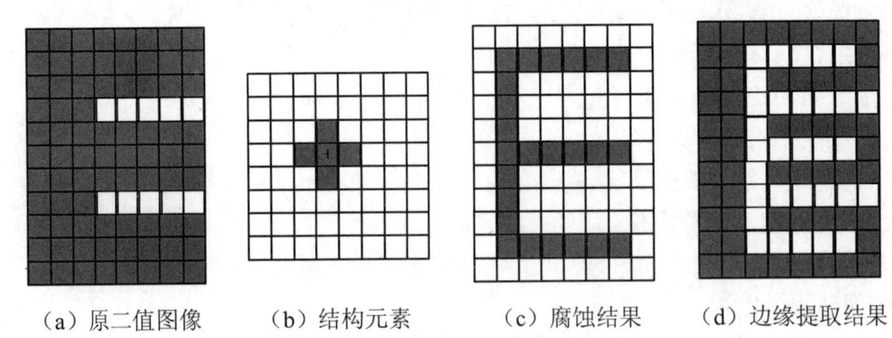

（a）原二值图像　（b）结构元素　（c）腐蚀结果　（d）边缘提取结果

图 7-9　二值图像的边缘提取举例

7.3　OpenCV 实现

7.3.1　腐蚀

通过以下例程介绍腐蚀的实现。

```
#include "stdafx.h"
#include "opencv2/imgproc.hpp"
#include "opencv2/highgui.hpp"

using namespace cv;

int main(int, char** argv)
{
        Mat src;
        Mat dst;

        src = imread("cell_bin.bmp", 1);

        if (src.empty())
        {
                return -1;
        }

        Mat ele = getStructuringElement(MORPH_RECT, Size(5, 5));      //getStructuringElement 返回值定义内核矩阵
```

```
        erode(src, dst, ele);                                        //erode 函数直接进行腐蚀操作

        imshow("srcImage", src);
        imshow("dstImage", dst);
        waitKey(0);

        return 0;
}
```

腐蚀函数的原型如下：

```
void erode(
        InputArray src,
        OutputArray dst,
        InputArray kernel,
        Point anchor=Point(-1,-1),
        int iterations=1,
        int borderType=BORDER_CONSTANT,
        const Scalar& borderValue=morphologyDefaultBorderValue()
);
```

参数详解：

第 1 个参数，InputArray 类型的 src，输入图像，即源图像，填 Mat 类的对象即可。图像通道的数量可以是任意的，但图像深度应为 CV_8U、CV_16U、CV_16S、CV_32F、CV_64F 其中之一。

第 2 个参数，OutputArray 类型的 dst，即目标图像，需要和源图像有一样的尺寸和类型。

第 3 个参数，InputArray 类型的 kernel，腐蚀操作的内核。若为 NULL 时，表示的是使用参考点位于中心 3×3 的核。我们一般使用函数 getStructuringElement 配合这个参数的使用。getStructuringElement 函数会返回指定形状和尺寸的结构元素（内核矩阵）（具体看 dilate 函数的第 3 个参数的讲解部分）。

第 4 个参数，Point 类型的 anchor，锚的位置，其有默认值(-1，-1)，表示锚位于单位（element）的中心，我们一般不用管它。

第 5 个参数，int 类型的 iterations，迭代使用 erode()函数的次数，默认值为 1。

第 6 个参数，int 类型的 borderType，用于推断图像外部像素的某种边界模式。注意它有默认值 BORDER_DEFAULT。

第 7 个参数，const Scalar&类型的 borderValue，当边界为常数时的边界值，有默认值 morphologyDefaultBorderValue，一般我们不用去管它。需要用到它时，可以通过查看官方文档中的 createMorphologyFilter()函数得到更详细的解释。

使用 erode 函数时，一般我们只需要填前面的三个参数，后面的四个参数都有默认值，而且往往结合 getStructuringElement 一起使用，该函数的原型如下：

```
Mat cv::getStructuringElement(
        int shape,
        Size ksize,
        Point anchor = Point(-1,-1)
);
```

其中，getStructuringElement 函数的第 1 个参数表示内核的形状，我们可以选择如下三种形状之一：

- 矩形：MORPH_RECT
- 交叉形：MORPH_CROSS
- 椭圆形：MORPH_ELLIPSE

而 getStructuringElement 函数的第 2 和第 3 个参数分别是内核的尺寸和锚点的位置。

我们一般在调用 erode 和 dilate 函数之前，先定义一个 Mat 类型的变量来获得 getStructuringElement 函数的返回值。对于锚点的位置，有默认值 Point(-1,-1)，表示锚点位于中心。需要注意，十字形的 element 形状唯一依赖于锚点的位置。而在其他情况下，锚点只是影响了形态学运算结果的偏移。

程序运行后源图像与目标图像如图 7-10 所示。

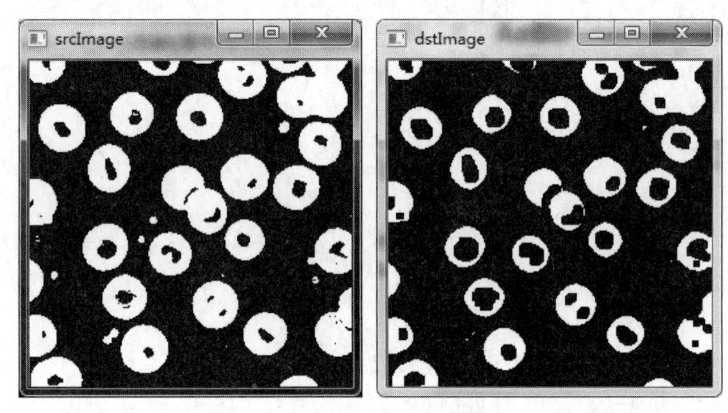

图 7-10　腐蚀结果示意图

7.3.2　膨胀

膨胀的例程如下：

```
#include "stdafx.h"
#include "opencv2/imgproc.hpp"
#include "opencv2/highgui.hpp"

using namespace cv;

int main(int, char** argv)
{
	Mat src;
	Mat dst;

	src = imread("cell_bin.bmp", 1);

	if (src.empty())
	{
		return -1;
	}

	Mat ele = getStructuringElement(MORPH_RECT, Size(5, 5));	//getStructuringElement 返回值定义内核矩阵

	dilate(src, dst, ele);				//dilate 函数直接进行膨胀操作

	imshow("srcImage", src);
```

```
        imshow("dstImage", dst);
        waitKey(0);

        return 0;
}
```

膨胀函数的原型如下：

```
void dilate(
        InputArray src,
        OutputArray dst,
        InputArray kernel,
        Point anchor=Point(-1,-1),
        int iterations=1,
        int borderType=BORDER_CONSTANT,
        const Scalar& borderValue=morphologyDefaultBorderValue()
);
```

参数详解：

第 1 个参数，InputArray 类型的 src，输入图像，即源图像，填 Mat 类的对象即可。图像通道的数量可以是任意的，但图像深度应为 CV_8U、CV_16U、CV_16S、CV_32F、CV_64F 其中之一。

第 2 个参数，OutputArray 类型的 dst，即目标图像，需要和源图像有一样的尺寸和类型。

第 3 个参数，InputArray 类型的 kernel，膨胀操作的核。若为 NULL 时，表示的是使用参考点位于中心 3×3 的核。

第 4 个参数，Point 类型的 anchor，锚的位置，其有默认值(-1,-1)，表示锚位于中心。

第 5 个参数，int 类型的 iterations，迭代使用 erode()函数的次数，默认值为 1。

第 6 个参数，int 类型的 borderType，用于推断图像外部像素的某种边界模式。注意它有默认值 BORDER_DEFAULT。

第 7 个参数，const Scalar&类型的 borderValue，当边界为常数时的边界值，有默认值 morphologyDefaultBorderValue，一般我们不用去管它。需要用到它时，可以通过查看官方文档中的 createMorphologyFilter()函数得到更详细的解释。

使用 dilate 函数，一般我们只需要填前面的三个参数，后面的四个参数都有默认值。而且往往结合 getStructuringElement 一起使用。

程序运行后源图像与目标图像如图 7-11 所示。

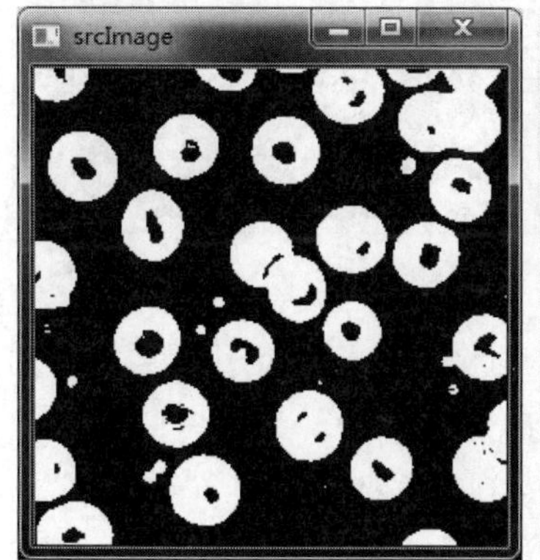

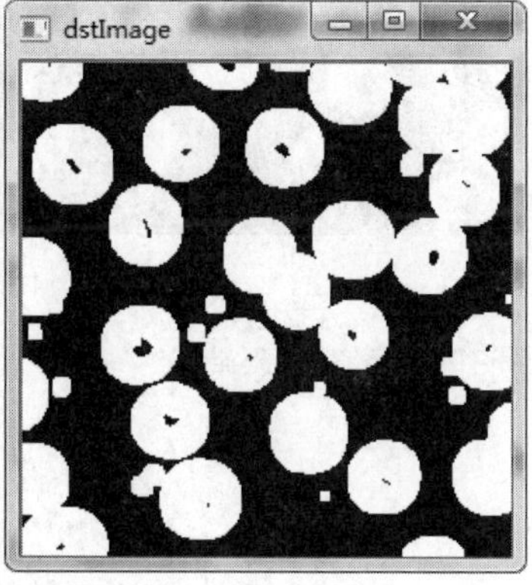

图 7-11　膨胀结果示意图

7.3.3 开运算和闭运算

开闭运算是腐蚀膨胀操作的组合，开运算先进行腐蚀再进行膨胀，闭运算先进性膨胀再进行腐蚀。以开运算为例介绍如何实现开闭运算。

```
#include "stdafx.h"
#include "opencv2/imgproc.hpp"
#include "opencv2/highgui.hpp"
using namespace cv;
int main(int, char** argv)
{
        Mat src;
        Mat tmp;
        Mat dst;
        src = imread("cell_bin.bmp", 1);
        if (src.empty())
        {
                return -1;
        }
      Mat ele = getStructuringElement(MORPH_RECT, Size(5, 5));                    //定义内核矩阵
        //开运算，先腐蚀，后膨胀
        erode(src, tmp, ele);
        dilate(tmp, dst, ele);

        imshow("srcImage", src);
        imshow("dstImage", dst);
        waitKey(0);

        return 0;
}
```

程序运行后源图像与目标图像如图 7-12 所示。

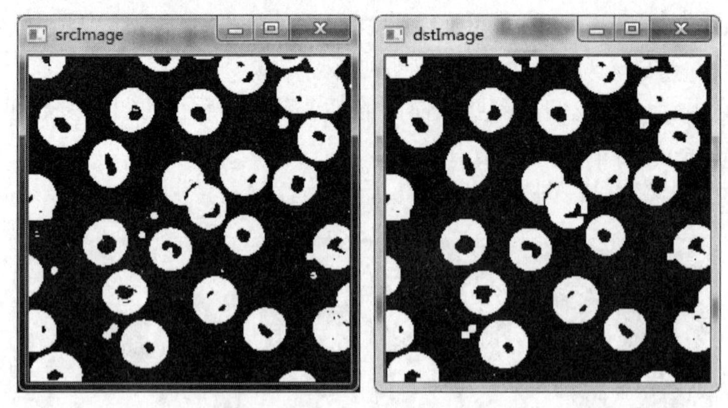

图 7-12　开闭运算结果示意图

我们可以看到开闭运算实际消除了一些小的噪声点，因此开闭运算常用来实现对噪声的处理。

第 8 章　彩色图像处理

前面讨论了一些关于图像处理的方法，其主要是针对灰度图像进行的处理，然而大千世界中的物体五彩斑斓，大多数图像都具有丰富的色彩。彩色图像提供了比灰度图像更丰富的信息，人眼对彩色图像的视觉感受比对黑白或灰度图像的感受丰富得多。为了更有效地增强或者复原图像，在数字图像处理中广泛应用了彩色处理技术。图像处理中色彩的运用主要出于以下两个因素：第一，颜色是一个强有力的描绘子，它常常可简化目标的区分及从场景中抽取目标；第二，人眼可以辨别几千种颜色色调和亮度，而相比之下只能分辨出几十种灰度层次。因此，彩色图像处理受到了越来越多的关注。

彩色图像处理中，被处理的图像一般是从彩色传感器获得，例如彩色摄像机、彩色照相机或彩色扫描仪。而随着图像获取、输出设备性能的不断提高和价格的不断下降，利用计算机等设备进行彩色图像处理的应用日益广泛，包括印刷、可视化和互联网应用等。

这一章我们在介绍色度学基础和颜色模型的基础上对彩色图像的常用处理方法进行讨论。

8.1　色度学基础和颜色模型

颜色模型又称为色彩模型，是指某个三维颜色空间中的一个可见光子集，它包含某个颜色域的所有颜色。例如，RGB 颜色模型就是三维直角坐标颜色系统的一个单位正方体。颜色模型的用途是在某个颜色域内方便地指定颜色，由于每一个颜色域都是可见光的子集，所以任何一个颜色模型都无法包含所有的可见光。大多数的彩色图形显示设备一般都是使用红、绿、蓝三原色，我们的真实感图形学中的主要颜色模型也是 RGB 模型，但是红、绿、蓝颜色模型用起来不太方便，它与直观的颜色概念如色调、饱和度和亮度等没有直接的联系。所以为了科学地定量描述和使用颜色，出现了各种各样的颜色模型。

为了用计算机来表示和处理颜色，必须采用定量的方法来描述颜色，即建立颜色模型。目前广泛使用的颜色模型有三类：计算颜色模型、工业颜色模型、视觉颜色模型。计算颜色模型又称为色度学颜色模型，主要应用于纯理论研究和计算推导，计算颜色模型有 CIE 的 RGB、XYZ、Luv、LCH、LAB、UCS、UVW 等；工业颜色模型侧重于实际应用的实现技术，包括彩色显示系统、彩色传输系统、电视传播系统等，如印刷中用的 CMYK 模型、电视系统用的 YUV 模型、用于彩色图像压缩的 YCbCr 模型等；视觉颜色模型是指与人眼对颜色感知的视觉模型相似的模型，它主要用于对色彩的理解，常见的有 HSL 模型、HSV 模型和 HSI 模型等。

（1）HSV 颜色模型。

每一种颜色都是由色相（Hue，H）、饱和度（Saturation，S）和色明度（Value，V）表示的。HSV 模型对应于圆柱坐标系中的一个圆锥形子集，如图 8-1 所示，圆锥的顶面对应于 V=1。它包含 RGB 模型中的 R=1、G=1、B=1 三个面，所代表的颜色较亮。色彩 H 由绕 V 轴的旋转角给定。红色对应于角度 0°，绿色对应于角度 120°，蓝色对应于角度 240°。在

HSV 颜色模型中，每一种颜色和它的补色相差 180°。饱和度 S 取值从 0 到 1，所以圆锥顶面的半径为 1。HSV 颜色模型所代表的颜色域是 CIE 色度图的一个子集，这个模型中饱和度为百分之百的颜色，其纯度一般小于百分之百。在圆锥的顶点（即原点）处，V=0，H 和 S 无定义，代表黑色。圆锥的顶面中心处 S=0，V=1，H 无定义，代表白色。从该点到原点代表亮度渐暗的灰色，即具有不同灰度的灰色。对于这些点，S=0，H 的值无定义。可以说，HSV 模型中的 V 轴对应于 RGB 颜色空间中的主对角线。在圆锥顶面的圆周上的颜色，V=1，S=1，这种颜色是纯色。HSV 模型用改变色浓和色深的方法从某种纯色获得不同色调的颜色，在一种纯色中加入白色以改变色浓，加入黑色以改变色深，同时加入不同比例的白色、黑色即可获得各种不同的色调。

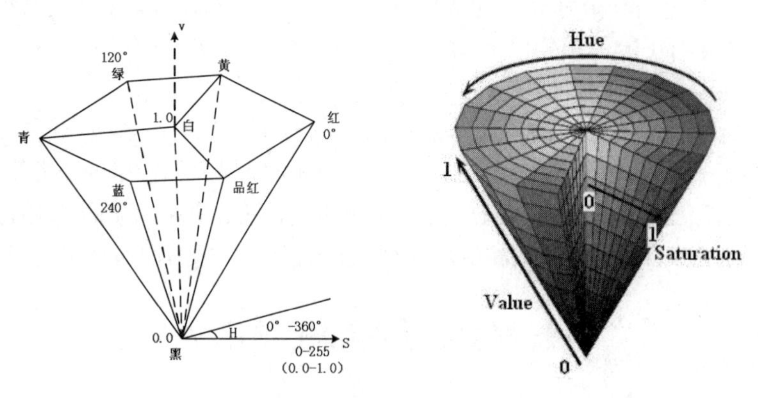

图 8-1　HSV 颜色模型

（2）HSI 颜色模型。

HSI 模型是美国色彩学家 H.A.Munseu 于 1915 年提出的。它是从人的视觉系统出发，用颜色的三个特征色调（Hue）、色饱和度（Saturation）和亮度 （Intensity）来描述色彩。

色调或色品 H：表示人的感官对不同颜色的感受，与光波的波长有关，光谱不同波长的辐射在色觉上表现为不同的色调，如红、绿、蓝等。自发光体的色调决定于它本身光辐射的光谱组成。非发光体的色调决定于照明光源的光谱组成和该物体的光谱反射或透射特性。

饱和度或色纯度 S：表示颜色的纯度。纯光谱色是完全饱和的，加入白光会稀释饱和度。饱和度越大，颜色看起来就会越鲜艳，反之亦然。也就是说纯的光谱色的饱和度最高，白光的饱和度最低。

亮度或明度 I：表示某种颜色的光对人眼所引起的视觉强度，是颜色的明亮程度。它与光的辐射功率有关。

HSI 模型的建立基于两个重要的事实：第一，I 分量与图像的彩色信息无关；第二，H 和 S 分量与人感受颜色的方式是紧密相关的。这些特点使得 HSI 模型非常适合彩色特性检测与分析。

HSI 色彩空间可以用双六棱锥来描述。I 是亮度轴，色调 Hd 角度范围为$[0,2\pi]$，其中纯红色的角度为 0，纯绿色的角度为$2\pi/3$，纯蓝色的角度是$4\pi/3$。饱和度 S 是颜色空间任一点距 I 轴的距离。用这种描述 HSI 色彩空间的棱锥模型相当复杂，但却能把色调、亮度和色饱和度的变化情形表现得很清楚。

由于人的视觉对亮度的敏感程度远强于对颜色浓淡的敏感程度，所以为了便于色彩处理和识别，人的视觉系统经常采用HSI色彩空间，它比RGB色彩空间更符合人的视觉特性。在图像处理和计算机视觉中大量算法都可在HSI色彩空间中方便地使用，它们可以分开处理而且是相互独立的。因此，在HSI色彩空间可以大大减少图像分析和处理的工作量。HSI色彩空间和RGB色彩空间只是同一物理量的不同表示法，因而它们之间存在着转换关系。

（3）RGB颜色模型。

RGB（Red，Green，Blue）颜色模型采用CIE规定的三基色构成颜色表示系统。自然界的任意一个颜色都可以通过这三种基色按照不同的比例混合而成。它是我们使用最多、最熟悉的颜色模型。它采用三维直角坐标系。红、绿、蓝原色是加性原色，各个原色混合在一起可以产生复合色。

设颜色传感器把数字图像上的一个像素编码成(R,G,B)，每个分量量化范围为[0,255]共256级，因此RGB模型可以表示$2^8\times2^8\times2^8=256\times256\times256\approx1670$万种颜色，这足以表示自然界中的任意颜色。又因为每个像素有共24位表示其颜色，所以又称为24位真彩色。

一幅图像中的每一个像素点被赋予不同的RGB值，便可以形成真彩色图像。RGB颜色模型通常采用如图8-2所示的单位立方体来表示。在正方体的主对角线上，各原色的强度相等，产生由暗到明的白色，也就是不同的灰度值。(0,0,0)为黑色，(255,255,255)为白色。正方体的其他六个角点分别为红、黄、绿、青、蓝和品红。

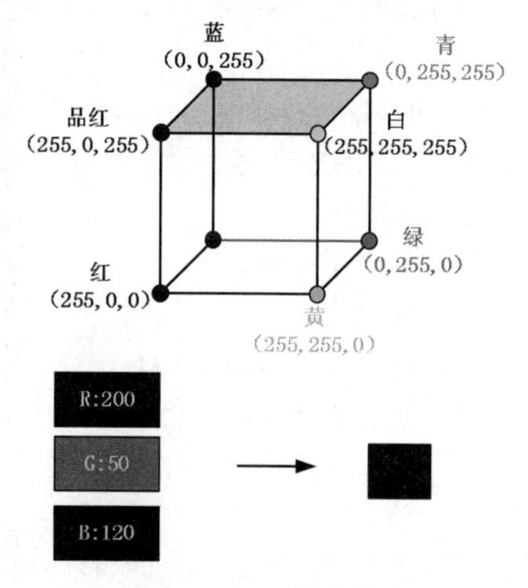

图8-2　RGB颜色模型

RGB颜色模型称为与设备相关的颜色模型，RGB颜色模型所覆盖的颜色域取决于显示设备荧光点的颜色特性，是与硬件相关的。RGB颜色模型通常使用于彩色阴极射线管等彩色光栅图形显示设备中，彩色光栅图形的显示器都使用R、G、B数值来驱动R、G、B电子枪发射电子，并分别激发荧光屏上的R、G、B三种颜色的荧光粉发出不同亮度的光线，并通过相加混合产生各种颜色；扫描仪也是通过吸收原稿经反射或透射而发送来的光线中的R、G、B成分来表示原稿的颜色。

（4）CMYK颜色模型。

CMYK（Cyan，Magenta，Yellow）颜色空间应用于印刷工业，印刷业通过青（C）、品（M）、黄（Y）三原色油墨的不同网点面积率的叠印来表现丰富多彩的颜色和阶调，这便是三原色的CMY颜色空间。实际印刷中，一般采用青（C）、品（M）、黄（Y）、黑（K）四色印刷，这种模型称为 CMYK。CMYK 颜色空间是和设备或者是印刷过程相关的，所以 CMYK 颜色空间称为与设备有关的表色空间。

（5）其他颜色模型。

1）HSL 颜色模型/HSB 颜色模型。

HSL（Hue，Saturation，Lightness）颜色模型也称为 HSB（Hue，Saturation，Brightness）颜色模型，这个颜色模型都是用台式机图形程序的颜色表示，用六角形锥体表示自己的颜色模型。

2）Ycc 颜色模型。

Ycc 颜色模型是由柯达发明的颜色模型，由于 PhotoCd 在存储图像的时候要经过一种模式压缩，所以 PhotoCd 采用了 Ycc 颜色模型，Ycc 空间将亮度作用于它的主要组件，具有两个单独的颜色通道，采用 Ycc 颜色模型来保存图像，可以节约存储空间。

3）CIE XYZ 颜色模型。

国际照明委员会（CIE）在进行了大量正常人视觉的测量和统计后，于 1931 年建立了“标准色度观察者”，从而奠定了现代 CIE 标准色度学的定量基础。由于“标准色度观察者”用来标定光谱色时出现负刺激值，计算不便，也不易理解，因此 1931 年 CIE 在 RGB 系统的基础上，改用三个假想的原色 X、Y、Z 建立了一个新的色度系统。这一系统叫做“CIE1931 标准色度系统”，或称为“CIE XYZ 色度系统”。

4）Lab 颜色模型。

Lab 颜色模型是由 CIE 于 1976 年制定的一种色彩模式。自然界中任何一种颜色都可以在 Lab 空间中表达出来，它的色彩空间比 RGB 空间还要大，这就意味着 RGB 以及 CMYK 所能描述的色彩信息在 Lab 空间中都能得以映射。

Lab 颜色模型取坐标 Lab，其中 L 表示亮度或光亮度分量；a 在正向数值越大表示越红，负向的数值越大则表示越绿；b 在正向数值越大表示越黄，在负向的数值越大表示越蓝。

Lab 这种模式是以数字化方式来描述人的视觉感应，与设备无关，无论使用何种设备（如显示器、打印机、计算机或扫描仪）创建或者输出图像，这种模型都能生成一致的颜色。所以它弥补了 RGB 和 CMYK 模式必须依赖于设备色彩特性的不足。

5）YUV 颜色模型。

在现代彩色电视系统中，通常采用三管彩色摄像机或彩色 CCD（点耦合器件）摄像机，它把摄得的彩色图像信号，经分色、分别放大校正得到 RGB，再经过矩阵变换电路得到亮度信号 Y 和两个色差信号 R－Y、B－Y，最后发送端将亮度和色差三个信号分别进行编码，用同一信道发送出去，这就是我们常用的 YUV 色彩空间。采用 YUV 色彩空间的重要性是它的亮度信号 Y 和色度信号 U、V 是分离的。如果只有 Y 信号分量而没有 U、V 分量，那么这样表示的图就是黑白灰度图。彩色电视采用 YUV 空间正是为了用亮度信号 Y 解决彩色电视机与黑白电视机的兼容问题，使黑白电视机也能接收彩色信号。根据美国国家电视制式委员会 NTSC 制定的标准，当白光的亮度用 Y 来表示时，它和红、绿、蓝三色光的关系可用式（8-1）所示的方程描述：

$$Y=0.3R+0.59G+0.11B \tag{8-1}$$

这就是常用的亮度公式。色差 U、V 是由 B－Y、R－Y 按不同比例压缩而成的。如果要由 YUV 空间转化成 RGB 空间，只要进行相反的逆运算即可。与 YUV 色彩空间类似的还有 Lab

色彩空间，它也是用亮度和色差来描述色彩分量，其中 L 为亮度，a 和 b 分别为各色差分量。

（6）颜色模型之间的转换。

前面介绍了各种颜色模型，但在不同的应用场合中需要采用不同的表示方法，所以很多场合需要在各个颜色模型间进行转换。

1）RGB 和 CIE XYZ 之间的转换。

- RGB<->CIE XYZ REC601

$$\begin{bmatrix} X \\ Y \\ Z \end{bmatrix} = \begin{bmatrix} 0.607 & 0.174 & 0.201 \\ 0.299 & 0.587 & 0.114 \\ 0.000 & 0.066 & 1.117 \end{bmatrix} * \begin{bmatrix} R \\ G \\ B \end{bmatrix} \tag{8-2}$$

$$\begin{bmatrix} R \\ G \\ B \end{bmatrix} = \begin{bmatrix} 1.910 & -0.532 & -0.288 \\ -0.985 & 1.999 & -0.028 \\ 0.058 & -0.118 & 0.898 \end{bmatrix} * \begin{bmatrix} X \\ Y \\ Z \end{bmatrix} \tag{8-3}$$

- RGB<->CIE XYZ REC709

$$\begin{bmatrix} X \\ Y \\ Z \end{bmatrix} = \begin{bmatrix} 0.412 & 0.358 & 0.180 \\ 0.213 & 0.715 & 0.072 \\ 0.019 & 0.119 & 0.950 \end{bmatrix} * \begin{bmatrix} R \\ G \\ B \end{bmatrix} \tag{8-4}$$

$$\begin{bmatrix} R \\ G \\ B \end{bmatrix} = \begin{bmatrix} 3.241 & -1.537 & -0.499 \\ -0.969 & 1.876 & -0.042 \\ 0.056 & -0.204 & 1.057 \end{bmatrix} * \begin{bmatrix} X \\ Y \\ Z \end{bmatrix} \tag{8-5}$$

2）RGB 和 CMYK 之间的转换。

- RGB -> CMYK

$$\begin{aligned} K &= \min(1-R, 1-G, 1-B) \\ C &= (1-R-K) / (1-K) \\ M &= (1-G-K) / (1-K) \\ Y &= (1-B-K) / (1-K) \end{aligned} \tag{8-6}$$

- CMYK->RGB

$$\begin{aligned} R &= 1 - \min(1, C *(1-K) + K) \\ G &= 1 - \min(1, M *(1-K) + K) \\ B &= 1 - \min(1, Y *(1-K) + K) \end{aligned} \tag{8-7}$$

3）RGB 和 HSI 之间的转换。

- RGB ->HSI

$$r = \frac{R}{R+G+B}，\ g = \frac{G}{R+G+B}，\ b = \frac{B}{R+G+B} \tag{8-8}$$

$$h = \begin{cases} \theta & g \geqslant b \\ 2\pi - \theta & g < b \end{cases}，\ h \in [0, 2\pi]$$

$s=1-3*\min(r,g,b)\ \ s \in [0,1]$

$$i = \frac{R+G+B}{3 \times 255}，\ i \in [0,1] \tag{8-9}$$

$$\text{其中 } \theta=\arccos\left\{\frac{\dfrac{(r-g)+(r-b)}{2}}{[(r-g)^2+(r-b)(g-b)]^{1/2}}\right\} \tag{8-10}$$

- HSI -> RGB

$$\begin{cases} b=i(1-s) \\ r=i[1+\dfrac{s\cos h}{\cos(60^\circ-h)}] \quad 0\leqslant h<\dfrac{2\pi}{3} \\ g=3i-(b+r) \end{cases} \tag{8-11}$$

$$\begin{cases} h=h-\dfrac{2\pi}{3} \\ r=i(1-s) \\ g=i[1+\dfrac{s\cos h}{\cos(60^\circ-h)}] \quad \dfrac{2\pi}{3}\leqslant h<\dfrac{4\pi}{3} \\ b=3i-(g+r) \end{cases} \tag{8-12}$$

$$\begin{cases} h=h-\dfrac{4\pi}{3} \\ g=i(1-s) \\ b=i[1+\dfrac{s\cos h}{\cos(60^\circ-h)}] \quad \dfrac{4\pi}{3}\leqslant h<2\pi \\ r=3i-(b+g) \end{cases} \tag{8-13}$$

4）RGB 和 YUV 之间的转换。

$$\begin{bmatrix} \mathrm{Y} \\ \mathrm{U} \\ \mathrm{V} \end{bmatrix}=\begin{bmatrix} 0.299 & 0.587 & 0.114 \\ -0.148 & -0.289 & -0.437 \\ 0.615 & 0.515 & -0.100 \end{bmatrix}*\begin{bmatrix} \mathrm{R} \\ \mathrm{G} \\ \mathrm{B} \end{bmatrix} \tag{8-14}$$

$$\begin{bmatrix} \mathrm{R} \\ \mathrm{G} \\ \mathrm{B} \end{bmatrix}=\begin{bmatrix} 1 & 0 & 1.140 \\ 1 & -0.395 & -0.581 \\ 1 & 2.032 & 0 \end{bmatrix}*\begin{bmatrix} \mathrm{Y} \\ \mathrm{U} \\ \mathrm{V} \end{bmatrix} \tag{8-15}$$

5）RGB 和 YcbCr 之间的转换。

JPEG 采用的颜色模型是 YCbCr。它是从 YUV 颜色模型衍生来的。其中 Y 指亮度，而 Cb 和 Cr 是将 U 和 V 做少量的调整而得来的。

$$\begin{bmatrix} \mathrm{Y} \\ \mathrm{Cb} \\ \mathrm{Cr} \\ 1 \end{bmatrix}=\begin{bmatrix} 0.2990 & 0.5870 & 0.1140 & 0 \\ -0.1687 & -0.3313 & 0.5000 & 128 \\ 0.5000 & -0.4187 & -0.0813 & 128 \\ 0 & 0 & 0 & 1 \end{bmatrix}*\begin{bmatrix} \mathrm{R} \\ \mathrm{G} \\ \mathrm{B} \end{bmatrix} \tag{8-16}$$

$$\begin{bmatrix} \mathrm{R} \\ \mathrm{G} \\ \mathrm{B} \end{bmatrix}=\begin{bmatrix} 1 & 1.40200 & 0 \\ 1 & -0.34414 & -0.71414 \\ 1 & 1.77200 & 0 \end{bmatrix}*\begin{bmatrix} Y \\ \mathrm{Cb\text{-}128} \\ \mathrm{Cr\text{-}128} \end{bmatrix} \tag{8-17}$$

8.2 颜色变换

在这一节我们来介绍颜色变换技术。颜色变换是指在单一彩色模型的范围中处理彩色图像分量，而不是在本章第一节中介绍的不同模型间那些分量的转换。对彩色图像进行颜色变化，可以实现对彩色图像的增强处理，改善视觉效果，为进一步处理奠定基础。

1. 基本变换

我们用式（8-18）来表达颜色变换的模型：

$$g(x,y)=T[f(x,y)] \tag{8-18}$$

其中 $f(x,y)$ 是彩色输入图像，$g(x,y)$ 是变换或者处理过的彩色输出图像，T 是空间邻域 (x,y)上对 f 的操作。这里像素值是从彩色空间选择的三元组或者四元组。

而彩色分量的处理过程我们在这里描述为：

$$s_i=T_i(r_1,r_2,...,r_n),\ \ i=1,2,...,n \tag{8-19}$$

其中 s_i和 r 分别是 $g(x,y)$和 $f(x,y)$在图像中任一点的彩色分量值，$\{T_1,T_2,...,T_n\}$ 是一个对 r_i 操作产生 s_i 的变化或者映射函数集。所选择的用于变换的 f 和 g 的彩色空间决定了 n 值，例如如果选择 RGB 空间，则 n=3、r_1、r_2、r_3 分别表示输入图像的红、绿、蓝分量；而如果选择 CMKY 和 HSI 空间，则 n=4 或者 n=3。

例如要改变图像的亮度，可以使用：

$$g(x,y)=k[f(x,y)] \tag{8-20}$$

其中 k 为改进亮度常数，0<k<1。

在 HSI 模型中，其变换为： $s_i=kr_i$ （8-21）

在 RGB 模型中，其变换为： $s_i=kr_i$ （8-22）

式（8-21）和（8-22）中定义的每个变换，都只依赖于其彩色模型中的一个分量。例如，红色输出分量 S 在式（8-22）中独立于蓝色和绿色输入分量，这类变换最简单和最常用的彩色处理工具，并可以每个彩色分量为基础进行，但是有些变化函数会依赖所有的输入分量。

理论上，式（8-19）可用于任何颜色模型，然而，某一特定变换对于特定的颜色模型会比较适用。如图 8-3 所示直方图均衡化处理结果，若采用 HSI 模型，通过对 I 进行处理，得到的结果正常；而如果采用 RGB 模型分别对三通道进行处理，则会产生畸变——偏色现象。

（a）原图像

（b）HSI 模型

（c）RGB 模型

图 8-3 彩色图像直方图均衡化处理效果

2. 直方图处理

在数字图像处理中，直方图是最简单且最有效的工具，通过直方图均衡化、归一化等处理，可以对图像质量进行调整。对彩色图像而言，直方图仍然是一种有力的处理工具。

彩色直方图 h 定义为：

$$h_{A,B,C}[r_1,r_2,r_3]=N*P\{A=r_1,B=r_2,C=r_3\} \tag{8-23}$$

其中 A、B、C 为颜色通道，N 为图像的总像素数，P 为概率，r_1、r_2、r_3 为颜色值。将图像中的颜色进行量化后，再统计每种颜色出现的个数，便可得到彩色直方图。

若直接用式（8-23）获取图像的直方图，计算量会非常大。例如 RGB 每个通道量化为 8 位，共有 16777216 种颜色。因此，要分别统计 16777216 种颜色在图像中出现的次数，所以实际应用中常采用如下几种方法实现彩色图像直方图的简化。

（1）分通道彩色直方图。

首先对彩色图像执行通道分离操作，然后对每个颜色通道进行直方图统计，获得各个通道的直方图。图 8-4（b）～（d）是图 8-4（a）的 R、G、B 三通道直方图。

（a）原图像

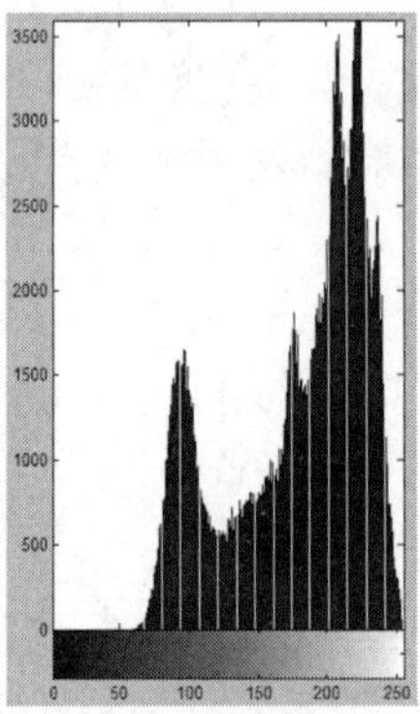

（b）R 通道直方图

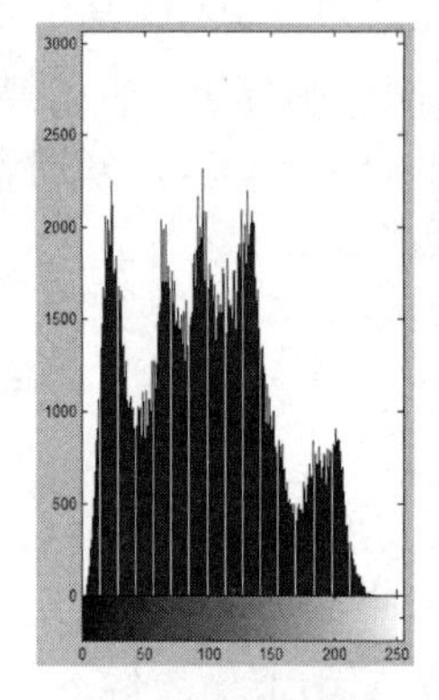

（c）G 通道直方图

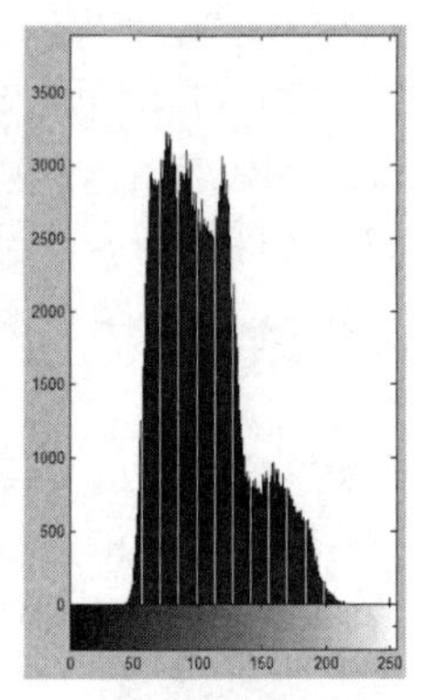

（d）B 通道直方图

图 8-4　分通道彩色直方图

利用分通道直方图可以分析每个颜色分量在图像中的分布情况，从而完成对图像的进一步处理。

（2）单变量彩色直方图。

由于图像中的颜色数是有限的，因此可将式（8-23）中的多通道直方图转换为单通道直方图，转换公式为：

$$m=a+N_A b+N_A N_B c \tag{8-24}$$

其中，N_A、N_B 分别为具有 A、B 分量的像素数。

单变量彩色直方图定义为：

$$h(m)=N*P(M=m) \tag{8-25}$$

（3）近似彩色直方图。

对于 RGB 模型，创建彩色直方图的另一种简化方法是分别取 RGB 颜色通道的高两位拼成一个值，用该值代表一种颜色，统计其在图像中出现的次数，便可得到彩色图像的近似直方图。

该简化方法中，直方图的级别只有 $2^8=64$ 级，大大简化了直方图的创建过程和处理过程。

8.3 彩色图像增强

由于受到各种因素的制约或者条件限制，使得得到的彩色图像颜色偏暗、对比度比较低，以及某些局部信息不突出等，所以需要对彩色图像进行增强处理，目的是突出图像中的有用信息，改善图像的视觉效果。这里的彩色图像增强方法包括彩色图像平衡和彩色图像增强。

彩色图像也会涉及空间滤波问题，对于这个问题，可以将灰度图像的空间滤波方法直接推广到彩色图像。但是为了保证处理后的图像不发生颜色畸变，应该注意各个颜色通道上的处理必须相同。这一节我们来看一下 RGB 模型彩色图像的平滑和锐化处理。

1. 彩色平衡

当一幅彩色图像数字化后，在显示时颜色经常看起来有些不正常。这是因为颜色通道的不同敏感度、增光因子、偏移量等因素会导致数字化中的三个图像分量出现不同的线性变换，使结果图像的三原色“不平衡”，从而造成图像中所有物体的颜色都偏离其原有的真实色彩。最突出的现象就是那些本来是灰色的物体有了颜色。将其校正的过程就是彩色平衡。

彩色平衡的基本原理是通过调整 R、G、B 分量的比例，使得本来应该是白色的像素的颜色分量保持平衡。

彩色平衡的基本步骤如下：

（1）求出图像中的最大亮度 $Y_{\max}$ 和平均亮度 $\overline{Y}$。

（2）找出 $\geqslant 0.95Y_{\max}$ 的所有像素，假定这些点为白色点，求出它们的颜色分量平均值 $\overline{R}$、$\overline{G}$、$\overline{B}$。

（3）计算颜色调整系数 $k_R = \frac{\overline{Y}}{\overline{R}}$，$k_G = \frac{\overline{Y}}{\overline{G}}$，$k_B = \frac{\overline{Y}}{\overline{B}}$。

（4）调整整幅图像的红绿蓝分量 $R^* = k_R R$，$G^* = k_G G$，$B^* = k_B B$。

图 8-5 所示为对一幅图像进行彩色平衡之后的效果图。

（a）原图像

（b）彩色平衡后的图像

图 8-5 彩色平衡效果图

2. 彩色增强

彩色增强的目的是使处理后的彩色图像有更好的效果，更适合于后续的研究和分析。通过分别对彩色图像的 R、G、B 三个分量进行处理可以对单色图像进行彩色增强从而达到对彩色图像进行彩色增强的目的。需要注意的是，在对三色彩色图像的 R、G、B 分量进行操作时，必须避免破坏彩色平衡。如果在 HSI 模型的图像上操作，实际上在许多情况下，强度分量可以不看作是单一图像，而是包含在色调和饱和度分量中的彩色信息，常被不加改变地保留下来。

对饱和度的增强可以通过将每个像素的饱和度乘以一个大于 1 的常数来实现，这样会使图像的彩色更为鲜明；相反，如果乘以一个小于 1 的常数可以来减弱彩色的鲜明程度。我们可以在饱和度图像分量中使用非线性点操作，只要变换函数在原点为 0。不过，变换饱和度接近 0 的像素可能会破坏彩色平衡。

由前面的介绍可知，色调是一个角度，因此可以通过给每个像素的色调加一个常数来改变颜色的效果。加减一个小的角度只会使彩色图像变得相对冷色调或者暖色调，而加减更大的角度会使图像有剧烈的变化。由于色调是用角度表示的，处理时就必须考虑灰度级的周期性，例如，在 8 位/像素的情况下，有 255+1=0 和 0-1=255。

（1）彩色图像平滑。

平滑可以使图像模糊化，从而减少图像中的噪声。灰度图像的平滑可以通过 Box 模板操作来实现，可以推广到彩色图像平滑中。

在 RGB 模型中，每个像素有三个颜色分量 R、G、B。设 c 为 RGB 坐标系中的任一向量，则：

$$c=\begin{bmatrix} c_R \\ c_G \\ c_B \end{bmatrix}=\begin{bmatrix} R \\ G \\ B \end{bmatrix} \tag{8-26}$$

向量 c 转化成像素位置(x,y)的函数，则：

$$c=\begin{bmatrix} c_R(x,y) \\ c_G(x,y) \\ c_B(x,y) \end{bmatrix}=\begin{bmatrix} R(x,y) \\ G(x,y) \\ B(x,y) \end{bmatrix} \tag{8-27}$$

式中，$x=0,1,2,\cdots,M-1$；$y=0,1,2,\cdots,N-1$。对于一个 $M\times N$ 的图像而言，有 MN 个这样的向量。

利用 Box 模板对彩色图像利用式（8-28）可以实现平滑：

$$\overline{c}(x,y)=\frac{1}{M}\sum_{(i,j)\in s} c(i,j) \tag{8-28}$$

即：

$$\overline{c}(x,y)=\begin{bmatrix} \frac{1}{M}\sum_{(i,j)\in s} R(i,j) \\ \frac{1}{M}\sum_{(i,j)\in s} G(i,j) \\ \frac{1}{M}\sum_{(i,j)\in s} B(i,j) \end{bmatrix} \tag{8-29}$$

式中，S 是以(x,y)为中心的邻域集合，M 为 S 内的像素点数。利用式（8-30）对图像中的像素进行邻域平均，就可以得到平滑后的图像。图 8-6（b）是对图 8-6（a）用 25×25 的 Box 模板进行平滑的结果。

（a）原图像　　　　（b）平滑后的图像

图 8-6　利用 Box 模板对彩色图像进行平滑处理效果图

（2）彩色图像锐化。

锐化的主要目的是突出图像的细节。彩色图像的锐化与平滑的操作要求和操作步骤相同，只是使用的是锐化模板。还是以 RGB 图像为例，这里使用经典的 Laplace 模板进行锐化，计算公式为：

$$\nabla^2\left[c(x,y)\right]=\begin{bmatrix}\nabla^2 R(x,y)\\ \nabla^2 G(x,y)\\ \nabla^2 B(x,y)\end{bmatrix} \tag{8-30}$$

对图 8-7（a）采用如下模板进行锐化，得到的处理结果如图 8-7（b）所示。

$$H=\begin{bmatrix}-1 & -1 & -1\\ -1 & 8 & -1\\ -1 & -1 & -1\end{bmatrix} \tag{8-31}$$

（a）原图像　　　　（b）锐化后的图像

图 8-7　彩色图像锐化效果图

8.4 OpenCV 实现

8.4.1 颜色变换

以 RGB 转 HSV 为例介绍如何进行颜色空间的变换。

```
#include "stdafx.h"
#include "opencv2/imgproc.hpp"
#include "opencv2/highgui.hpp"

using namespace cv;

int main(int, char** argv)
{
	Mat src;
	Mat tmp;
	Mat dst;

	src = imread("peppers_color.bmp",1);

	if (src.empty())
	{
		return -1;
	}

	cvtColor(src, dst, COLOR_BGR2HSV);                //颜色转换函数


	imshow("srcImage", src);
	imshow("dstImage", dst);


	waitKey(0);

	return 0;
}
```

OpenCV 中使用 cvtColor()函数来进行颜色变换，函数原型如下：

```
void cvtColor(InputArray src, OutputArray dst, int code,int dstCn=0 );
```

参数解释：

InputArray src：输入图像，即要进行颜色空间变换的原图像，可以是 Mat 类，输入 8-bit、16-bit 或 32-bit 单倍精度浮点数影像。

OutputArray dst：输出图像，即进行颜色空间变换后的存储图像，也可以 Mat 类，输出 8-bit、16-bit 或 32-bit 单倍精度浮点数影像。

int code：转换的代码或标识，即在此确定将什么制式的图像转换成什么制式的图像。

int dstCn = 0：目标图像通道数，如果取值为 0，则由 src 和 code 决定。

cvtColor()函数支持多种颜色空间之间的转换，其支持的转换类型和转换码如下：

- RGB 和 BGR（OpenCV 默认的彩色图像的颜色空间是 BGR）颜色空间的转换。

```
cv::COLOR_BGR2RGB
cv::COLOR_RGB2BGR
cv::COLOR_RGBA2BGRA
cv::COLOR_BGRA2RGBA
```

- 向 RGB 和 BGR 图像中增添 alpha 通道。

```
cv::COLOR_RGB2RGBA
cv::COLOR_BGR2BGRA
```

- 从 RGB 和 BGR 图像中去除 alpha 通道。

```
cv::COLOR_RGBA2RGB
cv::COLOR_BGRA2BGR
```

- 从 RGB 和 BGR 颜色空间转换到灰度空间。

```
cv::COLOR_RGB2GRAY
cv::COLOR_BGR2GRAY

cv::COLOR_RGBA2GRAY
cv::COLOR_BGRA2GRAY
```

- 从灰度空间转换到 RGB 和 BGR 颜色空间。

```
cv::COLOR_GRAY2RGB
cv::COLOR_GRAY2BGR

cv::COLOR_GRAY2RGBA
cv::COLOR_GRAY2BGRA
```

- RGB 和 BGR 颜色空间与 BGR565 颜色空间之间的转换。

```
cv::COLOR_RGB2BGR565
cv::COLOR_BGR2BGR565
cv::COLOR_BGR5652RGB
cv::COLOR_BGR5652BGR
cv::COLOR_RGBA2BGR565
cv::COLOR_BGRA2BGR565
cv::COLOR_BGR5652RGBA
cv::COLOR_BGR5652BGRA
```

- 灰度空间与 BGR565 之间的转换。

```
cv::COLOR_GRAY2BGR555
cv::COLOR_BGR5552GRAY
```

- RGB 和 BGR 颜色空间与 CIE XYZ 之间的转换。

```
cv::COLOR_RGB2XYZ
cv::COLOR_BGR2XYZ
cv::COLOR_XYZ2RGB
cv::COLOR_XYZ2BGR
```

- RGB 和 BGR 颜色空间与 uma 色度（YCrCb 空间）之间的转换。

```
cv::COLOR_RGB2YCrCb
cv::COLOR_BGR2YCrCb
cv::COLOR_YCrCb2RGB
cv::COLOR_YCrCb2BGR
```

- RGB 和 BGR 颜色空间与 HSV 颜色空间之间的转换。

```
cv::COLOR_RGB2HSV
cv::COLOR_BGR2HSV
cv::COLOR_HSV2RGB
cv::COLOR_HSV2BGR
```

- RGB 和 BGR 颜色空间与 HLS 颜色空间之间的转换。

```
cv::COLOR_RGB2HLS
cv::COLOR_BGR2HLS
cv::COLOR_HLS2RGB
cv::COLOR_HLS2BGR
```

- RGB 和 BGR 颜色空间与 CIE Lab 颜色空间之间的转换。

```
cv::COLOR_RGB2Lab
cv::COLOR_BGR2Lab
cv::COLOR_Lab2RGB
cv::COLOR_Lab2BGR
```

- RGB 和 BGR 颜色空间与 CIE Luv 颜色空间之间的转换。

```
cv::COLOR_RGB2Luv
cv::COLOR_BGR2Luv
cv::COLOR_Luv2RGB
cv::COLOR_Luv2BGR
```

- Bayer 格式（raw data）向 RGB 或 BGR 颜色空间的转换。

```
cv::COLOR_BayerBG2RGB
cv::COLOR_BayerGB2RGB
cv::COLOR_BayerRG2RGB
cv::COLOR_BayerGR2RGB
cv::COLOR_BayerBG2BGR
cv::COLOR_BayerGB2BGR
cv::COLOR_BayerRG2BGR
cv::COLOR_BayerGR2BGR
```

程序运行后源图像与目标图像如图 8-8 所示。

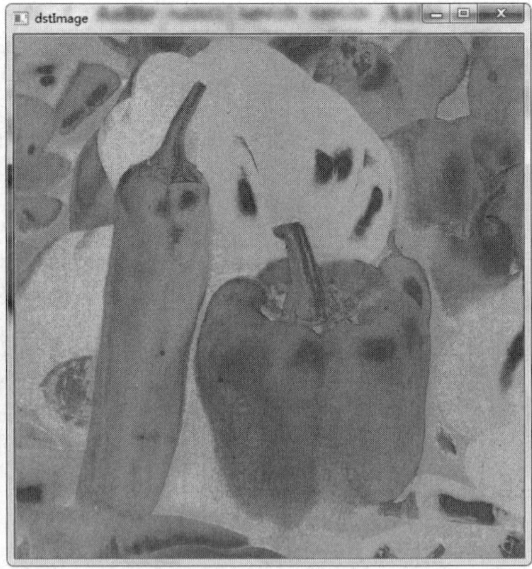

图 8-8　颜色变换结果示意图

8.4.2　彩色图像平滑

彩色图像平滑可以将 RGB 三通道分别进行相同的平滑操作，然后再融合为彩色图像，例程如下：

```
#include "stdafx.h"
#include "opencv2/imgproc.hpp"
```

```
#include "opencv2/highgui.hpp"

using namespace cv;

int main(int, char** argv)
{
	Mat src;
	Mat tmp;
	Mat dst;

	src = imread("lena_color.bmp",1);

	if (src.empty())
	{
		return -1;
	}

	std::vector<Mat> channels(3);			//定义 vector
	split(src, channels);				//利用 vector 对象分离

	Mat B, G, R;
	//分离三通道分量，OpenCV 中按照 BGR 的顺序存储
	B = channels[0];
	G = channels[1];
	R = channels[2];

	//三通道分别进行相同的平滑处理
	Mat B_smooth,G_smooth,R_smooth;
	blur(B, B_smooth, Size(3, 3));
	blur(G, G_smooth, Size(3, 3));
	blur(R, R_smooth, Size(3, 3));

	//融合平滑后的三通道
	std::vector<Mat> channels_smooth;
	channels_smooth.push_back(B_smooth);
	channels_smooth.push_back(G_smooth);
	channels_smooth.push_back(R_smooth);
	merge(channels_smooth, dst);


	imshow("srcImage", src);
	imshow("dstImage", dst);


	waitKey(0);

	return 0;
}
```

也可以直接使用 blur 函数对彩色图像进行处理。

程序运行后源图像与目标图像如图 8-9 所示。

图 8-9　图像平滑结果示意图

8.4.3　彩色图像锐化

彩色图像锐化可以将 RGB 三通道分别进行相同的锐化操作，然后再融合为彩色图像，例程如下：

```
#include "stdafx.h"
#include "opencv2/imgproc.hpp"
#include "opencv2/highgui.hpp"

using namespace cv;

int main(int, char** argv)
{
	Mat src;
	Mat tmp;
	Mat dst;

	src = imread("airplane_color.bmp",1);

	if (src.empty())
	{
		return -1;
	}

	std::vector<Mat> channels(3);		//定义 vector
	split(src, channels);			//利用 vector 对象分离

	Mat B, G, R;
	//分离三通道分量，OpenCV 中按照 BGR 的顺序存储
	B = channels[0];
	G = channels[1];
	R = channels[2];

	//三通道分别进行相同的锐化处理
	Mat B_sharp,G_sharp,R_sharp;

	Laplacian(B, B_sharp, CV_8UC1, 3, 1, 0, BORDER_DEFAULT);
	Laplacian(G, G_sharp, CV_8UC1, 3, 1, 0, BORDER_DEFAULT);
```

```
        Laplacian(R, R_sharp, CV_8UC1, 3, 1, 0, BORDER_DEFAULT);

        //融合锐化后的三通道
        std::vector<Mat> channels_sharp;
        channels_sharp.push_back(B-B_sharp);
        channels_sharp.push_back(G-G_sharp);
        channels_sharp.push_back(R-R_sharp);
        merge(channels_sharp, dst);


        imshow("srcImage", src);
        imshow("dstImage", dst);


        waitKey(0);

        return 0;
}
```

也可以直接使用 Laplacian 函数对彩色图像进行锐化操作。

程序运行后源图像与目标图像如图 8-10 所示。

图 8-10　图像锐化结果示意图

8.4.4　彩色图像白平衡

例程如下：

```
#include "stdafx.h"
#include "opencv2/imgproc.hpp"
#include "opencv2/highgui.hpp"

using namespace cv;

int main(int, char** argv)
{
        Mat src;
        Mat tmp;
        Mat dst;

        src = imread("lake_color.bmp",1);
```

```
        if (src.empty())
        {
                return -1;
        }

        std::vector<Mat> channels(3);    //定义 vector
        split(src, channels);            //利用 vector 对象分离 RGB 三通道

        //求原始图像的 RGB 分量的均值
        double R, G, B;
        B = mean(channels[0])[0];
        G = mean(channels[1])[0];
        R = mean(channels[2])[0];

        //需要调整的 RGB 分量的增益
        double KR, KG, KB;
        KB = (R + G + B) / (3 * B);
        KG = (R + G + B) / (3 * G);
        KR = (R + G + B) / (3 * R);

        //调整 RGB 三个通道各自的值
        channels[0] = channels[0] * KB;
        channels[1] = channels[1] * KG;
        channels[2] = channels[2] * KR;

        //RGB 三通道图像合并
        merge(channels, dst);


        imshow("srcImage", src);
        imshow("dstImage", dst);


        waitKey(0);

        return 0;
}
```

程序运行后源图像与目标图像如图 8-11 所示。

图 8-11　白平衡结果示意图

第9章　数字图像压缩

视觉是人类获取信息最重要的途径之一，外部世界丰富多彩的信息大部分是通过视觉感知的。据统计，视觉信息占人类从外界获取信息的 2/3，而听觉信息约占 1/5，其余为触觉、味觉、嗅觉等信息。图像信息具有直观、形象、易懂和信息量大的特点，是人类最丰富的视觉信息来源。随着计算机、数字通信、多媒体和网络技术的发展，图像作为信息最重要的载体之一已经深入人们的日常生活。

在实际应用中，一幅数字图像的数据量是非常巨大的，这给图像的传输和存储带来了相当大的困难。因此，图像压缩技术被广泛采用，以去除图像中的冗余信息，减少图像的数据量。这些冗余信息主要有以下几个方面：

（1）空间冗余：在图像中，相邻的两个像素具有较近的灰度值。

（2）时间冗余：连续采集图像时，相邻两帧图像的像素之间有较强的相关性。

（3）结构冗余：由于先验知识，人们知道图像中的一部分信息就可推知另一部分信息。

（4）视觉冗余：由于人的视觉特性，当图像中的某些信息被去掉后，对人们观看图像时的视觉影响不大。

（5）知识冗余：图像中携带的一部分信息是人们已经知道的。

（6）重要性冗余：用户通常只对原始图像的一部分信息感兴趣。

（7）编码冗余：如果图像的灰度在编码时所用的符号数多于表示每个灰度级实际所需的最少符号数，这种编码方式得到的图像就具有编码冗余。

研究表明，原始图像的灰度分布越有规律，图像内容的结构性越强，各像素间的相关性越大，它可能被压缩的数据量就越多。

9.1　图像压缩原理

人们普遍认为，香农（Shannon）信息论与正交变换技术一起奠定了图像编码技术的理论基础，对图像编码有着极其重要的指导意义，它们一方面给出了图像编码的理论极限，另一方面也指明了图像编码实现的技术途径。

香农三大定理是信息论的基础，虽然它们没有提供具体的编码实现方法，但为通信信息的研究指明了方向。香农第一定理是无噪声信源编码定理，香农第二定理是有噪声信道编码定理，香农第三定理是保失真度准则下的有失真信源编码定理，也称信息率失真理论。

1. *无噪声信源编码定理*

所谓信源编码就是用二进制码字序列表示一个信源的输出序列。对于离散信源，实现无失真信源编码的条件可以用香农第一编码定理来描述。

香农第一编码定理：对于离散信源 X，实现无失真编码的条件是其平均码字长度不能小于其信源熵 $H(X)$，即：

$$H(X) \leqslant \overline{L} < H(X) + \varepsilon \tag{9-1}$$

其中，$\overline{L}$ 表示码字平均长度，ε 表示任意小的正数。

该定理一方面指出每个符号的平均码长的下限为信源熵，同时也说明存在任意接近该下限的编码方法。显然，该定理把码率集合划分为两类：只要码率超过熵，就可以确定，全部信息可以用任意高的置信度无失真地编码；如果码率小于熵，编码的码流永远不可能无失真地恢复出原始信源的输出信号。另一个从无噪声信源编码定理中得出的重要的观察结论是：码率接近于熵的可靠编码具有这样的性质，它们的码字全部以相等的似然性出现。也就是说，输出序列是完全随机的，因此，用一个完全随机序列表示信源输出是信源编码的目标。

2. *有噪声信道编码定理*

信道编码的作用是增强信道传输的可靠性，即在最小冗余条件下，对信息序列实现最大程度的抗差错保护。衡量信道编码的标准为编码效率和纠错能力。

对于确定的信道，如果它的输入为 X，输出为 Y，则 X 与 Y 之间的互信息量 $I(X \cdot Y)$ 满足式（9-2）：

$$I(X \cdot Y) = H(X) - H(X \mid Y) \tag{9-2}$$

互信息量决定于信源的概率分布和信道特征（包括信道的噪声特征、传递带宽、传送功率等）。在信道特性固定的情况下，可以将信源的概率分布变化时的互信息量的最大值定义为该信道的信道容量。

$$C = \max_{p}\{H(X) - H(X \mid Y)\} \tag{9-3}$$

信道容量表示了最大限度利用信道时的信息传输能力。信道容量 C 和信道信息传输率 R 之间的关系可由香农第二编码定理描述。

香农第二编码定理：设某信道有 r 个输入符号和 s 个输出符号，信道容量为 C。当信道的信息传输率 $R \leqslant C$ 时，只要码长 N 足够长，总可以在输入集合（含有 r^N 个长度为 N 的码符号序列）中找到 M 个码字（$M \leqslant 2^{N(C-\varepsilon)}$，$\varepsilon$ 表示任意小的正数），分别代表 M 个等可能性的消息，组成一个码以及相应的译码规则，使信道输出端的最小平均错误译码率 $P_{e\min}$ 达到最小。

香农第二编码定理告诉我们，只要 $R \leqslant C$，总可以找到一种编码方式实现无误码传输。而当 $R > C$ 时，无论何种信道编码方式都无法实现信息的无失真传输。

3. *信息率失真理论*

在香农信息论中，对于率失真函数可以表达为，率失真（Rate-Distortion，R-D）函数是在允许失真为 D 的条件下，信源编码给出的平均互信息量的下界，也就是数据压缩的极限码率。或者说，在给定允许的某种失真测度后，编码器能够达到的比特率的最低限，由率失真函数 $R(D)$给出：

$$R(D) = \min_{Q \in Q_D} I(X,Y) \tag{9-4}$$

其中，$I(X,Y)$ 表示原始信号 X 和编码输出 Y 之间的互信息量，Q_D 表示为保证失真在允许范围 D 内的条件概率集合，即 $Q_D = \{Q : D(Q) < D\}$。对于限失真信源编码，可以用香农第三编码定理来描述。

香农第三编码定理：设 $R(D)$为一离散无记忆信源的信息率失真函数，选定有限的失真函数。对于任意允许平均失真度 $D \geqslant 0$ 和任意小的 $\varepsilon > 0$，以及任意足够长的码长 N，则一定存在一种信源编码 W，其码字个数为：

$$M \leqslant \exp\{N[R(D) + \varepsilon]\} \tag{9-5}$$

而编码后的平均失真度为：

$$\overline{D}(W) \leqslant D + \varepsilon \tag{9-6}$$

保真度准则下的信源编码定理证实了在给定的失真度 D 的情况下，总能找到一种编码方案，其编码比特率 R' 接近于 $R(D)$，而平均失真度小于允许的平均失真度 D。反之，若 $R' < R(D)$，那么编码后的平均失真度将大于 D。可见，$R(D)$确实是允许平均失真度为 D 的情况下，信源信息率压缩的下限值。

目前存在着很多种图像压缩方法，但从本质上来说，它们都包含三个基本环节：变换、量化和编码，如图 9-1 所示。其中变换的任务是将原图像样本转换成能使量化和编码运算相对简单的形式。一方面，变换应该抓住原图像样本间统计相关性的本质。因此变换样本 y 和量化系数 q，最多只是表现出局部相关性，在理想情况下它们应该是统计独立的。另一方面，变换应该把不相关信息与相关信息分离开。这样可以区分不相关的样本，对它们进行更深度量化，甚至丢弃。量化则是在一定的允许客观误差或主观察觉图像损伤条件下，通过生成一组有限个离散符号来表示压缩的图像。量化过程是一个幅值离散的过程，它是不可逆的，也是三个环节中唯一引入失真的步骤。在无失真压缩编码方法中不应该存在量化过程。编码器给量化器输出的每个符号指定一个码字，即二进制码流。编码器可以使用定长编码或变长编码，变长编码又称为熵编码。编码过程和变换过程一样都是可逆的、无损的。

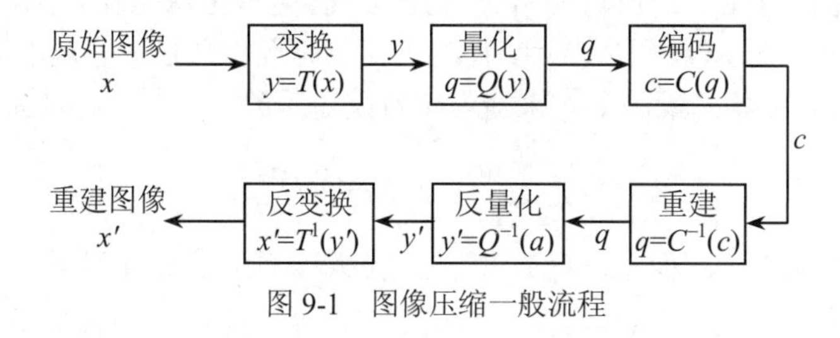

图 9-1　图像压缩一般流程

9.2　压缩图像质量评价方法

对于目前存在的这些有失真的压缩算法应该有一个评价准则，对压缩后的图像质量给予评判。常用的评价标准有两种：一种是主观评价，另一种是客观评价。

主观评价方法就是让一群观察者对同一幅图像按视觉效果的好坏进行打分，并对其进行加权平均。主观评价一般可以分为绝对评价和相对评价两类。绝对评价是由观察者根据一些事前规定的评价尺度或自己的经验，对被评价的图像进行质量判断，某些情况下可以提供一组标准图像作为参考，帮助观察者对图像作出合适的评价。绝对评价常采用“全优度尺度”，也就是观察者以数字打分的方式来评价图像质量的优劣，如表 9-1 所示。

表 9-1　绝对评价的“全优度尺度”

标准	分值
非常好的图像	5 分
好的图像	4 分
中等图像	3 分
差的图像	2 分
非常差的图像	1 分

相对评价标准是由观察者将一组图像由好到坏进行分类，也就是对图像进行相互比较，区分出质量好坏并给出分数。相对评价常采用“群优度尺度”，如表 9-2 所示。最后，通过计算观察者给出的分数平均值来评价图像质量的优劣。

表 9-2 相对评价的“群优度尺度”

标准	分值
一组中最好的图像	7 分
比该组图像平均水平好的图像	6 分
稍好于该组图像平均水平的图像	5 分
该组图像平均水平图像	4 分
稍次于该组图像平均水平的图像	3 分
比该组图像平均水平差的图像	2 分
一组图像中最差的图像	1 分

用主观的方法来测量图像的质量通常更为合适，但是该方法操作复杂，且不能应用于实时传输的场合。在实际的图像编码领域中，广泛使用的是图像质量的客观准则。传统的客观评价方法用恢复图像偏离原始图像的误差来衡量图像恢复质量，该误差定义为：

$$\sigma_e^2 = \frac{1}{MN}\sum_{i=1}^{M}\sum_{j=1}^{N}[x(i,j) - x'(i,j)]^2 \tag{9-7}$$

其中，M 和 N 分别表示图像在垂直和水平方向的像素数，$x(i,j)$ 和 $x'(i,j)$ 分别表示原始图像和编解码后的重建图像在(i,j)点的像素值。利用均方误差可以定义两种信噪比，分别为：

$$SNR = 10\lg\frac{\sigma_s^2}{\sigma_e^2}\text{（dB）}$$

$$PSNR = 10\lg\frac{S_{p-p}^2}{\sigma^2}\text{（dB）} \tag{9-8}$$

其中，$\sigma_s^2 = \frac{1}{MN}\sum_{i=1}^{M}\sum_{j=1}^{N}[x(i,j)]^2$ 为原始图像的平均功率，S_{p-p}^2 为原始图像信号的峰-峰值。

虽然 SNR 使用得很普遍，但在图像编码领域更多的是采用峰值信噪比 PSNR。一般地，原始图像被均匀量化为 256 个电平（8bits），其峰-峰值为 255，此时 PSNR 值可以表示为：

$$PSNR = 10\lg\frac{255\times 255}{\sigma^2}\text{（dB）} \tag{9-9}$$

评价图像压缩效果的另一个重要指标是压缩比，它指的是原始图像每像素的比特数同压缩后平均每像素的比特数的比值。设一幅图像在压缩前和压缩后所占的比特数分别为 B 和 B_d，则压缩比 C 定义为：

$$C = \frac{B}{B_d} \tag{9-10}$$

另外每个像素所占的比特数也简称为比特率（bpp），单位是 b/s，也是刻画压缩技术或压缩系统的重要性能指标。

9.3 静态图像压缩

图像文件格式可以分为静态图像文件和动态图像文件两类，静态图像文件格式包括BMP格式、PNG格式、JPG和JPEG格式等，动态图像又称为视频，文件格式包括AVI、MPG、WAV等。本节重点介绍静态图像压缩算法，下节介绍动态图像压缩算法。

9.3.1 JPEG2000压缩标准的特点

静态图像压缩的主要标准之一就是JPEG压缩标准，JPEG是Joint Photographic Experts Group（联合图像专家组）的缩写，是第一个国际图像压缩标准。JPEG优越的压缩性能使得它在很长一段时间内成为静态图像压缩的主要标准。但是，随着互联网应用范围的不断扩大，人们对图像浏览和传输有了许多新的要求，这就要求在图像压缩算法中能够灵活地提供关于质量、分辨率等分级机构，而JPEG中采用的DCT变换编码结构很难满足这些需求，JPEG2000标准便应运而生。

JPEG2000的主要目标是在同一个系统里支持不同类型的图像（二值图像、彩色图像等）、不同特征的图像（自然图像、科学、医学、遥感、文本等）、不同成像模型（C/S、实时传输、库存档案等）。它能够在低比特率条件下提供更好的主观质量，能同时提供更多的感兴趣特征。JPEG2000核心编码器采用小波变换、算术编码及嵌入式分层组织，较以往的图像压缩标准更为复杂，它在同一个码流中实现了无损和有损压缩、分辨率和信噪比的累进性以及随机访问等优良特性。其特点主要体现在以下几个方面：

（1）良好的低比特率压缩性能。JPEG2000标准在低比特率时能提供更好的图像压缩质量（例如，在0.25bpp以下的码率，多细节的灰度图像），这个特性主要体现在网络图像传输和遥感技术等方面。

（2）连续色调和二值图像压缩。在一个压缩系统内能够同时对连续色调图像和二值图像具有很好的压缩性能，这个特性主要应用于包含图像和文字的复合文件、标有注释的医学图像等。

（3）无损和有损压缩。JPEG2000能够在同一码流中提供无损和有损压缩，开始时解码出来的质量比较差，随着接收的码流不断增加，图像的质量也不断增加，直到无损压缩，例如，医学图像常常要求无失真，无失真对存储图像档案很关键，而显示图像档案时又往往不要求无失真等。

（4）信噪比和分辨率的累进传输。这个特性是指随着接收的码流的增加，像素的精确度和图像的空间分辨率逐渐增加，网络图像浏览和图像档案都是这个特性很好的例子。

（5）感兴趣区域编码。通常，我们认为图像中的一部分比其他部分更重要，这就要求该部分比其他部分具有更好的解码质量，这个特性允许ROI（Region of Interest）区域比其余部分失真率更小，传输质量更高。

（6）错误稳健性。由于在无线信道传输过程中干扰是不可避免的，经常会有误码发生，我们必须设计更好的码流结构来保护对图像质量影响较大的比特位，合适的码流结构能够减少灾难性错误的发生。

（7）图像安全保护。JPEG2000 系统中允许采用一些方法来防止图像被窃取、篡改，常采用的方法如数字水印、标记、加密等。

9.3.2 JPEG2000 编解码算法

JPEG2000 编解码器的原理框图如图 9-2 所示。在编码端，先对原始图像进行离散小波变换，变换后的系数经过量化和熵编码形成码流。解码端就是编码端的逆过程。

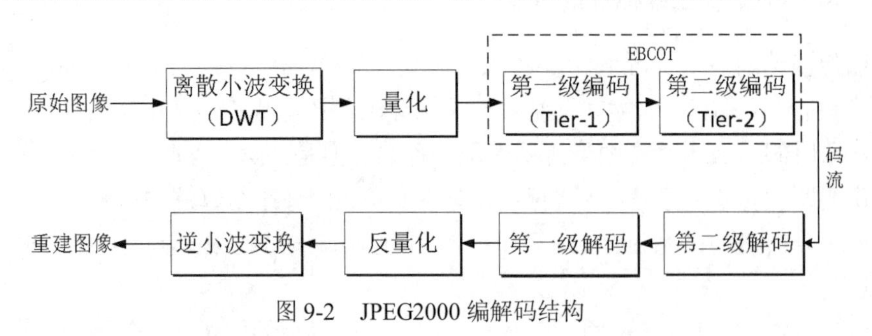

图 9-2 JPEG2000 编解码结构

下面根据图 9-2 所示框图的顺序逐一介绍 JPEG2000 编解码算法。

1. 图像预处理

预处理操作包括将原始图像进行分片（tile）、直流电平平移和分量变换。

（1）分片。分片是指把原始图像分割成互不重叠的矩形块，即“片”。这些片可以单独编码，就像它们是单独的图像一样。后面的所有操作都是在每个片上进行的。因为每个片可以单独编解码，所以这种方式可以降低内存要求，并且可以解码图像中任何指定的部分而不需要解码整个图像。除了图像的边界部分，所有片的大小都是一样的，并且每片的大小可以任意指定（不超过整个图像的大小）。但是，片的划分会影响解码图像的质量，片的尺寸越小，图像的质量就越差，并且在低码率时这种现象更为严重。所以在满足存储器要求的情况下，应当尽量采用大的片划分结构。

（2）直流电平平移。在对每个图像片进行分量变换前将每个像素都减去一个值 2^{p-1}，这里的 p 为图像的精度，即表示图像中绝对值最大的样值时所需要的比特数。这样可以将无符号样值变成有符号样值，使样值的动态范围关于零对称，也就使离散小波变换后的系数的动态范围不会过大，有利于编码。在解码端，只需要在后向分量变换的样值上加上一个 2^{p-1} 就可以了。

（3）分量变换。JPEG2000 支持多分量图像，不同的分量之间不需要同样的比特深度，也不需要同为有符号的或无符号的，仅仅要求每个分量的输出图像和输入图像具有相同的比特深度。分量变换能去除分量间的相关性，也使不同的分量可以采用不同的量化步长，达到提高压缩效率的目的。但是，分量变换在整个系统中并不是必需的。在 JPEG2000 中共定义了两种分量变换：可逆分量变换（RCT）和不可逆分量变换（ICT）。可逆变换是整数到整数的运算，不会丢失精度，可以用于无损压缩，而不可逆变换是实数到实数的运算，会有精度丢失，只能用于有损压缩中。在 JPEG2000 中定义可逆分量变换和(5,3)可逆小波一起使用，而不可逆分量变换和(9,7)不可逆小波一起使用。

这两种变换都定义在一幅图像的前三个分量上，这三个分量应当具有相同的分辨率，也就是说具有相同的空间范围。以 RGB 颜色空间转换成 YUV 为例，可逆分量变换为：

$$\begin{bmatrix} Y_r \\ U_r \\ V_r \end{bmatrix} = \begin{bmatrix} \left\lfloor \dfrac{R+2G+B}{4} \right\rfloor \\ R-G \\ B-G \end{bmatrix} \tag{9-11}$$

可逆分量变换的逆变换为：

$$\begin{bmatrix} G \\ R \\ B \end{bmatrix} = \begin{bmatrix} Y_r - \left\lfloor \dfrac{U_r+V_r}{4} \right\rfloor \\ V_r+G \\ U_r+G \end{bmatrix} \tag{9-12}$$

其中，r 表示可逆变换，$\lfloor a \rfloor$ 表示对 a 向下取整。

不可逆分量变换的公式为：

$$\begin{bmatrix} Y \\ C_b \\ C_r \end{bmatrix} = \begin{bmatrix} 0.299 & 0.587 & 0.114 \\ -0.16875 & -0.33126 & 0.5 \\ 0.5 & -0.41869 & -0.8131 \end{bmatrix} \begin{bmatrix} R \\ G \\ B \end{bmatrix} \tag{9-13}$$

不可逆分量变换的逆变换为：

$$\begin{bmatrix} R \\ G \\ B \end{bmatrix} = \begin{bmatrix} 1 & 0 & 1.402 \\ 1 & -0.34413 & -0.71414 \\ 1 & 1.772 & 0 \end{bmatrix} \begin{bmatrix} Y \\ C_b \\ C_r \end{bmatrix} \tag{9-14}$$

2. 小波变换

原始图像经过预处理后，就可以进行小波变换了。小波变换的目的是去除每个子图像内部像素之间的相关性，尽可能地将信息集中到少的变换系数上去，以便接下来的量化有可能将携带信息量较少的系数量化成 0，因为这些系数对重建图像的质量影响最小。

小波变换首先对待处理图像按行进行处理，行数据经过水平滤波后，再抽取分解出沿水平方向的低频和高频分量，接着对经过行处理的数据按列进行垂直滤波和抽样。经过这一级分解和两次抽取，上一级图像序列分解为四个尺寸分别为原来四分之一的子图，对应于四个子频带，在水平和垂直方向上都经过低通滤波得到的是上级子图在本级尺度上的平滑近似，称为 LL 子带；经过水平低通和垂直高通的图像保留了垂直方向上的细节信息，称为 LH 子带；经过水平高通和垂直低通的图像保留了水平方向上的细节信息，称为 HL 子带；经过水平高通和垂直高通的图像保留了对角线方向上的细节信息，称为 HH 子带。若对第一次小波分解后的 LL 子带继续进行小波分解，可以得到原始图像在不同尺度上的细节和概貌。

在 JPEG2000 中提供了两种默认的小波变换基。默认的不可逆小波变换利用 Daubechies(9,7) 滤波器组，其分解和重构滤波器组的系数如表 9-3 所示。

表 9-3 Daubechies(9,7)分解与重构滤波器组系数

（a）分解滤波器组系数

k	低通滤波器 $h_0(k)$	高通滤波器 $h_1(k)$
0	0.6029490182	1.11508705
±1	0.2668641184	-0.591271763
±2	-0.0782232665	-0.057543526
±3	-0.0168641184	0.091271763
±4	0.0267487574	

（b）重构滤波器组系数

k	低通滤波器 $h_0(k)$	高通滤波器 $h_1(k)$
0	1.11508705	0.6029490182
±1	0.591271763	-0.2668641184
±2	-0.057543526	-0.0782232665
±3	-0.091271763	0.0168641184
±4		0.0267487574

默认的可逆小波变换采用(5,3)滤波器组，其分解和重构滤波器组系数如表 9-4 所示。

表 9-4 (5,3)分解和重构滤波器组系数

k	分解滤波器组系数		重构滤波器组系数	
	低通滤波器 $h_0(k)$	高通滤波器 $h_1(k)$	低通滤波器 $g_0(k)$	高通滤波器 $g_1(k)$
0	6/8	1	1	6/8
±1	2/8	-1/2	1/2	-2/8
±2	-1/8			-1/8

3. 量化

经过小波变换后的数据需要进行量化。在 JPEG2000 标准的第一部分中采用带有死区的均匀标量量化，而第二部分采用格子编码量化。量化一般是有损的，除非量化步长为 1 并且小波系数是整数。设子带 b 的变换系数为 $a_b(u,v)$，量化后的值为 $q_b(u,v)$，它们满足如下关系式：

$$q_b(u,v) = sign(a_b(u,v))\left\lfloor \frac{a_b(u,v)}{\Delta_b} \right\rfloor \tag{9-15}$$

其中，Δ_b 表示子带 b 的量化步长，这表明每个子带可以有不同的量化步长。反量化过程是量化过程的逆过程。如果在解码时丢弃了最低的 n 个比特平面，就相当于用 2^n 扩大了量化步长。

4. 熵编码

经过量化之后，小波系数全部变成了整数，并且大部分值都为 0。接下来就是如何将量化后的小波系数进行有效组织。JPEG2000 采用了改进的 EBCOT（具有最优截断的嵌入式块编码）算法。EBCOT 的基本思想是将图像的每个子带划分为一些相对较小的样值块，称为编码块，编码块的大小决定了牺牲编码效率来换取更大的编码弹性的程度。在实际应用中，编码块大小通常为 32×32 或 64×64。然后对每个编码块按位平面编码方式进行独立编码，生成一段独立码流。为了产生质量层，在保证原来码流顺序不变的前提下，对码流任意组合，把每段码流划分为许多节（chunks），再把这些节分配到质量层中。码流可以在任意节点被截断。截断点的选择至关重要，因为它会直接影响到整个图像的率失真性能。在比特平面编码中，每个平面的结束点是自然的截断点，但是为了获得更好的嵌入式码流，就必须引入更多的截断点。EBCOT 创造性地提出了分位数平面编码，把一个比特平面分解成几个编码通道，从而优化了 SNR 的可分级性。

所谓质量层，是 EBCOT 提出的一个概念，就是把每个编码块的几个比特平面的信息增量集中到一起，形成一个质量层 Q_i（$i=1,2,\cdots,q$），这样由 Q_1 到 Q_q 所有层的信息就可以重建出任意信噪比的图像。

EBCOT 算法的优点如下：

（1）更加灵活的组织方式。EBCOT 码流有分辨率可分级性和空间可分级性，如果多个质量层被使用，也就具有了质量可分级性。如果多个颜色分量被编码，就构成了第四个可分级性，即颜色可分级性。目前的 JPEG2000 同时支持这四种可分级性。

（2）更加灵活的质量层分配。因为每个质量层是由任意长度的编码块组成，所以质量层的分配可以根据实际应用来制定。与其他嵌入式编码算法相比，EBCOT 可以忽略一些不重要的编码块，或者把这些编码块分配在较低的质量层上。

（3）局部处理。EBCOT 算法对每个编码块独立编码，从而使得对图像的局部访问成为可能。局部处理有利于硬件的执行，也有利于对多个编码块进行并行处理。当处理的图像很大时，不需要对整个图像进行缓冲，只需要存入当前处理的编码块，这样编码对内存的需求就大大减少了。

（4）高效率压缩。虽然独立的块编码不能利用不同子带间或者同一子带不同块之间的数据冗余，但是可以通过对每个编码块的码流使用后率失真优化来补偿，仍然具有很高的压缩比。

（5）高效的图像操作。EBCOT 支持在解码端对图像进行一些变换，如翻转、平移和旋转等。因为图像被划分为若干编码块，对图像进行变换时，只需要对相关的编码块进行变换，其他块不受影响。并且在多次变换后，不会引入太多的噪声。

（6）很强的错误稳健性。一个编码块发生错误时，不会影响其他编码块，防止了错误扩散，并且可以根据不同的重要性等级采用不同的保护策略。

在 EBCOT 算法中，编码过程分为两级：第一级编码过程是以上下文的二元算术编码为基础的多通道编码；第二级编码过程实际上是分层打包形成码流的过程。两级编码的详细过程如下：

1）第一级编码。

经过小波变换和量化，片分量矩阵变成整数系数的一个个子带矩阵。每个子带又要划分为大小相同（除了边界上的码块）的矩形码块。码块的宽和高必须是 2 的幂，通常为 64×64 或 32×32。每个码块独立编码，虽然这样会降低压缩效率，但是也提供了很多好处，如随机空间访问、几何变换、错误稳健性、并行计算，以及硬件实现时内存需求减少等。

每个码块又可以分解成位平面，即一个个的比特层。编码从码块的最高有效位平面逐个平面编码，直到最低位平面。每一个位平面又按图 9-3 所示的顺序进行扫描：从左上角开始，先扫描第 1 列的第一个 4 行，再扫描第 2 列的第一个 4 行，直到第一个 4 行扫描完为止；然后扫描第 1 列的第二个 4 行，第 2 列的第二个 4 行，一直下去，直到整个位平面扫描完为止。这种扫描方式主要是方便硬件和软件上的并行计算。

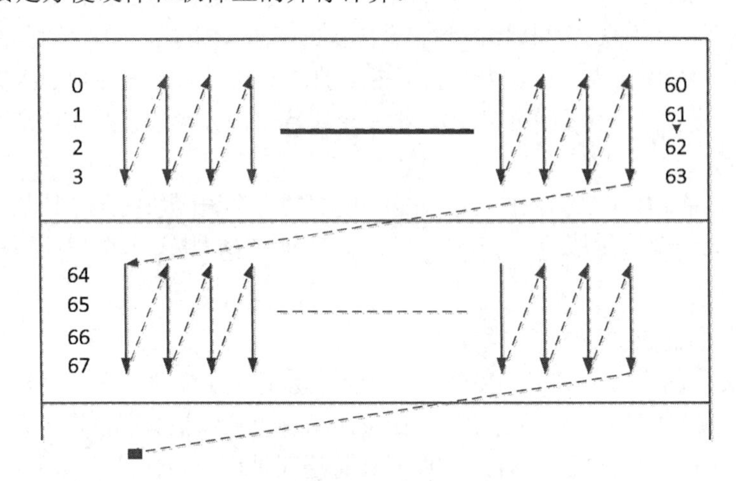

图 9-3　每个位平面的扫描顺序

每一个位平面又可以分为三个编码通道进行编码。这三个通道依次为：意义性传播通道（significance propagation pass）、幅度细化通道（magnitude refinement pass）和清除通道（cleanup pass）。位平面上的比特在哪个通道上编码取决于编码时该比特所在系数的有效性，以及它周围 8 个相邻比特所在系数的有效性。码块中的每个系数都对应一个比特，表示该系数的有效性状态，有效性状态的初始值为 0，随着编码进行，当该系数的第一个非 0 比特也就是最高位被编码后，其有效性状态变为 1。

按通道排列的比特序列连同它们的上下文一起被传到算术编码器进行编码。JPEG2000 采用了基于上下文的二进制算术编码，它是以 Elias 编码的概率间隔划分为基础。为了降低运算的复杂度，引入了一种懒模式（lazy mode）编码。在这种编码模式中，只有最高的 4 层位平面上的意义性传播通道和幅度细化通道用算术编码，其余通道不进行熵编码，而是直接传送原值。

2）第二级编码。

在第一级编码中，每个编码块产生一个比特流。第二级编码的目的就是把这些比特流按照一定的方式组织在一起，形成码流的基本单元——包（packet）。一个包可以分为包头（packet header）和包体（packet body）两部分。包头中包括的信息是对包体中数据的说明，如包的长度、码块的包含信息、各个码块贡献给这个包的通道数和字节数等。包体实际上就是包头中所指出的相应码块的编码通道信息的集合。

一系列的包按照一定的顺序排列在一起就形成了码流。这些排列顺序在标准中称为累进顺序（progression order）。标准中定义了 5 种累进顺序：层－分辨率－分量－位置、分辨率－

层－分量－位置、分辨率－位置－分量－层、位置－分量－分辨率－层、分量－位置－分辨率－层。

9.4　动态图像压缩

从20世纪90年代开始，随着多媒体和因特网的快速发展，视频成为人们在生活中获取信息的一种重要手段。信息技术的发展使视频在人们工作生活中的应用越来越多样化，如视频监控、手机视频、数字电视、电视会议等。因特网以及存储技术的发展使得网络传输带宽和可用存储空间呈现上升的趋势，但是视频的分辨率也在不断提高，目前的网络传输速度和存储空间满足不了原始视频应用的需求。因此，视频压缩成为当前多媒体技术应用与发展的关键技术。数字视频压缩解决了视频应用与发展的两大难题：一是对于网络带宽较小、不支持非压缩视频实时应用的网络，通过对原始视频进行压缩实现了视频的实时应用；二是方便了视频的存储和传输。

数字视频的压缩编码技术，是在尽可能保证图像质量的同时，采用各种高效的压缩编码技术对图像视频数据进行多次压缩，再对压缩的结果进行存储或者传输。近20年来，国际电信联盟远程通信标准化组（ITU-T，International Telecommunications Union - Telecommunications Standardization Sector)下属的VCEG（Video Coding Experts Group）和国际标准化组织和国际电子学委员会（ISO/IEC，International Organization for Standardization and International Electrotechnical Commission）下属的MPEG（Moving Picture Experts Group），以及中国数字音视频编解码技术标准工作组（AVS工作组）成功制定了一系列视频编码标准，如图9-4所示。1988年，VCEG制定了第一个成功且被广泛商用的视频编码标准H.261，H.261面向ISDN网络的视频会议应用，其典型码率为64kb/s的倍数，主要支持4: 2: 0采样的CIF（352×288）和QCIF（176×144）两种分辨率视频的压缩。为了在比H.261更高的码率范围内得到更高的编码效率，MPEG在1993年制定了被广泛应用于Video CD（VCD）的MPEG-1 Part2。与H.261相比，MPEG-1更关注于较高码率下的编码效率，主要针对VHS格式的视频压缩。此后，两个国际组织合作，于1995年共同制定了H.262/MPEG-2 Part2。MPEG-2被广泛用于数字多功能光盘（Digital Versatile Disc，DVD）和数字视频广播（Digital Video Broadcasting，DVB），可支持标准分辨率Standard Definition（SD）和VHS分辨率。1995年，ITU-T制定了性能更加优越、适用于视频会议应用的H.263标准，H.263标准完全取代了H.261。此后，ITU-T对H.263进行了增强和扩展，形成了H.263+和H.263++。在H.263的基础上，MPEG组织制定了MPEG-4 Part 2。MPEG-4采用基于对象的编码理念，即将视频/图像分割成不同的对象，针对不同的对象采取不同的编码方法。同时，MPEG-4Part2也支持对H.263的兼容。2003年，VCEG和MPEG再度合作，成功制定了H.264/MPEG-4 AVC，它是目前最常用的高清视频High Definition压缩格式，被广泛用于蓝光光盘视频压缩、互联网视频压缩和各种高清电视广播中。H.264/AVC与前几代的视频编码标准相比，在同等视频重建质量时，节省了将近50%的编码效率，同时考虑标准的实现代价，以使标准得到更加广泛的应用。2006年，中国也制定了自主知识产权的Advanced Audio and Video Coding Standard（AVS）标准，可以提供与H.264/AVC相当的编码效率。

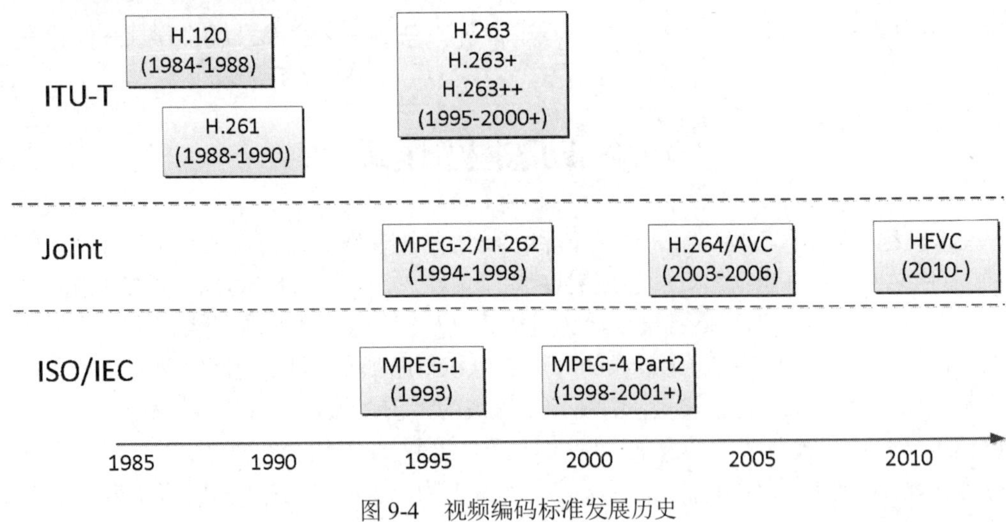

图 9-4　视频编码标准发展历史

从历史的发展过程中可以看出，人们对于视频质量的需求在不断地提高，从最初的 CIF 分辨率到高清，近几年又出现了超高清 Ultra High Definition 电视，其分辨率达到了 8K×4K，帧率也在不断提高，从最初的 25/29.97/30fps 达到了 100/119.86/120fps，视频数据量的爆炸式增长，亟需新的编码工具来提高压缩比，节省存储和传输带宽。自 2010 年 1 月起，VCEG 和 MPEG 共同组建了 JCT-VC（Joint Collaborative Team on Video Coding）来制定新的编码标准 HEVC（High Efficiency Video Coding）。目前 HEVC 已经基本形成，它采纳了全球多家技术提案方的技术，压缩效率比 H.264 提高 40%左右。但是，这些新的编码技术极大地提高了标准的复杂度，增加了标准的实现难度，也给标准的推广带来了一定的影响。

9.4.1　视频编码技术

1998 年，MPEG 组织制定了 MPEG-4 标准。MPEG-4 标准定义的编码工具和算法可以支持对自然的、合成的、混合的视听对象在各种码率、分辨率、格式下进行编码。其次，MPEG-4 是基于视听对象的编码，它提出了基于对象的表达模型，自然、合成或混合场景建模为由一些相互独立的对象组成，然后以对象为编码和操作的基本单元，这是与以往视频编码标准最大的不同。

视频对象（VO，Video Object）是 MPEG-4 视频编码标准中的基本操作对象，也是用户可以访问和操作的入口，它可以是简单的图像帧，也可以是任意形状的对象。VO 由一个或多个视频对象层（VOL，Video Object Layer）组成，对象层又由一系列有序的对象面（VOP，Video Object Plane）组成，而对象面即是 VO 在某一时刻的实例。VOP 是 MPEG-4 编码的基本元素。MPEG-4 的基本编码框架如图 9-5 所示。

2001 年，H.264/AVC 视频编码标准发布。H.264/AVC 支持从低码率的网络视频应用、移动网络视频应用到接近无损压缩的各种码率范围的视频应用，仍然采用类似 MEPG-4 的混合编码框架，但在各个环节上都对技术进行了创新和改进。H.264/AVC 标准采用的主要技术如下：

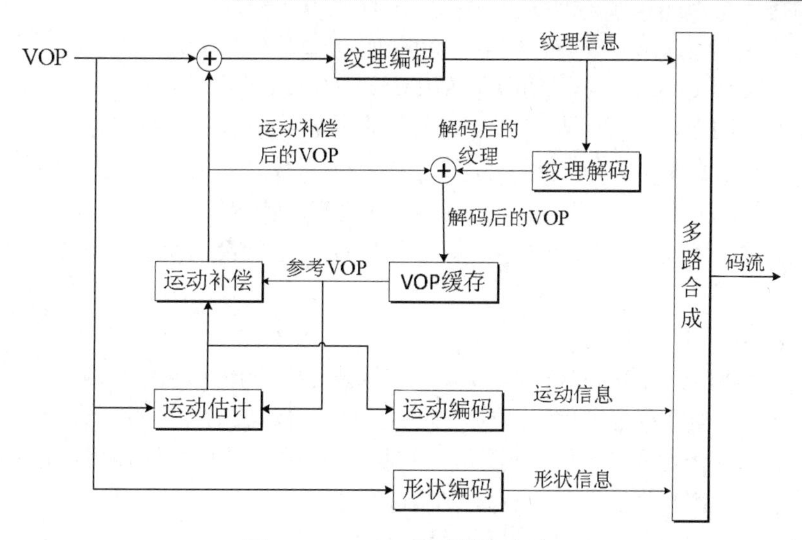

图 9-5 MPEG-4 视频编码框架

（1）帧内预测。

由于像素在空间上有很强的相关性，对于帧内编码类型的宏块（MB，Micro Block），可以参考同一条带（Slice）中已经解码重建好的相邻块的信息进行像素值的预测。在像素值预测时，亮度分量像素值的预测可以基于三种块大小（16×16、8×8、4×4），利用左方、上方和左上方的相邻且已经重建的像素值进行空间预测。根据预测方向的不同，16×16 帧内预测有 4 种模式可选，8×8 和 4×4 帧内预测各有 9 种模式可选。类似地，色度分量有 4 种模式可选。编码器选择了何种预测模式，需要在码流中传输给解码器，解码器才能正确解码。

（2）帧间预测。

H.264/AVC 采用可变块大小的运动补偿技术，即每个宏块可以以 16×16、16×8、8×16、8×8、8×4、4×8 和 4×4 大小为单位，分别进行运动估计和运动补偿，每个块为一个划分，每个划分有单独的运动矢量和参考帧，以便能够更好地适应图像的局部特征，更精确地进行预测。此外，H.264/AVC 还采用了多参考帧技术，以提高预测的精度。

H.264/AVC 将运动矢量的精度提高为 1/4 像素精度（亮度），1/2 像素位置采用 6 抽头的有限冲激响应滤波器（FIR），抽头系数为{1/32, -5/32, 5/8, 5/8, -5/32, 1/32}，1/4 像素采用双线性插值滤波器，色度分量采用 1/8 线性插值滤波器。

（3）变换。

为了避免浮点 DCT 变换带来的编解码失配，H.264/AVC 采用了 4×4 和 8×8 大小的整数变换，同时采用 16×16 帧内预测块，预测残差经 4×4 变换后，DC 分量再进行哈达玛变换（Hadamard Transform），进一步集中能量。

（4）量化。

整数变换的非归一性使得变换后需要对变换系数进行缩放，H.264 将缩放与后续的量化结合，形成了无除法量化。同时，量化步长与量化参数调整为指数关系，更加便于精确控制码率与量化参数之间的关系。

（5）熵编码。

对量化系数进行熵编码，H.264/AVC 中主要采用两种方法，即基于上下文的自适应变长编码 CAVLC（Context-Adaptive Variable Length Coding）和基于上下文的自适应二进制算术编码 CABACA（Context-Adaptive Binary Arithmetic Coding）。CAVLC 依然采用 run-level 方式表示连续零系数的个数；对于非零系数，则将非零系数最后一段绝对值连续为 1 的个数进行联合编码。非零系数个数则利用相邻块的非零系数个数之间的相关性进行码表选择，非零系数的绝对值编码，则利用已经编码的 level 值自适应选择码表。CABACA 的核心是算术编码，同时充分挖掘上下文之间的相关性，对于不同的语法元素，根据上下文选择不同的概率模型。

（6）环路去块滤波。

H.264/AVC 对解码后的图像进行去块滤波，提高重建图像质量。由于去块滤波平滑了块与块之间的边界，在提高重建图像主观质量的同时，使得滤波后的图像更忠于原图。同时又可以提高预测的准确性，从而提高了编码效率。根据量化参数、块边界两侧的编码模式和图像梯度大小等的不同，采用平滑力度不同的滤波器进行滤波。

9.4.2 HEVC 视频编码标准

HEVC 仍然采用传统的混合编码框架，特别注重高清和超高清视频以及并行计算框架来设计视频压缩技术。HEVC 采用了高效的帧内预测、帧间预测、变换和熵编码技术。HEVC 的基本编码框架如图 9-6 所示。包括灵活的四叉树式数据划分结构、更加细致准确的帧内预测、高效的运动信息编码、精确的亚像素插值、自适应环内滤波、自适应采样点偏移、增强的自适应二进制算术编码等。

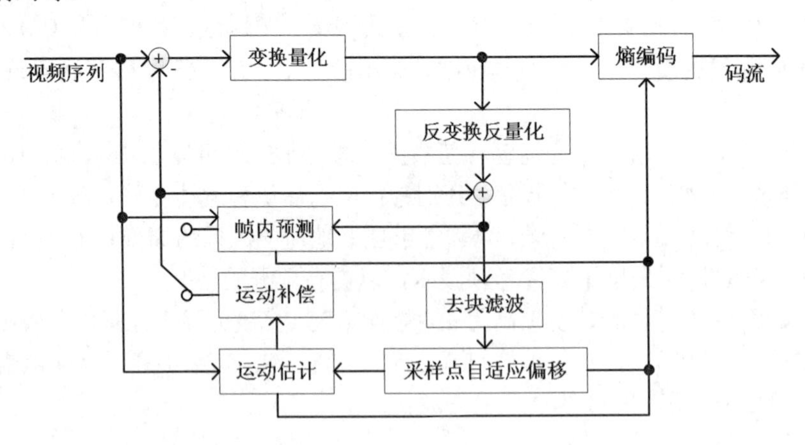

图 9-6　HEVC 视频编码框架

1. *灵活的数据划分*

H.264/AVC 及以前的视频编码标准都是以 16×16 的像素块为基本单元进行编码。随着视频序列分辨率的提高，特别是高清和超高清视频的出现，16×16 的宏块已经显得较小。HEVC 中引入了编码单元 CU（Coding Unit）和编码树块 CTB（Coding Tree Block）的概念来代替宏块，并且 CU 和 CTB 的大小可进行配置，以适应不同的分辨率和应用环境。

HEVC 中，图像被划分成一系列的编码树单元（CTU，Coding Tree Unit），作为基本的处理单元，CTU 由 2N×2N（N={32,16,8,4}）大小的亮度和相应的色度分量以及相应的语法元素组成。CTU 可以迭代地划分成一棵四叉树，四叉树的每一层都是相同大小的四个方块，四叉树的每个叶子节点为一个编码单元 CU，其大小可以是 64×64、32×32、16×16 或 8×8，如图 9-7 所示。

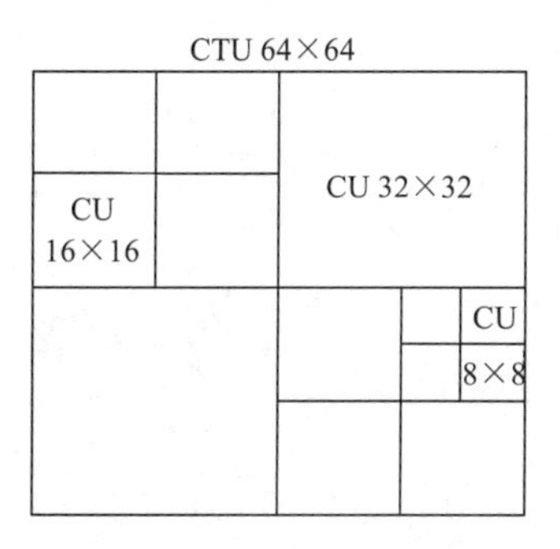

图 9-7 CTU 的四叉树划分

根据预测模式的不同，将 CU 划分为一个或多个预测单元（PU，Prediction Unit），每个 PU 共享相同的运动信息，如图 9-8 所示。对于一个 2N×2N 的 CU，帧内编码时 PU 的大小为 Part_2N×2N（N 为 4 时，还可以为 N×N）；帧间编码时，除了与 H.264/AVC 中类似的划分方式 Part_2N×2N，Part_2N×N，Part_N×2N 外，还引入了 AMP（Asymmetric Motion Partition）方式，PU 可以采用 2N×（N/2+3N/2）&（N/2+3N/2）×2N 的方式进行划分，即 Part_2N×nU，Part_2N×nD，Part_nL×2N，Part_nR×2N。特别地，当 N=4 时，PU 还可以取值为 N×N。

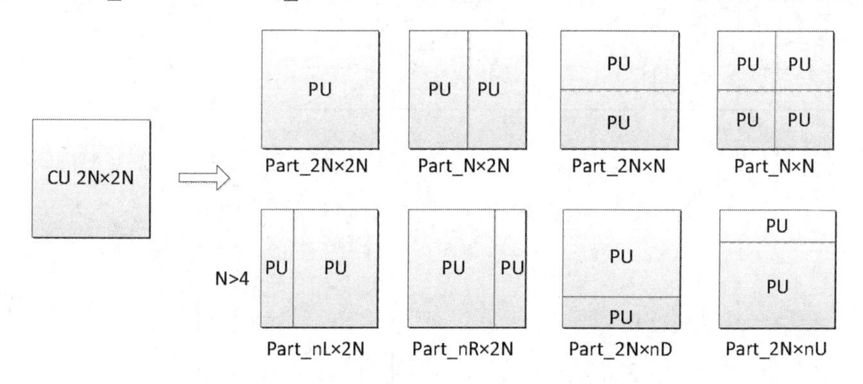

图 9-8 CU 划分为 PU 示意图

CU 也是变换树的根节点，变换树是由变换单元（TU，Transform Unit）组成的四叉树。从 CU 开始，变换单元以迭代方式四等分，是否划分成四个子块根据语法元素来标定。根据迭代划分深度的不同，TU 的大小可以为 32×32、16×16、8×8、4×4 中的一个。同时，HEVC 标准允许编码器对最大可以允许的变换划分深度进行设定。TU 是变换和量化的基本单元，其形状与预测模式相关，当 PU 的形状为正方形时，TU 采用正方形变换，如图 9-9 所示。当 PU 的形状为长方形时，TU 采用长方形变换，其大小可以为 32×8、8×32、16×4、4×16 中的一个。当 CU 的预测模式为 Part_2N×N、Part_2N×nU 或 Part_2N×nD 时，TU 可以采用 2N×N/2 和 N×N/4 的长方形变换，如图 9-10 所示；当 CU 的预测模式为 Part_N×2N、Part_nL×2N 或 Part_nR×2N 时，TU 可以采用 N/2×2N 和 N/4×N 的长方形变换，如图 9-11 所示。

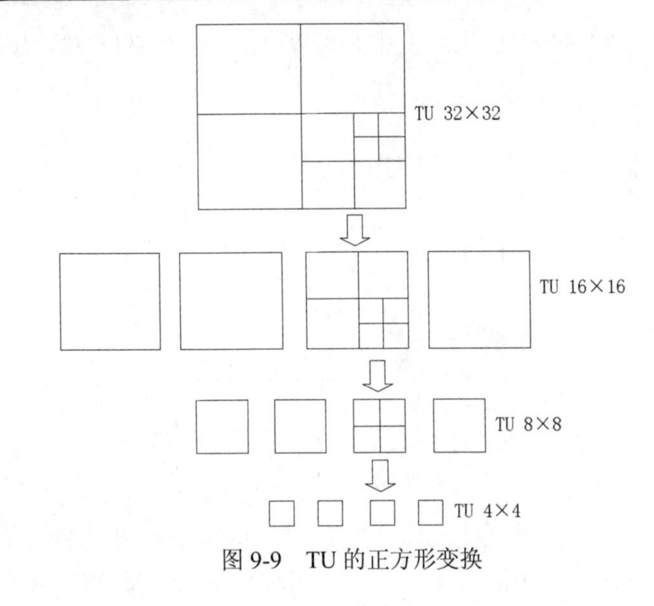

图 9-9　TU 的正方形变换

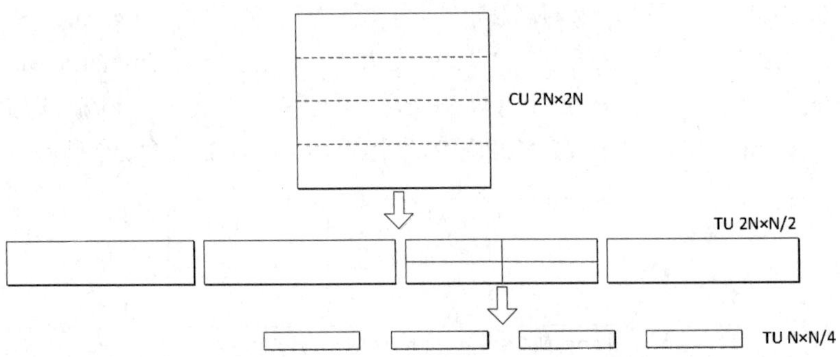

图 9-10　TU 的 2N×N/2 和 N×N/4 的长方形变换

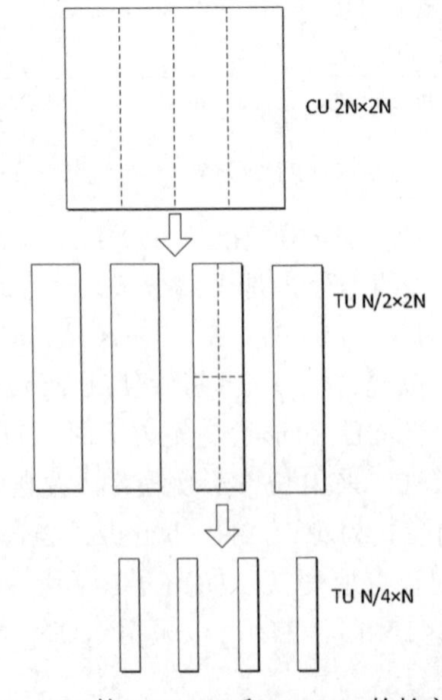

图 9-11　TU 的 N/2×2N 和 N/4×N 的长方形变换

以CTU为根节点的编码单元四叉树、变换四叉树和预测单元对图像内容的划分方式高度灵活，可以自适应图像内容。高度的自适应性使得更高效率的压缩成为可能。另一方面，灵活的数据组织形式也给编码器留下了更多的编码参数，如何选择编码单元大小、变换单元模式和预测单元大小，直接关系到压缩性能的好坏，而大量编码参数的选择也大大提高了编码器的计算复杂度。

2. 帧内预测

空域上的方向性预测是H.264/AVC高效的编码工具之一，空域预测较好地挖掘了像素间的相关性，基于方向的预测也较好地捕捉了图像的纹理特性，使得H.264/AVC的帧内编码比之前的标准更加高效。HEVC也采用了相似的空域上的方向性预测算法，为了更加灵活和有效地捕捉图像的局部特征，HEVC采用了更加精细的方向划分和更加精确的预测生成算法，进一步降低帧内预测残差的能量，提高编码效率。

在HEVC中，当编码单元使用帧内编码时，帧内预测的亮度分量可以采用高达35种预测方向（Plannar，DC，Angular），如图9-12所示。相应的色度分量可以采用Plannar、DC、水平、垂直和DM（Direct Mode），在DM模式下，色度分量的预测方向采用与亮度分量相同的预测方向。帧内预测利用相邻块的重建像素值（参考像素）进行预测，为了提高预测的准确度，在生成预测值之前，会对参考像素进行滤波。帧内预测精细的方向划分，可以非常有效地适应图像的纹理和细节，通过空域上的预测去除相关性，达到高效压缩的目的。同时，如何从庞大的模式集合中挑选出压缩效率最高的模式，也成了编码器高性能压缩的关键。HEVC的参考软件HM，采用了搜索式的率失真优化模式选择方法，但是其巨大的计算复杂度也给编码器带来了沉重的代价。

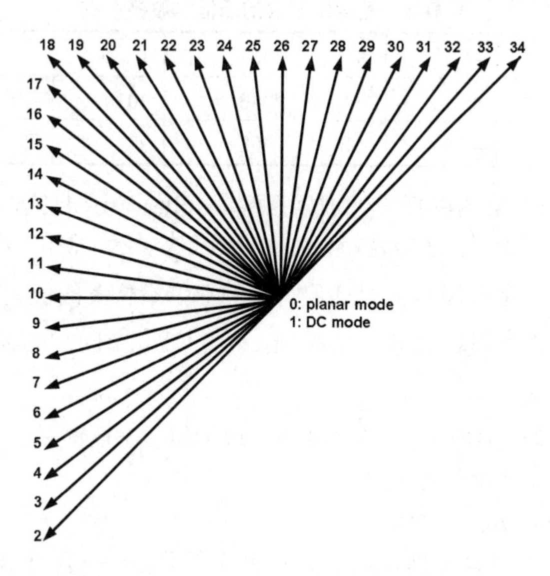

图9-12 HEVC的35种亮度预测模式

3. 帧间预测

HEVC中除了采用2N×2N、2N×N、N×2N、2N×nD、2N×nU、nL×2N和nR×2N的运动矢量预测技术外，还采用了SKIP和Merge模式。SKIP和Merge模式充分挖掘空域上和时域上相邻块之间的相似性，通过传输索引的方式表达运动信息，包括运动矢量、参考索引、预测方向等，解码器空域恢复出 SKIP 和 Merge 的运动信息，节省码率开销。SKIP 以编码单元 CU 为单位，即每个编码单元传输 SKIP 模式标识和运动信息索引，但不传输预测残差，预测以 2N×2N 的块为基本单元；而 Merge 以预测单元 PU 为单位，PU 中传输 Merge 模式标识和运动信息索引，每个 CU 中的全部或部分 PU 采用 Merge 模式，要传输预测残差。SKIP 和 Merge 采用相同的运动信息导出方式，所需要导出的运动信息包括运动矢量、参考索引和预测方向。

除了 SKIP 和 Merge 模式，在采用其他运动矢量预测技术时，需要对运动信息进行传输。为了节省传输运动矢量（Motion Vector，MV）的码率开销，HEVC 与 H.264/AVC 类似，采用了运动矢量预测技术，通过空域和时域相邻信息形成运动矢量预测候选列表，通过传输候选列表索引对 MV 进行预测，同时传输 MV 的预测残差（MVD，Motion Vector Difference）。

4. 亚像素插值

运动补偿是混合编码框架的核心技术之一，精确的运动补偿可以显著提高真假预测的效率。在 H.264/AVC 标准中，已经采用了 1/4 像素精度的运动补偿，1/2 像素位置的参考值生成。HEVC 通过综合考虑各类插值滤波器的复杂度和性能，采用了基于 DCT 的插值滤波器。

对于亮度像素值，HEVC 中运动向量的精度为 1/4 像素。对于 4:2:0 格式下采样的色度像素块，运动向量的精度为 1/8 像素。在进行运动补偿时，参考帧中非整数位置的像素需要插值得到。在 H.264/AVC 中，先通过 6 抽头插值滤波器得到 1/2 像素位置的值，再通过线性插值得到 1/4 像素位置的值。而 HEVC 则采用单步插值过程：对亮度像素块，采用 8 抽头对称插值滤波器对 1/2 像素位置进行插值，采用 7 抽头的非对称滤波器对 1/4 像素位置进行插值，如表 9-5 所示。

表 9-5 亮度像素块的插值滤波器系数

位置索引值 i	-3	-2	-1	0	1	2	3	4
hfilter[i]	-1	4	-11	40	40	-11	4	-1
qfilter[i]	-1	4	-10	58	17	-5	1	

其中，hfilter 表示 1/2 像素的插值滤波器系数，qfilter 表示 1/4 像素的插值滤波器系数。

图 9-13 中，带阴影的块表示整数像素位置，其余块表示 1/2 和 1/4 像素位置。$A_{i,j}$ 表示整数位置上的像素值，小写字母表示需要插值得到的亚像素位置的值。$a_{0,j}$、$b_{0,j}$ 和 $c_{0,j}$ 的纵坐标为整数，通过横轴方向的整数像素插值得到；$d_{j,0}$、$h_{j,0}$ 和 $n_{j,0}$ 的横坐标为整数，通过纵轴方向的整数像素插值得到。

HEVC 中色度像素块的插值过程与亮度像素块类似，不同的是，当在 4:2:0 下采样时，对色度像素块采用的是 4 抽头插值滤波器。

5. 自适应样本偏移 SAO

为了减小量化带来的编码失真，通常会对重建图像进行去块滤波。去块滤波通常作用于块的边界，通过低通滤波器减少块边界上由于量化引入的高频失真，但对图像内容的局部特性关注较少。为了能根据图像内容自适应滤波，以更好地达到减小失真的目的，HEVC 在去块滤波之后，引入了自适应样本偏移（SAO，Sample Adaptive Offset）和自适应环路滤波技术（ALF，Adaptive Loop Filter）。SAO 主要关注图像的局部特性，根据一个 CTU 内像素值得分布特性或像素与相邻像素间的关系，自适应产生偏移以补偿失真。

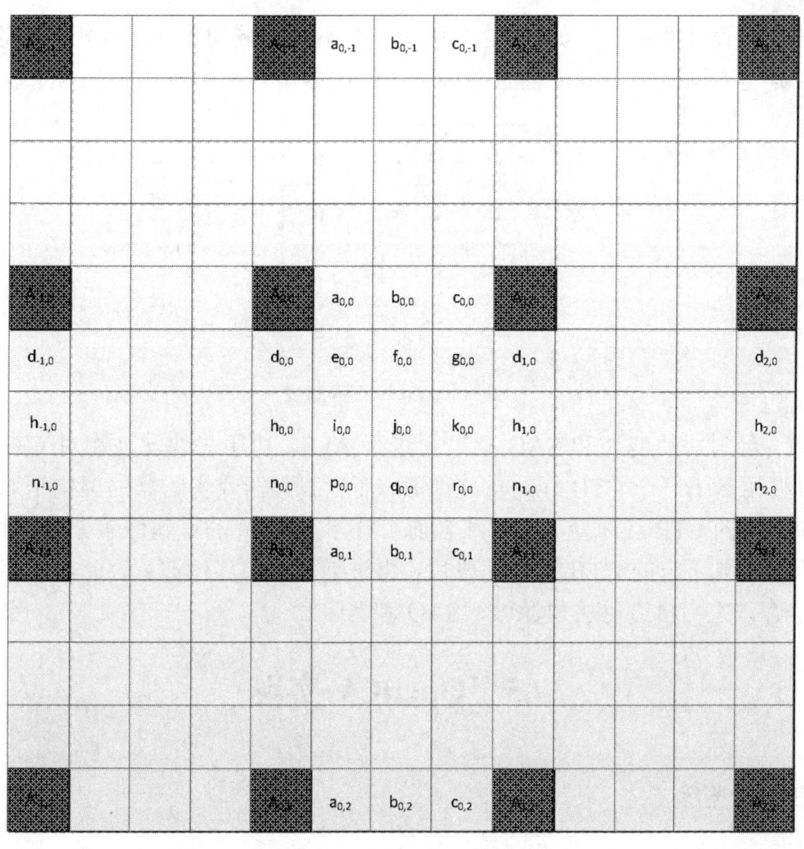

图 9-13 亮度像素块插值

SAO 对去块滤波后的重建图像，以 CTU 为单位进行失真补偿。偏移有两种类型：基于像素值的分段（BO，Band Offset）和基于纹理的（EO，Edge Offset）。BO 将像素值的取值范围均分为 32 个带（Band），CTU 中的重建像素，按照像素值分类到 32 个 Band 中，每一个 Band 中像素的原始值的平均值与重建值的平均值之差作为 offset，然后用此 offset 修改重建值，并将该 offset 传输到码流中。在 EO 中，将每个 CTU 中的像素按照一定的方向选择相邻的像素，再根据它们之间的相对关系，按照图 9-14 所示分成四个类别。其中第一类的 offset 为 0。每一种类别内像素的重建值和原始值之差作为 offset，对重建图像进行失真补偿。

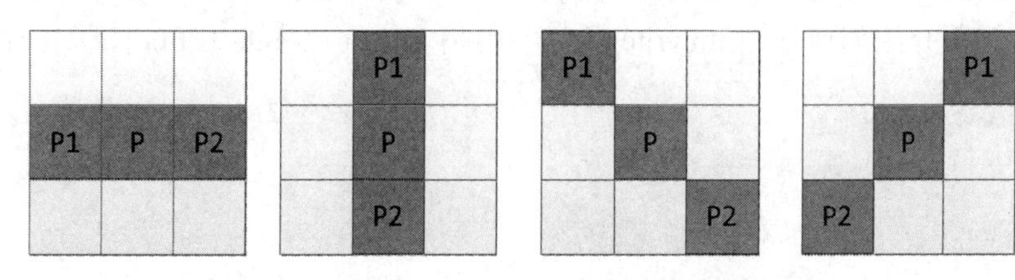

图 9-14 EO 当前分类像素与相邻像素的关系

6. 自适应环路滤波 ALF

经过编码的图像引入了失真，为了减小失真，以往的视频编码标准都采用了去块滤波技术。HEVC 参考软件综合考虑了编码性能和复杂度之间的平衡，采用 9×7 的十字形且中心为 3×3 的滤波器，整帧图像均匀分割为 16 个区域（以 CTB 为基本单位），对每一个区域内的像素分别进行统计和设计滤波器，如图 9-15 所示。若不同区域的统计特性相似或设计出的滤波器系数相似，则将不同区域的滤波器合并为一个滤波器，以减少传输滤波器系数的码率开销。

0	1	4	5
15	2	3	6
14	11	10	7
13	12	9	8

图 9-15　ALF 区域划分

重建图像先经过去块滤波和 SAO 后，再进行 ALF。由于去块滤波在对 CTB 的下边界进行滤波时，需要用到下一个 CTB 行的重建像素，而当编码器或解码器的架构是以 CTB 为基本单位时，此时下方的 CTB 还未重建，导致当前 CTB 的下边界的重建像素无法进行水平边界的去块滤波。只能等到下方的 CTB 重建完成后，再进行水平边界滤波。因此需要将当前 CTB 的下边界像素缓存，之后再进行去块滤波、SAO 和 ALF。

9.5　OpenCV 实现

9.5.1　JPEG 压缩

OpenCV 中可以使用 imwrite 函数对图像进行压缩保存，函数原型如下：

```
CV_EXPORTS_W bool imwrite( const String& filename, InputArray img, const std::vector<int>& params = std::vector<int>());
```

Filename：保存文件名。

Img：要保存的图像。

const std::vector：对于 JPEG 格式的图像，这个参数表示从 0～100 的图像质量（CV_IMWRITE_JPEG_QUALITY），默认值是 95；对于 PNG 格式的图像，这个参数表示压缩级别（CV_IMWRITE_PNG_COMPRESSION）从 0～9，较高的值意味着更小的尺寸和更长的压缩时间，默认值是 3；对于 PPM、PGM 或 PBM 格式的图像，这个参数表示一个二进制格式标志（CV_IMWRITE_PXM_BINARY），取值为 0 或 1，而默认值为 1。

下面通过例程介绍如何使用 imwrite 函数实现指定压缩比率的 JPEG 图像压缩保存。

```
#include "stdafx.h"
#include "opencv2/imgproc.hpp"
#include "opencv2/highgui.hpp"

using namespace cv;

int main(int, char** argv)
{
        Mat src;
        Mat tmp;
        Mat dst;

        src = imread("lena_color.bmp",1);
```

```
    if (src.empty())
    {
        return -1;
    }

    std::vector<int> compression_params;
    compression_params.push_back(CV_IMWRITE_JPEG_QUALITY);    //选择 JPEG 压缩
    compression_params.push_back(10);                         //图像的压缩比率

    imwrite("lena.jpg", src, compression_params);

    dst = imread("lena.jpg", 1);

    imshow("srcImage", src);
    imshow("dstImage", dst);


    waitKey(0);

    return 0;
}
```

程序运行后原图与处理图如图 9-16 所示。

图 9-16　JPEG 压缩结果示意图

9.5.2　DCT 压缩

利用 DCT 变换实现简单图像压缩：

（1）对图像进行 DCT 变换。

（2）找出小于阈值 *T* 的 DCT 系数，并将其设置为 0。

（3）进行 DCT 逆变换恢复图像。

```
#include "stdafx.h"
#include <opencv2/opencv.hpp>
```

```
#include <math.h>
#include <cv.h>
#include <iostream>
using namespace cv;
using namespace std;

double T = 40;

int main()
{
        Mat src = imread("lena_color.bmp");
        imshow("Origin Image", src);

        int h = src.rows;
        int w = src.cols;

        //从 BGR 空间转换到 YUV 空间（也可以不转换，直接在 RGB 空间）
        Mat yuvimg(src.size(), CV_8UC3);
        cvtColor(src, yuvimg, CV_BGR2YUV);          //定义 YUV 空间图像为 yuvimage
        Mat dst(src.size(), CV_64FC3);              //定义输出图像为 dst

        //分割 YUV 通道
        vector<Mat> channels;
        split(yuvimg, channels);

        //提取 YUV 颜色空间各通道
        Mat Y = channels.at(0); imshow("Y image", Y);
        Mat U = channels.at(1); imshow("U image", U);
        Mat V = channels.at(2); imshow("V image", V);

        //DCT 系数的三个通道
        Mat DCTY(src.size(), CV_64FC1);
        Mat DCTU(src.size(), CV_64FC1);
        Mat DCTV(src.size(), CV_64FC1);

        //DCT 变换
        dct(Mat_<double>(Y), DCTY);
        dct(Mat_<double>(U), DCTU);
        dct(Mat_<double>(V), DCTV);

        //Y 通道压缩
        for (int i = 0; i < h; i++)
        {
                double *p = DCTY.ptr<double>(i);
                for (int j = 0; j < w; j++)
                {
                        if (abs(p[j]) < T)
                                p[j] = 0;
                }
        }

        //U 通道压缩
        for (int i = 0; i < h; i++)
```

```
    {
        double *p = DCTU.ptr<double>(i);
        for (int j = 0; j < w; j++)
        {
            if (abs(p[j]) < T)
                p[j] = 0;
        }
    }

    //V 通道压缩
    for (int i = 0; i < h; i++)
    {
        double *p = DCTV.ptr<double>(i);
        for (int j = 0; j < w; j++)
        {
            if (abs(p[j]) < T)
                p[j] = 0;
        }
    }
    Mat dstY(src.size(), CV_64FC1);
    Mat dstU(src.size(), CV_64FC1);
    Mat dstV(src.size(), CV_64FC1);

    //DCT 逆变换
    idct(DCTY, dstY);
    idct(DCTU, dstU);
    idct(DCTV, dstV);

    //merge 方式 1
    //Mat planes[] = { Mat_<uchar>(dstB), Mat_<uchar>(dstG), Mat_<uchar>(dstR) };
    //merge(planes, 3, yuvimg);
    //cvtColor(yuvimg, dst, CV_YUV2BGR);

    //merge 方式 2
    channels.at(0) = Mat_<uchar>(dstY);
    channels.at(1) = Mat_<uchar>(dstU);
    channels.at(2) = Mat_<uchar>(dstV);
    merge(channels, yuvimg);

    //将压缩后的图像从 YUV 空间重新转换到 BGR 空间
    cvtColor(yuvimg, dst, CV_YUV2BGR);

    imshow("Recoverd Y image", Mat_<uchar>(dstY));
    imshow("Recoverd U image", Mat_<uchar>(dstU));
    imshow("Recoverd V image", Mat_<uchar>(dstV));
    imshow("DstImage", dst);

    waitKey(0);

    return 0;

}
```

程序运行后原图与处理图如图 9-17 所示。

图 9-17　DCT 压缩结果示意图

9.5.3　MPEG4 视频压缩

目前，OpenCV 只支持 avi 的格式，生成的视频文件不能大于 2GB，而且不能添加音频。OpenCV 中视频文件的保存主要使用 VideoWriter 类，这个类是 highgui 交互很重要的一个工具类，可以方便我们将图像序列保存成视频文件。类内成员函数有构造函数、open()、isOpened()、write()（也可以用<<）。

VideoWriter 对象的创建有两种方式：第一种是使用构造函数的形式，第二种是使用 open() 的方式，具体如下：

```
cv::VideoWriter out(
        const string& filename,         //输入文件名
        int fourcc,                     //编码形式，使用 CV_FOURCC()宏
        double fps,                     //输出视频帧率
        cv::Size frame_size,            //单帧图像的大小
        bool is_color = true            //如果是 false，可传入灰度图像
    );

    cv::VideoWriter out;
    out.open(
        "my_video.mpg",                 //输出文件名
        CV_FOURCC('D','I','V','X'),     // MPEG-4 编码
        30.0,                           //帧率 (FPS)
        cv::Size( 640, 480 ),           //单帧图像分辨率为 640×480
        true                            //只输入彩色图
    );
```

其中格式作为第 2 个参数，OpenCV 提供的格式是未经过压缩的，目前支持的格式如下：

```
CV_FOURCC('P', 'I', 'M', '1') = MPEG - 1 codec

CV_FOURCC('M', 'J', 'P', 'G') = motion - jpeg codec
CV_FOURCC('M', 'P', '4', '2') = MPEG - 4.2 codec
```

```
        CV_FOURCC('D', 'I', 'V', '3') = MPEG - 4.3 codec
        CV_FOURCC('D', 'I', 'V', 'X') = MPEG - 4 codec
        CV_FOURCC('U', '2', '6', '3') = H263 codec
        CV_FOURCC('I', '2', '6', '3') = H263I codec
        CV_FOURCC('F', 'L', 'V', '1') = FLV1 codec
```

这里通过例程介绍如何将视频使用 MPEG4 编码方式进行保存。

```
#include "stdafx.h"
#include "opencv2/imgproc.hpp"
#include "opencv2/highgui.hpp"

using namespace cv;

int main(int, char** argv)
{
    VideoCapture capture(0);
    VideoWriter writer("VideoTest.avi", CV_FOURCC('D', 'I', 'V', 'X'), 25.0, Size(640, 480));
    Mat frame;

    while (capture.isOpened())
    {
        capture >> frame;
        writer << frame;
        imshow("video", frame);
        if (cvWaitKey(20) == 27)                //Esc 键退出
        {
            break;
        }
    }
    return 0;
}
```

附录 OpenCV3 的矩阵运算

在前面，我们接触了使用 OpenCV3 实现对图像的多种运算和访问，都是使用 Mat 来实现的，Mat 对象是 OpenCV2 之后引进的图像数据结构，它能自动分配内存，不存在内存泄漏的问题，是面向对象的数据结构。

在使用 Mat 对象时，输出图像的内存是自动分配的，不需要考虑内存分配问题。

本附录列举了 OpenCV3 的矩阵运算，以方便读者查阅学习。

1. Mat 类内部方法

设 A、B 为 Mat 类型，s 是 Scalar 类型，a 是一个实数。下面列出关于 Mat 的常用运算：

矩阵加减：$A+B$，$A-B$，$A+s$，$A-s$，$s+A$，$s-A$，$-A$。

矩阵乘以实数：A*a，a*A。

逐元素乘除：A.mul(B)，A/B，a/A。

矩阵乘法：A*BmaxVal; Point minPos,m。

矩阵倒置：A.t()。

矩阵的逆：A.inv()。

矩阵比较：A comp B，A comp a，a comp A。这里 comp 包括>、>=、==、!=、<=、<。得出的结果是一个单通道 8 位的矩阵，元素的值为 255 或 0。

矩阵位操作：A logic B，A logic s，s logic A。这里 logic 包括&、|、^。

向量的差乘和内积：A.cross(B)，A.dot(B)。

这里需要注意，为防止溢出，矩阵乘法的矩阵元素类型至少是 float，即 CV_32F 以上。OpenCV 除了提供上述提到的直接调用 Mat 成员函数（如求逆，倒置）以及使用 Mat 重载操作符（如加减乘除）的方法外，还提供了外部函数实现这些功能。

2. 矩阵的代数运算

```
void add(InputArray src1, InputArray src2,OutputArray dst, InputArray mask=noArray(), int dtype=-1);          //矩阵相加
void subtract(InputArray src1, InputArray src2, OutputArray dst,Input Array mask=noArray(), int dtype=-1);          //矩阵相减
void multiply(InputArray src1, InputArray src2, OutputArray dst, doublescale=1, int dtype=-1);
//矩阵相乘
void divide(InputArray src1, InputArray src2, OutputArray dst, doublescale=1, int dtype=-1);
//矩阵相除
void cvAdd(const CvArr*src1,constCvArr* src2,CvArr* dst,const CvArr* mask =NULL);
//矩阵相加（老版本的 OpenCV 函数形式，使用 cv 前缀，下同）
void cvSub(const CvArr* src1, constCvArr* src2, CvArr* dst, constCvArr* mask=NULL);
//矩阵相减
void cvMul(const CvArr* src1,constCvArr* src2,CvArr* dst,doublescale=1); //矩阵相乘
```

void cvDiv(const CvArr* src1,constCvArr* src2, CvArr* dst, doublescale=1); //矩阵相除

3. 矩阵与数

void cvAddS(const CvArr* src,CvScalarvalue,CvArr* dst,const CvArr* mask = NULL);
//矩阵与标量相加

void cvSubS(const CvArr* src,CvScalar value, CvArr* dst, constCvArr* mask=NULL);
//矩阵与标量相减

void cvSubRS(const CvArr* src,CvScalar value, CvArr* dst, constCvArr* mask=NULL);
//标量减矩阵中的元素

4. 高级混合运算

void addWeighted(InputArray src1,double alpha, InputArray src2, double beta, double gamma, OutputArray dst, intdtype=-1);

带权值加法：dst= alpha* src1 + beta *src2 + gamma;

void gemm(InputArray src1, InputArray src2,double alpha, InputArray src3, double gamma, OutputArray dst, int flags=0);

矩阵的广义乘法。其中，* src1、src2 的 type 必须是 CV_32FC1、CV_64FC1、CV_32FC2 或 CV_64FC2，* flag 是用于控制矩阵转置的，*GEMM_1_T 转置 src1，* GEMM_2_T 转置 src2，* GEMM_3_T 转置 src3。

//dst = scale*src1 + src2

void scaleAdd(InputArray src1, double scale,InputArray src2, OutputArray dst);
//带缩放因子的矩阵加法

5. 矩阵的绝对值

MatExpr abs(const Mat& m); //矩阵逐个元素的绝对值
void absdiff(InputArray src1, InputArray src2, OutputArray dst); //两个矩阵之差的绝对值
void absdiff(InputArray src1, InputArray src2, OutputArray dst); //两矩阵相减取绝对值
void cvAbsDiffS(const CvArr* src, CvArr* dst,CvScalar value); //矩阵减去一个数取绝对值

6. 矩阵的比较

void cvCmp(constCvArr* src1, constCvArr* src2, CvArr* dst, int cmp_op);
//返回逐个元素比较结果的矩阵

void compare(InputArray src1, InputArray src2, OutputArray dst, int cmpop);
//返回逐个元素比较结果的矩阵

cmpop 是标志位，指定比较符号：

CMP_EQ src1 等于 src2。

CMP_GT src1 大于 src2。

CMP_GE src1 大于等于 src2。

CMP_LT src1 小于 src2。

CMP_LE src1 小于等于 src2。

CMP_NE src1 不等于 src2。

如果两个矩阵的对应元素比较结果为 true，则 dst 中相应的元素设置为 255。

void cvCmpS(constCvArr* src, double value, CvArr* dst, int cmp_op); //矩阵和一个数字比较运算

7. 矩阵的逻辑运算

void bitwise_and(InputArray src1,InputArray src2, OutputArray dst, InputArray mask= noArray()); //与

void bitwise_not(InputArray src,OutputArray dst, InputArray mask=noArray()); //非

void bitwise_or(InputArray src1, InputArray src2, OutputArray dst, InputArray mask=noArray()); //或

void bitwise_xor(InputArray src1,InputArray src2, OutputArray dst, InputArray mask= noArray()); //异或

void cvAnd(const CvArr* src1,const CvArr* src2, CvArr* dst, const CvArr* mask=NULL); //矩阵“与”运算

void cvOr(const CvArr* src1, const CvArr* src2, CvArr* dst, constCvArr* mask=NULL); //矩阵“或”运算

void cvNot(const CvArr* src,CvArr* dst); //矩阵取反

void cvXor(const CvArr* src1, const CvArr* src2, CvArr* dst, constCvArr* mask=NULL); //矩阵“异或”运算

void cvAndS(const CvArr* src, CvScalar value,CvArr* dst, constCvArr* mask=NULL); //矩阵与标量“与”运算

void cvOrS(const CvArr* src, CvScalar value, CvArr* dst, constCvArr* mask=NULL); //矩阵与标量“或”运算

void cvXorS(const CvArr* src, CvScalar value, CvArr* dst, constCvArr* mask=NULL); //矩阵与标量“异或”运算

8. 矩阵的对数、幂、指数

void log(InputArray src, OutputArray dst); //逐元素求解矩阵的对数

void exp(InputArray src, OutputArray dst); //逐元素计算矩阵的以 e 为底的指数

void pow(InputArray src, double power,OutputArray dst); //逐元素计算矩阵的幂

9. 矩阵的范数

矩阵的范数运算提供了多种范数的运算方法，下面是函数声明：

double norm(InputArray src1, int normType=NORM_L2, InputArray mask=noArray());

double norm(InputArray src1, InputArray src2, int normType=NORM_L2, InputArray mask=noArray());

其中，第二种调用是求的 src1 和 src2 的差值的范数，各个参数意义如下：

src1、src2：输入矩阵。

normType：范数的类型，主要有 NORM_INF、NORM_L1、NORM_L2。

此外，OpenCV 还提供了把归一化范数的计算，即把计算的值归一化到某个范围内。

void normalize(InputArray src, OutputArray dst, double alpha=1, double beta=0, int norm_type =NORM_L2, int dtype=-1,InputArray mask=noArray());

其中，alpha 是范围的下限，beta 是范围上限。

10. 矩阵的转置和逆

double invert(InputArray src, OutputArray dst, int flags=DECOMP_LU); //矩阵的逆

void transpose(InputArray src, OutputArray dst); //矩阵转置

void mulTransposed(InputArray src,OutputArray dst, bool aTa, InputArray delta=noArray(), double scale=1, int dtype=-1); //矩阵和它自己的转置相乘

11. 向量的内积、外积

内积，也叫叉积、向量积：a×b = |a||b|sin<a,b>

外积，也叫点积、数量积：a • b = a1b1+a2b2+…+anbn

void cvCrossProduct(const CvArr* src1,constCvArr* src2,CvArr* dst); //计算两个 3D 向量内积

double cvDotProduct(const CvArr* src1,const CvArr* src2); //两个向量外积

12. 矩阵的卷积

和内积外积不同，卷积是针对矩阵的。对于图像，做卷积就是进行滤波。说到滤波，OpenCV 有很多种方法，这里给出其中一种方法。

void filter2D(InputArray src, OutputArray dst, int ddepth, InputArray kernel, Point anchor= Point(-1,-1), double delta=0,int borderType=BORDER_DEFAULT); //对图像进行线性滤波

13. 矩阵的迹

Scalar trace(InputArray mtx); //矩阵的迹就是矩阵对角线元素的和

14. 矩阵对应行列式值

double determinant(InputArray mtx); //计算矩阵的行列式

直接返回行列式的值。输入矩阵的类型必须是 CV_32F 或 CV_64F 的方阵。

double cvDet(const CvArr* mat);

15. 矩阵的特征值和特征向量

bool eigen(InputArray src, OutputArray eigenvalues, int lowindex=-1, int highindex=-1);

bool eigen(InputArray src, OutputArray eigenvalues, OutputArray eigenvectors, int lowindex= -1, int highindex=-1);

输入矩阵的类型必须是 CV_32F 或 CV_64F 的方阵，eigenvalues 存储计算的特征值，eigenvectors 存储计算的特征向量，lowindex 和 highindex 输出最小和最大特征值对应的索引。

16. 矩阵的最小二乘

bool solve(InputArray src1, InputArray src2, OutputArray dst, int flags=DECOMP_LU);

该函数解决了一个线性系统或最小二乘问题。

17. 矩阵的奇异值分解

void cvSVD(CvArr*A, CvArr* W, CvArr* U=NULL, CvArr* V=NULL, int flags=0);

void cvSVBkSb(const CvArr* W, const CvArr* U,const CvArr* V, const CvArr* B, CvArr* X, int flags);

18. 矩阵的元素和

Scalar sum(InputArray src);

其中，多通道是单独计算各个通道内的元素和。

int countNonZero(InputArray src);

函数返回矩阵的非零元素的个数。

19. 矩阵的均值和方差

Scalar mean(InputArray src, InputArray mask=noArray()); //只计算均值

void meanStdDev(InputArray src, OutputArray mean, OutputArray stddev, InputArray mask=noArray()); //计算均值和方差

这里计算的方差其实就是归一化的协方差矩阵的对角线的和。

CvScalarcvAvg(const CvArr* arr,constCvArr* mask =NULL);

//计算 mask 非零位置的所有元素的平均值，如果是图片，则单独计算每个通道上的平均值

20. 协方差矩阵

协方差矩阵表示的是高维度随机变量中各个元素之间的协方差。计算协方差矩阵的函数为：

void calcCovarMatrix(const Mat* samples,int nsamples, Mat& covar, Mat& mean, int flags, int ctype=CV_64F);

void calcCovarMatrix(InputArray samples, OutputArray covar, OutputArray mean, int flags, int ctype=CV_64F);

其中第一种调用其实是直接调用的第二个调用方式。对于第一种调用，samples 是输入的随机向量指针，nsamples 是个数。对于第二种调用，sample 是以矩阵的形式存储随机向量，通过 flag 的值指定是列向量还是行向量。

21. 马氏距离

马氏距离是计算数据的协方差距离，是一种有效的计算两组数据相似性的度量。和欧氏距离不同，马氏距离考虑各种特性之间的联系。调用函数如下：

double Mahalanobis(InputArray v1,InputArray v2, InputArray icovar);

22. 矩阵的最大最小值

计算元素的最大最小值，OpenCV 针对不同的情况，提供了较多的函数。

MatExpr max(const Mat& a, constMat& b); //求两个矩阵每个元素的最大值，返回这个矩阵

MatExpr max(const Mat& a, double s); //求矩阵每个元素与变量 s 的最大值，返回这个矩阵

MatExpr max(double s, const Mat& a); //求变量 s 与矩阵每个元素的最大值

void max(InputArray src1, InputArray src2,OutputArray dst);

//求两个矩阵每个元素的最大值，返回这个矩阵，与 MatExpr 返回方式不同

void max(const Mat& src1, constMat& src2, Mat& dst);

//求两个矩阵每个元素的最大值，返回这个矩阵，与上一个函数矩阵定义不同

void max(const Mat& src1, double src2,Mat& dst);

//求矩阵每个元素与指定变量的最大值，返回这个矩阵，与 MatExpr 返回方式不同

MatExpr min(const Mat& a, constMat& b); //求两个矩阵每个元素的最小值，返回这个矩阵

MatExpr min(const Mat& a, double s); //求矩阵每个元素与变量 s 的最小值，返回这个矩阵

MatExpr min(double s, const Mat& a); //求变量 s 与矩阵每个元素的最大值

void min(InputArray src1, InputArray src2,OutputArray dst);

//求两个矩阵每个元素的最小值，返回这个矩阵，与 MatExpr 返回方式不同

void min(const Mat& src1, constMat& src2, Mat& dst);

//求两个矩阵每个元素的最小值，返回这个矩阵，与上一个函数矩阵定义不同

void min(const Mat& src1, double src2,Mat& dst);

//求矩阵每个元素与指定变量的最小值，返回这个矩阵，与 MatExpr 返回方式不同

还有能给出最大最小值的函数，如下：

void minMaxIdx(InputArray src, double* minVal, double* maxVal, int* minIdx=0, int* maxIdx= 0, InputArray mask=noArray());

void minMaxLoc(InputArray src, double* minVal, double* maxVal=0, Point* minLoc=0, Point* maxLoc=0, InputArray mask=noArray());

这两个函数的调用很相似，主要不同在于最大最小值的位置的输出不同。minMaxIdx()的最大最小值位置坐标顺序地存储在 maxIdx 和 minIdx 数组中，而 minMaxLoc()则直接存储在 Point 中。注意 minMaxIdx()存储是按照维数排列的，即行、列，而 minMaxLoc()存储的 Point 是按照坐标(x,y)存储的，即列、行。

23. 检查矩阵元素的范围

bool checkRange(InputArray a, bool quiet=true, Point* pos=0, double minVal=-DBL_MAX, double maxVal=DBL_MAX);

检查矩阵 a 中的元素有没有超过[minVal,maxVal]这个范围，pos 记录元素位置，标志位 quiet 决定是抛出异常还是仅仅返回 bool 值 false。

void cvInRange(const CvArr* src,const CvArr* lower,const CvArr* upper,CvArr* dst); //判断原数组中的每个数大小是否落在对应的 lower、upper 数组位置数值的中间，返回验证矩阵

void cvInRangeS(const CvArr* src,CvScalar lower,CvScalar upper,CvArr* dst); //检查原数组中的每个数大小是否落在对应的标量数值 lower、upper 的中间，返回验证矩阵

24. 颜色空间转换

void cvtColor(InputArray src, OutputArray dst, int code, int dstCn=0);

25. 格式转换

void cvConvertScale(const CvArr* src,CvArr* dst, double scale=1, double shift=0);

除了前面 Mat 详解中介绍的 Mat::convertTo()可实现类型的转换外，OpenCV 还提供了如下函数，实现了一个组合功能即缩放，求绝对值，转换类型到 8bit：

void convertScaleAbs(InputArray src,OutputArray dst, double alpha=1, double beta=0);

其实现的结果是：

dst(I)=saturatecast<uchar>(|src(I)* alpha+beta|)

dst(I)=saturatecast<uchar>(|src(I)* alpha+beta|)

26. IplImage、CvMat 和 Mat 的转换

除了前面 Mat 详解中介绍的直接转换方式外，OpenCV 还提供了如下函数进行转换：

Mat cvarrToMat(const CvArr* arr, bool copyData=false, bool allowND=true, int coiMode=0);

CvArr：CvMat、IplImage、CvMatND 类型的数组。

copyData：决定是否拷贝数据，如果为 true，则拷贝到新的结构体中，否则仅创建一个头，指向原数据。

allowND：决定是否支持多维数组，如果为 true，则把多维数组转换到一个二维数组中，如果不能转换，则返回错误。

coiMode：这个标识符是为 IplImage 的指定通道设置的，类似 ROI 的 COI（Channelof Interest）。如果 coiMode=0，且 IPlImage 的 COI 是设置的，则返回错误；如果 coiMode=1，则不返回错误，而是直接返回整个原始图像的头，需要自己通过函数 extractImageCOI()单独提取相应的通道。

27. 通道的合成与分解

把多通道的矩阵分拆到多个矩阵的函数：

void split(const Mat& src, Mat*mvbegin);

把多个矩阵合并到一个多通道矩阵的函数：

void merge(const Mat* mv, size_t count,OutputArray dst);

还有一个更通用的函数，可以把多个矩阵的相关通道分拆或合并到其他矩阵中：

void mixChannels(const Mat* src, size_tnsrcs, Mat* dst, size_t ndsts, const int* fromTo, size_t npairs);

void mixChannels(cons tvector<Mat>& src, vector<Mat>& dst, const int* fromTo,size_t npairs);

28. 通道的提取与嵌入

针对 OpenCV 的老的数据结构 CvMat 和 IplImage，OpenCV 还提供了另外两个函数实现相关操作：

void extractImageCOI(const CvArr* arr,OutputArray coiimg, int coi=-1);

void insertImageCOI(InputArray coiimg,CvArr* arr, int coi=-1);

其中，extractImageCOI()是实现提取 arr 中的某一通道到 coiimg 中去，coiimg 必须为单通道。insertImageCOI 是把单通道的 coiimg 嵌入到 arr 中去；如果 coi≥0，则提取对应 coi 通道的矩阵，否则，提取 IplImage 标记的 COI 通道。

29. 旋转

void flip(InputArray src, OutputArray dst,int flipCode);

//图像绕 x、y 轴旋转

30. 查表替换矩阵元素

OpenCV 提供了一个查表替换矩阵中元素的操作，函数声明如下：

void LUT(InputArray src, InputArray lut,OutputArray dst, int interpolation=0);

src 是一个 8 位的矩阵，LUT 是一个 256 的查询表，依照 LUT 中对每个值的映射替换相应的元素值，存储到 dst 中去。其实现的操作如下：

dst(I)=lut(src(I)+d)

dst(I)=lut(src(I)+d)

d={0,如果 src.depth()=CV_8U;128,如果 src.depth()=CV_8S;}

d={0,如果 src.depth()=CV_8U;128,如果 src.depth()=CV_8S;}

31. 对角拷贝

OpenCV 还提供了一种对角拷贝的操作，即把右上角的元素拷贝到左下角，或者相反，中间对角线元素不变。函数如下：

void completeSymm(InputOutputArray mtx,bool lowerToUpper=false);

其中 lowerToUpper 设置为 true 的时候左下角拷贝到右上角，反之，右上角拷贝到左下角。

32. 柱坐标转极坐标

两个矩阵对应元素组成的一系列二维坐标的极角和极径的计算可以使用如下函数：

void cartToPolar(InputArray x, InputArray y, OutputArray magnitude, OutputArray angle, bool angleInDegrees=false);

反过来，可以通过极坐标下的极角和极径计算出对于的二维向量坐标：

void polarToCart(InputArray magnitude,InputArray angle, OutputArray x, OutputArray y, bool angleInDegrees=false);

除此之外，还可以单独计算二维坐标的极角和极径，函数调用为：

void magnitude(InputArray x, InputArray y,OutputArray magnitude);   \\计算向量的极径

void phase(InputArray x, InputArray y,OutputArray angle, bool angleInDegrees=false); \\计算向量的极角

参考文献

[1] 张广渊，等．数字图像处理及 OpenCV 实现[M]．北京：知识产权出版社，2014．

[2] Rafael C. Gonzalez, Richard E. Woods．数字图像处理．3 版[M]．阮秋琦，阮宇智，等译．北京：电子工业出版社，2011．

[3] Gary Bradski, Adrian Kaehler．学习 OpenCV（中文版）[M]．于仕琪，刘瑞祯，译．北京：清华大学出版社，2009．

[4] 夏良正，李久贤．数字图像处理．2 版[M]．南京：东南大学出版社，2005．

[5] 朱虹．数字图像处理基础[M]．北京：科学出版社，2005．

[6] William K. Pratt．数字图像处理（原书第 4 版）[M]．张引，李虹，等译．北京：机械工业出版社，2010．

[7] 章毓晋．图像工程．2 版[M]．北京：清华大学出版社，2007．

[8] 章毓晋．图像工程．3 版[M]．北京：清华大学出版社，2012．

[9] 沈晶，刘海波，周长建，等．Visual C++数字图像处理典型案例详解[M]．北京：机械工业出版社，2012．

[10] John C. Russ．数字图像处理．6 版[M]．余翔宇，等译．北京：电子工业出版社，2014．

[11] 刘榴娣，等．实用数字图像处理[M]．北京：北京理工大学出版社，2003．

[12] 高守传，姚领田，等．Visual C++实践与提高：数字图像处理与工程应用[M]．北京：中国铁道出版社，2006．

[13] 贾永红，等．数字图像处理[M]．武汉：武汉大学出版社，2010．

[14] 朱秀昌，等．数字图像处理与图像通信[M]．北京：北京邮电大学出版社，2008．